国家出版基金项目
NATIONAL PUBLICATION FOUNDATION

“十四五”时期国家重点出版物出版专项规划项目

密码理论与技术丛书

侧信道分析与防御

唐 明 张 帆 著

密码科学技术全国重点实验室资助

科 学 出 版 社

北 京

内 容 简 介

侧信道攻击利用密码设备泄漏的物理信息(如功耗、时序)破解密钥, 对现代密码学构成严峻挑战. 本书是关于侧信道方向的综合性专著, 深入探讨了侧信道分析与防御的基本原理和技术方法. 书中逐步讲解功耗分析、计时攻击、故障攻击等关键技术, 并系统整理分析了多种防御策略的设计.

本书旨在提供全面而实用的侧信道攻击防御指南, 帮助读者掌握侧信道安全的核心理念与实践技能, 可作为密码工程和密码分析方向硕士生、博士生的教材用书, 以及密码分析方向从业人员的研究参考资料.

图书在版编目（CIP）数据

侧信道分析与防御 / 唐明, 张帆著. -- 北京 : 科学出版社, 2025. 8. --（密码理论与技术丛书）. -- ISBN 978-7-03-082353-3

Ⅰ. TN918.4

中国国家版本馆 CIP 数据核字第 2025BX3155 号

责任编辑：李静科 贾晓瑞 / 责任校对：樊雅琼

责任印制：赵 博 / 封面设计：无极书装

科学出版社 出版

北京东黄城根北街 16 号

邮政编码：100717

http://www.sciencep.com

三河市骏杰印刷有限公司印刷

科学出版社发行 各地新华书店经销

*

2025 年 8 月第 一 版 开本：720×1000 1/16

2026 年 1 月第二次印刷 印张：14

字数：274 000

定价：98.00 元

（如有印装质量问题，我社负责调换）

“密码理论与技术丛书”序

随着全球进入信息化时代，信息技术飞速发展并获得广泛应用，物理世界和信息世界越来越紧密地交织在一起，不断引发新的网络与信息安全问题，这些安全问题直接关乎国家安全、经济发展、社会稳定和个人隐私．密码技术寻找到了前所未有的用武之地，成为解决网络与信息安全问题最成熟、最可靠、最有效的核心技术手段，可提供机密性、完整性、不可否认性、可用性和可控性等一系列重要安全服务，实现数据加密、身份鉴别、访问控制、授权管理和责任认定等一系列重要安全机制．

与此同时，随着数字经济、信息化的深入推进，网络空间对抗日趋激烈，新兴信息技术的快速发展和应用也促进了密码技术的不断创新．一方面，量子计算等新型计算技术的快速发展给传统密码技术带来了严重的安全挑战，促进了抗量子密码技术等前沿密码技术的创新发展．另一方面，大数据、云计算、移动通信、区块链、物联网、人工智能等新应用层出不穷、方兴未艾，提出了更多更新的密码应用需求，催生了大量的新型密码技术．

为了进一步推动我国密码理论与技术创新发展和进步，促进密码理论与技术高水平创新人才培养，展现密码理论与技术最新创新研究成果，科学出版社推出了“密码理论与技术丛书”，本丛书覆盖密码学科基础、密码理论、密码技术和密码应用等四个层面的内容．

“密码理论与技术丛书”坚持“成熟一本，出版一本”的基本原则，希望每一本都能成为经典范本．近五年拟出版的内容既包括同态密码、属性密码、格密码、区块链密码、可搜索密码等前沿密码技术，也包括密钥管理、安全认证、侧信道攻击与防御等实用密码技术，同时还包括安全多方计算、密码函数、非线性序列等经典密码理论．本丛书既注重密码基础理论研究，又强调密码前沿技术应用；既对已有密码理论与技术进行系统论述，又紧密跟踪世界前沿密码理论与技术，并科学设想未来发展前景．

“密码理论与技术丛书”以学术著作为主，具有体系完备、论证科学、特色鲜明、学术价值高等特点，可作为从事网络空间安全、信息安全、密码学、计算机、通信以及数学等专业的科技人员、博士研究生和硕士研究生的参考书，也可供高等院校相关专业的师生参考．

冯登国

2022 年 11 月 8 日于北京

前 言

自 1996 年 Paul Kocher 开创性地提出基于时间信息泄漏的侧信道攻击方法以来，这一研究领域已经历了近三十年的蓬勃发展. 如今，侧信道安全研究已发展成为现代密码学中不可或缺的重要分支，持续吸引着全球学术界和工业界的高度关注.

随着嵌入式密码模块在智能设备和各类信息系统中的广泛应用，侧信道攻击技术对系统安全构成的现实威胁正日益严峻. 从传统的智能卡、安全芯片到新兴的云计算环境下的虚拟机隔离，各类非接触式、半接触式和接触式侧信道攻击方法已成为威胁密码芯片、安全处理器等硬件安全的主要因素. 特别值得关注的是，这些攻击手段正在向更隐蔽、更高效的方向发展，攻击目标也从单一芯片扩展到整个信息系统.

与此同时，针对侧信道攻击的防护技术也在不断演进. 从早期的简单防护措施发展到如今系统化的防御体系，抗侧信道攻击能力已成为商用密码芯片和安全处理器必须满足的关键安全指标. 这一发展趋势不仅反映了侧信道安全研究的重要性，更凸显了其在保障现代信息系统安全中的核心地位.

本书以密码芯片为分析对象，介绍多种典型侧信道攻击方法、分析流程、关键技术，以及如何利用典型侧信道分析对密码芯片进行私钥还原. 基于对侧信道攻击原理的分析，本书还对现有隐蔽类、算法类侧信道防御机制进行详细介绍，包括掩码防护、乱序执行等，其中掩码防护是侧信道研究领域的可证明安全防护方法，乱序执行是工业界常用的低负载防护方法. 本书旨在系统性地介绍侧信道分析的原理、方法及防御技术，帮助读者深入理解这一领域的核心问题，并为安全系统设计提供实践指导.

本书共 10 章，涵盖侧信道攻击与防御. 其中，第 1 章至第 5 章为侧信道攻击分析，从分析密码算法实现开始，介绍了功耗、时间、故障等分析方法；第 6 章至第 9 章为侧信道防御技术，包括轻量化防护方法，如随机扰动、可证明安全的掩码防护、互补逻辑防护，以及泄漏检测方法；最后，第 10 章介绍了侧信道方向当前的研究趋势.

第 1 章从介绍密码算法的算法结构与具体实现入手，帮助读者理解侧信道分析方法，同时为读者掌握侧信道防护设计方法进行铺垫.

第 2 章介绍功耗与电磁分析方法. 本章涵盖了多种经典侧信道分析方法，如简单功耗分析、差分功耗分析、相关功耗分析等, 并结合实际案例展示如何从功耗或电磁信号中破解密码算法.

第 3 章主要分析如何利用算法执行时间的差异推断敏感信息. 时间侧信道, 尤其是 Cache 攻击, 是对现代处理器进行侧信道分析的主要方法, 本章讨论时间侧信道的原理、实现及实际案例.

第 4 章介绍故障分析方法. 作为一种主动攻击手段, 故障攻击通过人为引入计算错误(如电压毛刺、时钟扰动)来破坏密码运算的正确性, 从而获取密钥信息. 本章介绍故障注入、故障分析等技术, 并分析其对 AES、SM4 等算法的影响.

第 5 章讨论了其他侧信道分析方法. 现有侧信道方向中还包括声音分析、暂态攻击等侧信道分析手段. 本章探讨这些非传统攻击方式的可行性及其潜在威胁.

第 6 章介绍了随机扰动防护方法. 本章介绍了随机扰动方案的原理及典型方案, 并且从安全性角度分析多种方案的优劣, 最后给出能对抗随机扰动的分析方法.

第 7 章分析掩码防护方法的原理与安全性. 本章涵盖掩码防护原理以及多种掩码实现, 此外, 本章还介绍了掩码防护的可证明安全设计方法与对抗掩码的高阶侧信道分析.

第 8 章介绍互补逻辑防护方法. 这类方法通过平衡电路功耗来抵抗功耗分析. 本章分析此类方法的原理、实现方式及其优缺点.

第 9 章介绍侧信道泄漏检测方法. 泄漏检测技术使得设计者能快速评估密码实现或芯片对侧信道的抵抗能力. 本章包含多种检测方法, 并分别介绍了优劣与适用范围.

第 10 章总结了目前侧信道的研究趋势. 侧信道安全是一个快速发展的领域, 本章探讨侧信道分析、防护、安全评估三个方向当前的研究热点, 并展望未来的发展方向.

本书得到了国家重点研发计划项目 "密码芯片信息泄漏深度分析与可靠防护关键技术" (项目编号: 2022YFB3103800)、国家出版基金、密码科学技术全国重点实验室学术著作出版基金的资助. 此外, 诚挚地感谢所有在此书编撰过程中提供了宝贵建议与学术帮助的同事与学生们.

由于侧信道攻防技术仍在快速发展, 书中难免存在不足, 欢迎读者批评指正.

作者

2025 年 1 月

目　录

第 1 章　密码算法硬件实现

本章将以国际商用密码算法和我国商用密码算法中的部分算法为代表，进行对称加密和非对称加密算法的算法结构、硬件实现，以及典型运算部件设计实现的介绍. 本章内容将方便读者对基于密码芯片的侧信道分析方法的理解和运用，同时，帮助读者理解、掌握侧信道防护方法的原理和实现.

1.1　不同密码体制加密算法简介

1.1.1　对称加密算法简介

在对称加密算法中，用于加密和解密的密钥相同，加密数据的发收方都使用这个密钥对数据进行加密和解密. 对称加密算法由于公开、计算量小以及加密效率高等优点，被广泛用于通信数据的加密传输. 对称加密算法又分为两种：分组密码和流密码.

分组密码(block cipher)：将明文按一定的位长分组，明文组经过加密运算得到密文组，密文组经过解密运算，还原成明文组. 常用的对称分组密码算法有AES、SM4 等.

流密码(stream cipher)：是指利用少量的密钥通过某种复杂的运算产生大量的伪随机位流，用于对明文位流的加密. 常用的流密码有 RC4、WEP 等.

下面我们对常用对称分组密码进行介绍.

1.1.1.1　AES 加密算法介绍

美国国家标准与技术研究院(NIST)在 2001 年发布了高级加密标准(AES). AES 是一个对称分组密码算法，明文分组的长度为 128 比特，密钥长度可以为 128 比特、192 比特或 256 比特，分别记作 AES-128, AES-192, AES-256.

1. 总体结构

如表 1-1 所示，加密算法的迭代轮数与密钥长度相关. 运算过程的中间结果被称为 state, state 可以表示成行为 4，列为 Nb 的字节矩阵，一列表示一个 32 比特的字, FIPS PUB 197[①]规定 Nb = 4. 同样地，密钥 key 也可以表示为行为 4，列为 Nk

① FIPS PUB 197 是 AES(高级加密标准)算法的正式标准，描述了 AES 的加密过程和结构.

的字节矩阵, Nk = 4, 6, 8. 迭代轮数记作 Nr, Nr = 10, 12, 14.

表 1-1 不同密钥长度算法的迭代轮数

	密钥长度(Nk 个字)	分组大小(Nb 个字)	迭代轮数(Nr)
AES-128	4	4	10
AES-192	6	4	12
AES-256	8	4	14

分组的加密过程: 首先与初始密钥进行轮密钥加 AddRoundKey, 然后使用密钥扩展得到的轮密钥进行 Nr 轮轮函数迭代, 输出加密结果. 第 Nr 轮与前面 Nr–1 轮略微有所不同. 其加密的伪 C 代码如下:

```
Cipher(byte in[4*Nb], byte out[4*Nb], word w[Nb*(Nr+1)])
begin
   byte state[4, Nb]
   state = in
   AddRoundKey(state, w[0, Nb–1])

   for round = 1 to Nr–1
      SubBytes(state)
      ShiftRows(state)
      MixColumns(state)
      AddRoundKey(state, w[round*Nb, (round+1)*Nb–1])
   end for

   SubBytes(state)
   ShiftRows(state)
   AddRoundKey(state, w[Nr*Nb, (Nr+1)*Nb–1])

   Out = state
end
```

2. 详细结构

1) 轮函数

轮函数包含 4 个变换运算, 分别为: SubBytes, ShiftRows, MixColumns,

AddRoundKey.

字节替换 SubBytes: 如图 1-1 所示, SubBytes 变换是按字节进行的代替变换, 是作用在 state 上每一个字节的非线性变换. 该变换按以下两步进行:

(1) 把字节的值用它的乘法逆代替, 其中 "00" 的逆就是它自己.

(2) 经(1)处理后的字节值通过如下仿射变换:

$$b_i' = b_i \oplus b_{(i+4)\bmod 8} \oplus b_{(i+5)\bmod 8} \oplus b_{(i+6)\bmod 8} \oplus b_{(i+7)\bmod 8} \oplus c_i \tag{1-1}$$

其中, $b_i, 0 \leqslant i \leqslant 8$, 表示字节 b 的第 i 比特, c_i 表示常数 $c = \{01100011\}$ 的第 i 比特.

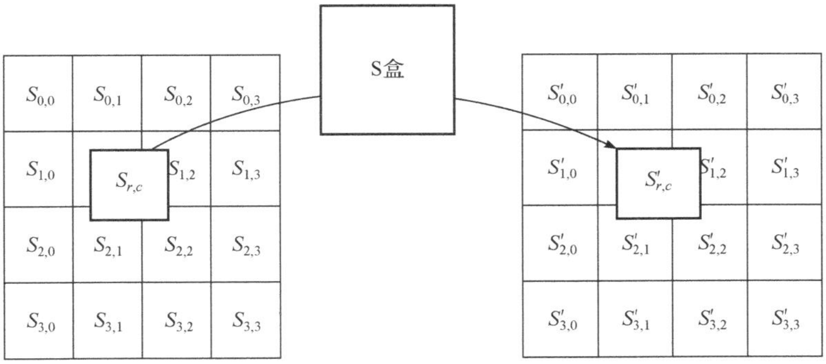

图 1-1 字节替换操作应用于状态的每个字节

除了直接计算字节替换值之外, 还可以将所有字节对应的替换值字节提前计算出来以查找表 S 盒(S-box)方式存储, 如表 1-2.

表 1-2 字节替换的查找表实现 S 盒(16 进制表示)

	0	1	2	3	4	5	6	7	8	9	A	B	C	D	E	F
0	63	7C	77	7B	F2	6B	6F	C5	30	01	67	2B	FE	D7	AB	76
1	CA	82	C9	7D	FA	59	47	F0	AD	D4	A2	AF	9C	A4	72	C0
2	B7	FD	93	26	36	3F	F7	CC	34	A5	E5	F1	71	D8	31	15
3	04	C7	23	C3	18	96	05	9A	07	12	80	E2	EB	27	B2	75
4	09	83	2C	1A	1B	6E	5A	A0	52	3B	D6	B3	29	E3	2F	84
5	53	D1	00	ED	20	FC	B1	5B	6A	CB	BE	39	4A	4C	58	CF
6	D0	EF	AA	FB	43	4D	33	85	45	F9	02	7F	50	3C	9F	A8
7	51	A3	40	8F	92	9D	38	F5	BC	B6	DA	21	10	FF	F3	D2
8	CD	0C	13	EC	5F	97	44	17	C4	A7	7E	3D	64	5D	19	73
9	60	81	4F	DC	22	2A	90	88	46	EE	B8	14	DE	5e	0B	DB
A	E0	32	3A	0A	49	06	24	5C	C2	D3	AC	62	91	95	E4	79
B	E7	C8	37	6D	8D	D5	4E	A9	6C	56	F4	EA	65	7A	AE	08

续表

	0	1	2	3	4	5	6	7	8	9	A	B	C	D	E	F
C	BA	78	25	2E	1C	A6	B4	C6	E8	DD	74	1F	4B	BD	8B	8A
D	70	3E	B5	66	48	03	F6	0E	61	35	57	B9	86	C1	1D	9E
E	E1	F8	98	11	69	D9	8E	94	9B	1E	87	E9	CE	55	28	DF
F	8C	A1	89	0D	BF	E6	42	68	41	99	2D	0F	B0	54	BB	16

行移位变换 ShiftRows: 如图 1-2 所示, ShiftRows 是对 state 的行进行循环移位变换. 第 0 行不移位, 第 1 行移 1 字节, 第 2 行移 2 字节, 第 3 行移 3 字节.

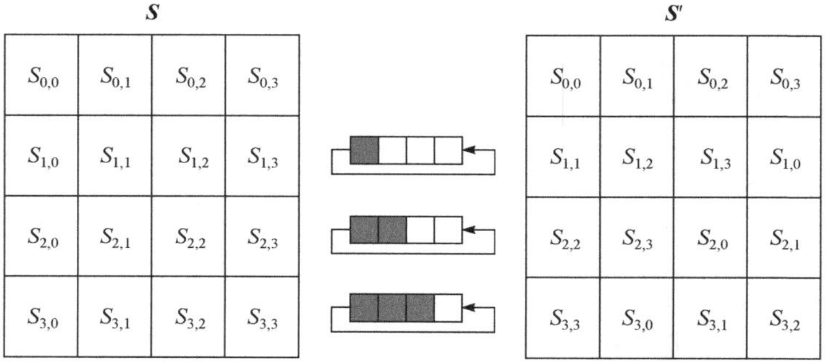

图 1-2　ShiftRows 循环移位状态的后面三行

列混淆变换 MixColumns: 如图 1-3 所示, MixColumns 变换是对状态的列进行混淆变换. 把 state 上的每一列看作 GF(2^8) 上的多项式, 并与一个固定多项式 $a(x)$ 相乘然后模多项式 x^4+1, 其中 $a(x)$为

$$a(x)=\{03\}x^3+\{01\}x^2+\{01\}x+\{02\} \tag{1-2}$$

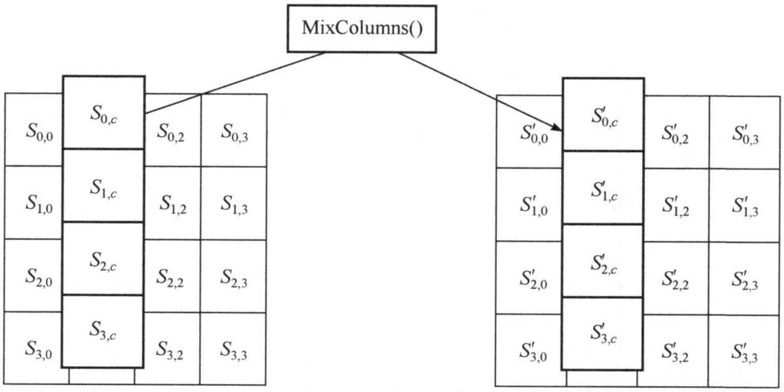

图 1-3　MixColumns 按列对状态进行混淆

轮密钥加变换 AddRoundKey: 如图 1-4 所示, AddRoundKey 变换是利用轮密钥对 state 进行模 2 相加的变换, 即轮密钥被简单地异或到状态中去.

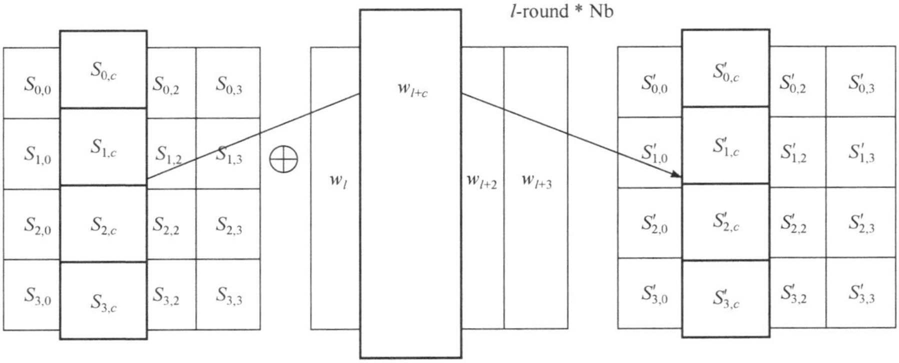

图 1-4 AddRoundKey 将状态的每列与轮密钥状态的每列进行对应字节异或

2) 密钥扩展

密钥扩展算法输入密钥 K, 输出共 Nb(Nr + 1)个字的轮密钥矩阵 $w[i]$, $0 \leqslant i < \mathrm{Nb}(\mathrm{Nr}+1)$. 第 R 轮的轮密钥由 w[Nb*R] 到 w[Nb*(R + 1) −1] 的字组成. 密钥扩展过程如下面伪 C 代码所示.

```
KeyExpension(byte key[4*Nk], word w[Nb*(Nr+1), Nk])
begin
   word temp
   i = 0

   while(i < Nk)
      w[i] = word(key[4*i], key[4*i+1], key[4*i+2], key[4*i+3])
      i = i+1
   end while

   i = Nk

   while(i < Nb *(Nr + 1))
      temp = w[i−1]
      if(i mod Nk = 0)
         temp = SubWord(RotWord(temp)) xor Rcon[i/Nk]
      else if(Nk > 6 and i mod Nk = 4)
```

```
            temp = SubWord(temp)
        end if
        w[i] = w[i–Nk] xor temp
        i = i + 1
    end while
end
```

其中，SubWord 是对输入的字逐字节进行 S 盒置换运算；函数 RotWord 对输入 $[a_0,a_1,a_2,a_3]$ 进行循环移位，输出 $[a_1,a_2,a_3,a_0]$；轮常数 $\text{Rcon}[i]=[\{02\}^{i-1},\{00\},\{00\},\{00\}]$.

1.1.1.2　SM4 加密算法介绍

SM4 是我国国家密码管理局于 2012 年 3 月 21 日发布的对称分组密码算法. 该算法的分组长度为 128 比特，密钥长度也为 128 比特. 加密算法与密钥扩展算法均采用非线性迭代结构，运算轮数均为32轮. 数据解密和加密的算法结构相同，只是轮密钥的使用顺序相反，解密轮密钥是加密轮密钥的逆序.

1. 算法总体结构

加密算法由 32 次轮函数迭代运算和 1 次反序变换 R 组成. 设明文输入为 $(X_0,X_1,X_2,X_3)\in\left(Z_2^{32}\right)^4$，密文输出为 $(Y_0,Y_1,Y_2,Y_3)\in\left(Z_2^{32}\right)^4$，轮密钥 $rk_i\in Z_2^{32}$，$i=0,1,2,\cdots,31$. 加密算法的运算过程如下:

32 次轮函数迭代：$X_{i+4}=F(X_i,X_{i+1},X_{i+2},X_{i+3},rk_i),i=0,1,\cdots,31$.

反序变换：$(Y_0,Y_1,Y_2,Y_3)=R(X_{32},X_{33},X_{34},X_{35})=(X_{35},X_{34},X_{33},X_{32})$.

2. 详细结构

1) 轮函数 F

轮函数 F 的结构如下:

$$F(X_0,X_1,X_2,X_3,rk)=X_0\oplus T(X_1\oplus X_2\oplus X_3\oplus rk) \tag{1-3}$$

其中，合成置换 T 由非线性变换 τ 和线性变换 L 复合而成，即 $T(\cdot)=L(\tau(\cdot))$.

非线性变换 τ：τ 由 4 个并行的 S 盒构成.

设输入为 $A=(a_0,a_1,a_2,a_3)\in\left(Z_2^8\right)^4$，输出为 $B=(b_0,b_1,b_2,b_3)\in\left(Z_2^8\right)^4$，S 盒的数据见表 1-3.

$$(b_0,b_1,b_2,b_3)=\tau(A)=(\text{SBox}(a_0),\text{SBox}(a_1),\text{SBox}(a_2),\text{SBox}(a_3)) \tag{1-4}$$

表 1-3　SM4 S 盒数据

	0	1	2	3	4	5	6	7	8	9	A	B	C	D	E	F
0	D6	90	E9	FE	CC	E1	3D	B7	16	B6	14	C2	28	FB	2C	05
1	2B	67	9A	76	2A	BE	04	C3	AA	44	13	26	49	86	06	99
2	9C	42	50	F4	91	EF	98	7A	33	54	0B	43	ED	CF	AC	62
3	E4	B3	1C	A9	C9	08	E8	95	80	DF	94	FA	75	8F	3F	A6
4	47	07	A7	FC	F3	73	17	BA	83	59	3C	19	E6	85	4F	A8
5	68	6B	81	B2	71	64	DA	8B	F8	EB	0F	4B	70	56	9D	35
6	1E	24	0E	5E	63	58	D1	A2	25	22	7C	3B	01	21	78	87
7	D4	00	46	57	9F	D3	27	52	4C	36	02	E7	A0	C4	C8	9E
8	EA	BF	8A	D2	40	C7	38	B5	A3	F7	F2	CE	F9	61	15	A1
9	E0	AE	5D	A4	9B	34	1A	55	AD	93	32	30	F5	8C	B1	E3
A	1D	F6	E2	2E	82	66	CA	60	C0	29	23	AB	0D	53	4E	6F
B	D5	DB	37	45	DE	FD	8E	2F	03	Ff	6A	72	6D	6C	5B	51
C	8D	1B	AF	92	BB	DD	BC	7F	11	D9	5C	41	1F	10	5A	D8
D	0A	C1	31	88	A5	CD	7B	BD	2D	74	D0	12	B8	E5	B4	B0
E	89	69	97	4A	0C	96	77	7E	65	B9	F1	09	C5	6E	C6	84
F	18	F0	7D	EC	3A	DC	4D	20	79	EE	5F	3E	D7	CB	39	48

线性变换 L: 非线性变换 τ 的输出是线性变换 L 的输入.

设输入为 $B \in Z_2^{32}$，输出为 $C \in Z_2^{32}$，$<<<r$ 表示循环左移 r 比特.

$$C = L(B) = B \oplus (B <<< 2) \oplus (B <<< 10) \oplus (B <<< 18) \oplus (B <<< 24) \tag{1-5}$$

2) 密钥扩展算法

加密过程中使用的轮密钥由加密密钥生成，其中加密密钥 $MK = (MK_0, MK_1, MK_2, MK_3) \in \left(Z_2^{32}\right)^4$. 轮密钥生成过程如下:

$$(K_0, K_1, K_2, K_3) = (MK_0 \oplus FK_0, MK_1 \oplus FK_1, MK_2 \oplus FK_2, MK_3 \oplus FK_3) \tag{1-6}$$

$$rk_i = K_{i+4} = K_i \oplus T'(K_{i+1} \oplus K_{i+2} \oplus K_{i+3} \oplus CK_i), \quad i = 0, 1, \cdots, 31 \tag{1-7}$$

其中

a. T' 是将合成置换 T 的线性变换 L 替换为 L'.

$$L'(B) = B \oplus (B <<< 13) \oplus (B <<< 23) \tag{1-8}$$

b. 系统参数 FK 的取值:

$$FK_0 = (\mathrm{A3B1BAC6}), \quad FK_1 = (\mathrm{56AA3350}) \tag{1-9}$$

$$FK_2 = (\mathrm{677D9197}), \quad FK_3 = (\mathrm{B27022DC}) \tag{1-10}$$

c. 固定参数 $CK_i\ (i = 0, \cdots, 31)$取值方法为:

设$ck_{i,j}$为CK_i的第j字节($i=0,1,\ \cdots,31; j=0,1,2,3$)，即$CK_i = (ck_{i,0}, ck_{i,1}, ck_{i,2}, ck_{i,3})$

$\in\left(Z_2^8\right)^4$，则 $ck_{i,j}=(4i+j)\times 7(\text{mod }256)$.

固定参数 $CK_i\ (i=0,1,\cdots,31)$ 具体值如表 1-4 所示.

表 1-4　固定参数 $CK_i\ (i=0,1,\cdots,31)$ 具体值

00070E15	1C232A31	383F464D	545B6269
70777E85	8C939AA1	A8AFB6BD	C4CBD2D9
E0E7EEF5	FC030A11	181F262D	343B4249
50575E65	6C737A81	888F969D	A4ABB2B9
C0C7CED5	DCE3EAF1	F8FF060D	141B2229
30373E45	4C535A61	686F767D	848B9299
A0A7AEB5	BCC3CAD1	D8DFE6ED	F4FB0209
10171E25	2C333A41	484F565D	646B7279

1.1.2　非对称加密算法简介

对于传统的对称加密算法，其面向实际应用的主要障碍即密钥管理上的困难. 1976 年美国斯坦福大学的博士生 W. Diffie 和其导师 M. Hellman 首次提出的公开密钥交换协议，奠定了公开密钥密码，即非对称加密领域的基础.

经过多年的研究和发展，非对称加密已经得到广泛的应用. RSA 为当前最为广泛使用的商用非对称加密算法. 此外，我国国家密码管理局于 2010 年发布了椭圆曲线公钥密码算法 SM2，用于替换国家商用密码体系中的 RSA 算法.

1.1.2.1　RSA 加密算法介绍

RSA 是 1977 年由罗纳德 · 李维斯特(Ronald Rivest)、阿迪 · 萨莫尔(Adi Shamir)和伦纳德 · 阿德曼(Leonard Adleman)一起提出的非对称加密算法，算法命名分别取三人姓氏首字母. 非对称密码算法中，密钥包含公钥和私钥，公钥和私钥是通过一种算法得到的一个密钥对，其中公钥向外界公开，私钥由自己保留. RSA 算法既可用于加密，又可用于数字签名.

RSA 的安全性依赖于大合数因子分解的困难性. 根据数论，寻求两个大素数比较简单，而将它们的乘积进行因式分解却极为困难.

RSA 密码算法的具体描述如下:

a. 任意选取两个不同的大素数 p 和 q 计算乘积:

$$n=pq,\quad \varphi(n)=(p-1)(q-1) \tag{1-11}$$

b. 任意选取一个与 $\varphi(n)$ 互质的大整数 e，整数 e 作为公开密钥,

$$\gcd(e,\varphi(n))=1 \tag{1-12}$$

c. 确定私密密钥 d, 满足 $(de)\bmod\varphi(n)=1$, 即 $de=k\varphi(n)+1,k\geqslant1$ 是一个任意的整数, 所以, 若知道 e 和 $\varphi(n)$, 则很容易计算出 d;

d. 公开整数 n 和 e, 秘密保存 d;

e. 将明文 $m(m<n$ 是一个整数)加密成密文 c, 加密算法:

$$c=E(m)=m^e\bmod n \tag{1-13}$$

f. 将密文 c 解密为明文 m, 解密算法:

$$m=D(c)=c^d\bmod n \tag{1-14}$$

只根据 n 和 e 要计算出 d 是几乎不可能的. 因此, 任何人都可对明文进行加密, 但只有知道 d 才可对密文解密. 表 1-5 展示了一个 RSA 加解密示例.

表 1-5 RSA 加解密示例

步骤	说明	
1	找出素数 p, q	$p=3; q=11$
2	计算公共模数	$n=pq=3\times11=33$
3	欧拉函数	$\varphi(n)=(p-1)(q-1)=20$
4	计算公钥 e	$1<e<\varphi(n)=20$, e 和 $\varphi(n)$互质 e 的取值范围{3, 7, 9, 11, 13, 17, 19} 为演示, 取最小的值 $e=3$
5	计算私钥 d	$de=k\varphi(n)+1,k\geqslant1$, 易计算得到 $d=7$
6	公钥加密	假设明文 $m=2$, 密文 $c=m^e\bmod n=8$
7	私钥解密	$m=c^d\bmod n=2$

RSA 算法的保密强度与合数 n 密切相关. 只有 $n=pq$ 足够大才能对抗因子分解攻击. 根据目前的因子分解能力, n 应该选取 1024 比特或者 2048 比特. 这样, p 和 q 就应当选为 512 比特或 1024 比特. 国际可信计算组织(Trusted Computing Group, TCG)在可信计算标准中规定: 一般加密密钥和认证密钥选 n 为 1024 比特, 而平台根密钥和存储根密钥则选 n 为 2048 比特.

1.1.2.2 SM2 加密算法介绍

SM2 是国家密码管理局组织制定并提出的椭圆曲线密码算法标准. 同 RSA 类似, SM2 也包含了加密算法和签名算法. 在此, 我们仅对其加密算法进行介绍.

SM2 的加密基于椭圆曲线密码学(elliptic curve cryptography, ECC), 椭圆曲线在密码学中的使用是在 1985 年由 Neal Koblitz 和 Victor Miller 分别独立提出的. SM2 椭圆曲线公钥密码算法基于椭圆曲线离散对数问题, 计算复杂度是指数级, 求解难度较大, 同等安全程度要求下, 椭圆曲线密码较其他公钥密码所需密钥长度小很多.

SM2 椭圆曲线公钥密码算法的加密流程图如图 1-5 所示.

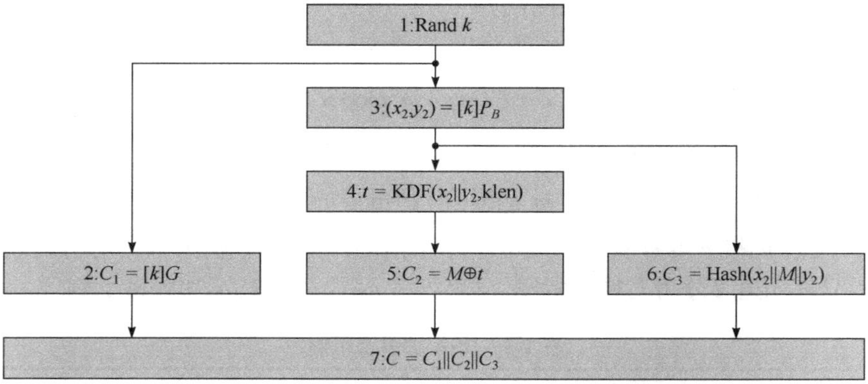

图 1-5　SM2 加密流程图

设需要发送的消息为比特串 M, klen 为 M 的比特长度.

图 1-6 展示了 SM2 加密算法的流程. 为了对明文 M 进行加密, 加密者 A 进行如下步骤:

a) 用随机数发生器产生随机数 $k \in [1, n-1]$;

b) 计算椭圆曲线点 $C_1 = [k]G = (x_1, y_1)$, 根据 GB/T 32918.1—2016 中 4.2.9 和 4.2.5 给出的方法, 将 C_1 的数据类型转换为比特串;

c) 计算椭圆曲线点 $S = [h]P_B$, 若 S 是无穷远点, 则报错并退出;

d) 计算椭圆曲线点 $[k]P_B = (x_2, y_2)$, 根据 GB/T 32918.1—2016 中 4.2.6 和 4.2.5 给出的方法, 将坐标 (x_2, y_2) 的数据类型转换为比特串;

e) 计算 $t = \mathrm{KDF}(x_2 \| y_2, \mathrm{klen})$, 若 t 为全 0 比特串, 则返回 a);

f) 计算 $C_2 = M \oplus t$;

g) 计算 $C_3 = \mathrm{Hash}(x_2 \| M \| y_2)$;

h) 输出密文 $C = C_1 \| C_2 \| C_3$.

其中, n 表示椭圆曲线的一个基点 G 的阶, KDF( )表示密钥派生函数, Hash( )表示密码杂凑算法.

密码杂凑算法使用国家密码管理局批准的密码杂凑算法, 如 SM3.

密钥派生函数的作用是从一个共享的秘密比特串中派生出密钥数据. 密钥派生函数需要调用密码杂凑函数, 设密码杂凑函数 Hash( )的输出长度为 v 比特.

密钥派生函数 KDF(Z, klen):

输入: 比特串 Z, 整数 klen(表示要获得的密钥数据的比特长度, 要求该值小于$(2^{32}-1)v$).

输出：长度为 klen 的密钥数据比特串 K.

a) 初始化一个 32 比特的计时器 $\mathrm{ct}=0\mathrm{x}00000001$.

b) 对 i 从 1 到 $\lceil \mathrm{klen}/v \rceil$ 执行：

i. 计算 $\mathrm{Ha}_i=\mathrm{Hash}(Z \| \mathrm{ct})$；

ii. ct ++；

c) 若 klen/v 是整数，令 $\mathrm{Ha}!_{\lceil \mathrm{klen}/v \rceil}=\mathrm{Ha}_{\lceil \mathrm{klen}/v \rceil}$，否则令 $\mathrm{Ha}!_{\lceil \mathrm{klen}/v \rceil}$ 为 $\mathrm{Ha}_{\lceil \mathrm{klen}/v \rceil}$ 最左边的 $\left(\mathrm{klen}-\left(v \times \lfloor \mathrm{klen}/v \rfloor\right)\right)$ 比特.

d) 令 $K=\mathrm{Ha}_1 \| \mathrm{Ha}_2 \| \cdots \| \mathrm{Ha}_{\lceil \mathrm{klen}/v \rceil-1} \| \mathrm{Ha}!_{\lceil \mathrm{klen}/v \rceil}$.

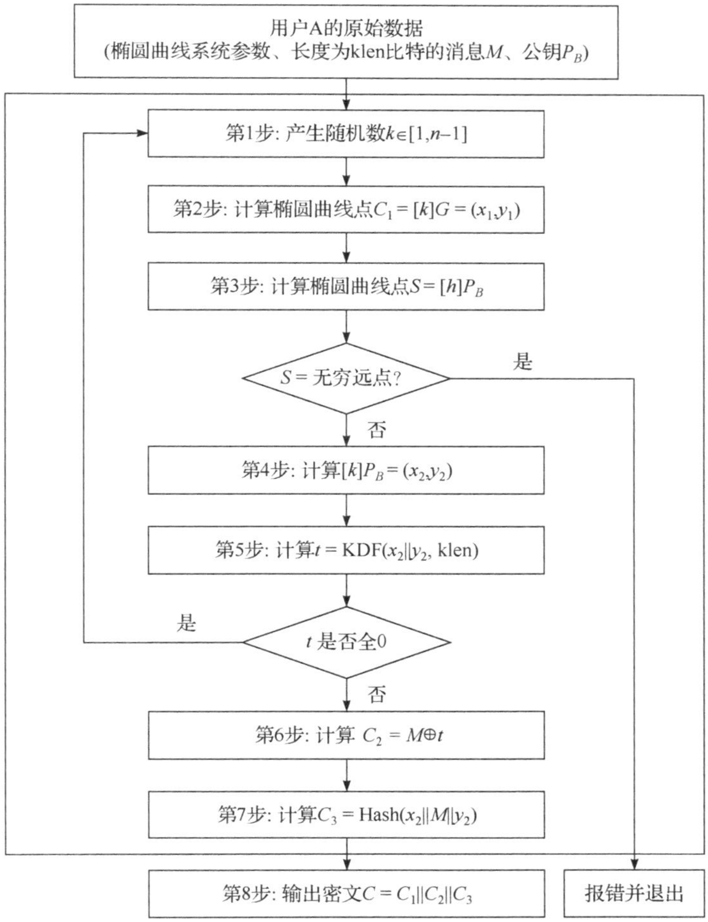

图 1-6 SM2 加密算法流程

1.2 加密算法设计实现

可编程逻辑器件(programmable logic device, PLD)是在专用集成电路基础上发展而来的一种新型逻辑器件，是当今数字系统开发设计的主要硬件平台. 由于其在修改或升级时不需要额外地改变印制电路板(printed circuit board, PCB)，而只需通过软件的方式重新配置和编程，使硬件设计工作类似软件开发，缩短了系统设计的周期并降低了开发成本，受到广大硬件工程师的青睐，形成了巨大的 PLD 产业规模. 其中，现场可编程门阵列(field programmable gate array, FPGA)是当前实现数字系统的主流载体之一.

基于高复杂度 PLD 的开发，在很大程度上要依靠电子设计自动化(electronic design automation, EDA)工具来完成. PLD 的 EDA 工具以计算机开发软件为主，将典型的单元电路封装起来构成固定模块并形成标准的硬件描述语言(hardware description language, HDL)，如 Verilog，供设计人员使用. 典型的 EDA 工具中必须包含两个特殊的软件包，即综合器和适配器. 综合器的功能就是针对给定的硬件系统组件，将设计者在 EDA 平台上完成的针对某个系统项目的 HDL、原理图或状态图形描述，进行编译、优化、转换和综合.

一个完美的 PLD 开发软件应具备以下 5 点:

a) 准确地将用户设计转换为电路模块;

b) 能够高效地利用器件资源;

c) 能够快速地完成编译和综合;

d) 提供丰富的 IP 资源;

e) 用户界面友好、操作简单.

Xilinx 公司的 ISE[9]、Vivado 和 Altera 公司的 Quartus II[17]是业界公认的优秀的集成 PLD 开发软件. 此外，仿真软件 ModelSim[16]和验证工具 MATLAB[14]等诸多第三方嵌入式开发套件(embedded development kit, EDK)也满足上述要求.

FPGA 的设计流程就是利用 EDA 开发软件和编程工具对 FPGA 芯片进行开发的过程. 开发流程如图 1-7，包括电路功能设计、设计输入、功能(行为)仿真、综合、器件编程以及各阶段的设计验证等.

当前硬件朝着高速且轻量的趋势发展，对于密码算法的硬件实现，从算法层面到门级电路层面，提出了众多优化策略.

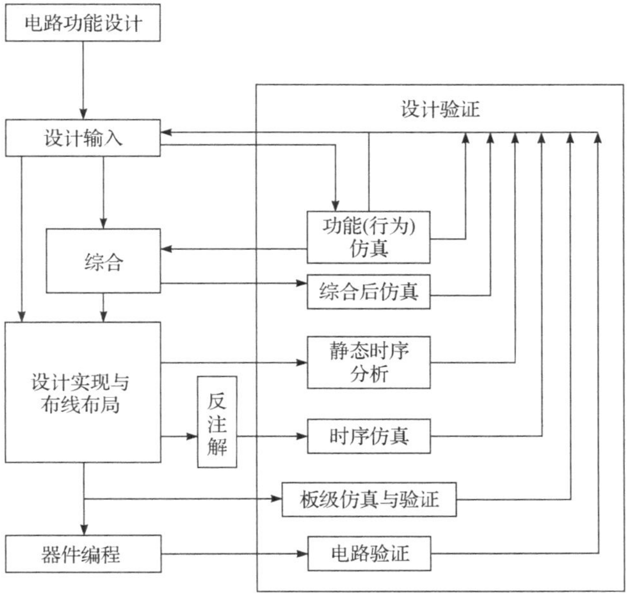

图 1-7 FPGA 开发流程图

1.2.1 对称加密算法设计实现

AES 自问世以来, 就备受国内外研究学者的青睐和关注. AES 硬件实现具有性能好、安全性强度高等优点, 而硬件实现的面积和速度是评价其性能优劣的两个重要指标, 两者的权衡更是难点. 本小节对 AES 的高速实现以及轻量化实现进行详细介绍.

1.2.1.1 AES 高速设计实现

从 AES 算法结构来看, 只有字节替换和列混淆操作相对复杂, 是硬件实现的瓶颈. 字节替换操作的实现主要分为两种: 组合电路实现与查找表实现. 前者使用组合逻辑门来实现字节替换运算, 后者提前计算好所有输入对应的替换输出值, 做成查找表保存下来, 即 S 盒. 显然, 前者要比后者慢, 但其面积开销却小得多. 下面我们将介绍两种 AES 的高速实现: T 表实现和流水实现.

1. T 表实现

T 表实现是在 S 盒的基础上组合了轮函数中的列混淆与行移位运算后形成的查找表, T 表共有 4 张, 对于任意 T 表, 给定 8 比特输入, 查表得到 32 比特输出. 图 1-8 给出了 T 表实现的结构图. 接下来我们将介绍 T 表实现的原理.

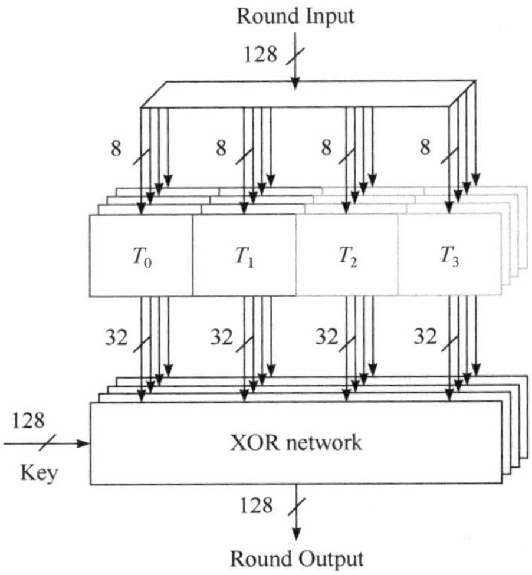

图 1-8　AES-128 轮函数 T 表实现结构图

Round Input: 轮函数输入; Key: 密钥; XOR network: 异或网络; Round Output: 轮函数输出

假设 a 表示轮函数的输入状态, e 表示轮函数输出状态的其中一列. $a_{i,j}$ 表示 a 的第 i 行和第 j 列的字节; a_j 表示状态 a 的列 j, $S[]$表示 SubBytes 置换的 S 盒查找表. 轮函数中的 4 个运算 AddRoundKey、MixColumns、ShiftRows 以及 SubBytes 可以表示为

$$\begin{bmatrix} e_{0,j} \\ e_{1,j} \\ e_{2,j} \\ e_{3,j} \end{bmatrix} = \begin{bmatrix} d_{0,j} \\ d_{1,j} \\ d_{2,j} \\ d_{3,j} \end{bmatrix} \oplus \begin{bmatrix} k_{0,j} \\ k_{1,j} \\ k_{2,j} \\ k_{3,j} \end{bmatrix}, \quad \begin{bmatrix} d_{0,j} \\ d_{1,j} \\ d_{2,j} \\ d_{3,j} \end{bmatrix} = \begin{bmatrix} 02 & 03 & 01 & 01 \\ 01 & 02 & 03 & 01 \\ 01 & 01 & 02 & 03 \\ 03 & 01 & 01 & 02 \end{bmatrix} \begin{bmatrix} c_{0,j} \\ c_{1,j} \\ c_{2,j} \\ c_{3,j} \end{bmatrix}$$

$$\begin{bmatrix} c_{0,j} \\ c_{1,j} \\ c_{2,j} \\ c_{3,j} \end{bmatrix} = \begin{bmatrix} b_{0,j} \\ b_{1,j-C1} \\ b_{2,j-C2} \\ b_{3,j-C3} \end{bmatrix}, \quad b_{i,j} = S[a_{i,j}]$$

将其组合起来, 轮函数可以表示为

$$\begin{bmatrix} e_{0,j} \\ e_{1,j} \\ e_{2,j} \\ e_{3,j} \end{bmatrix} = \begin{bmatrix} 02 & 03 & 01 & 01 \\ 01 & 02 & 03 & 01 \\ 01 & 01 & 02 & 03 \\ 03 & 01 & 01 & 02 \end{bmatrix} \begin{bmatrix} S[a_{0,j}] \\ S[a_{1,j-C1}] \\ S[a_{2,j-C2}] \\ S[a_{3,j-C3}] \end{bmatrix} \oplus \begin{bmatrix} k_{0,j} \\ k_{1,j} \\ k_{2,j} \\ k_{3,j} \end{bmatrix}$$

进一步, 将矩阵运算拆开, 可以得到

$$\begin{bmatrix} e_{0,j} \\ e_{1,j} \\ e_{2,j} \\ e_{3,j} \end{bmatrix} = S[a_{0,j}]\begin{bmatrix} 02 \\ 01 \\ 01 \\ 03 \end{bmatrix} \oplus S[a_{1,j-C1}]\begin{bmatrix} 03 \\ 02 \\ 01 \\ 01 \end{bmatrix} \oplus S[a_{2,j-C2}]\begin{bmatrix} 01 \\ 03 \\ 02 \\ 01 \end{bmatrix} \oplus S[a_{3,j-C3}]\begin{bmatrix} 01 \\ 01 \\ 03 \\ 02 \end{bmatrix} \oplus \begin{bmatrix} k_{0,j} \\ k_{1,j} \\ k_{2,j} \\ k_{3,j} \end{bmatrix}$$

给定 T 表定义:

$$T_0[a] = \begin{bmatrix} S[a]\bullet 02 \\ S[a] \\ S[a] \\ S[a]\bullet 03 \end{bmatrix}, \quad T_1[a] = \begin{bmatrix} S[a]\bullet 03 \\ S[a]\bullet 02 \\ S[a] \\ S[a] \end{bmatrix}, \quad T_2[a] = \begin{bmatrix} S[a] \\ S[a]\bullet 03 \\ S[a]\bullet 02 \\ S[a] \end{bmatrix}, \quad T_3[a] = \begin{bmatrix} S[a] \\ S[a] \\ S[a]\bullet 03 \\ S[a]\bullet 02 \end{bmatrix}$$

S 盒包含 256 个单字节条目, 因此这 4 个 T 表包含 256 个 4 字节的条目, 总共占用空间 4KB. 利用 T 表, 轮函数运算可以表示为

$$e_j = T_0[a_{0,j}] \oplus T_1[a_{1,j-C1}] \oplus T_2[a_{2,j-C2}] \oplus T_3[a_{3,j-C3}] \oplus k_j$$

在最后一轮中, 由于没有 MixColumns 操作, 必须使用 S 盒而不是 T 表. 因此, 除最后一轮外, AES 的其余迭代轮数均可以通过 4 次查找操作 4 次异或运算实现. T 表实现简化了 AES 运算的流程, 大幅提高了其运算效率. T 表实现是目前运算速率最高的 AES 实现, 但考虑到其耗费大量存储资源, 不适合应用于硬件资源有限的嵌入式设备.

2. 流水实现

根据 AES 电路中的轮函数的单元数量, AES 密码电路结构可以分成三种基本类型: 全展开结构、循环结构和循环展开结构, 如图 1-9 所示.

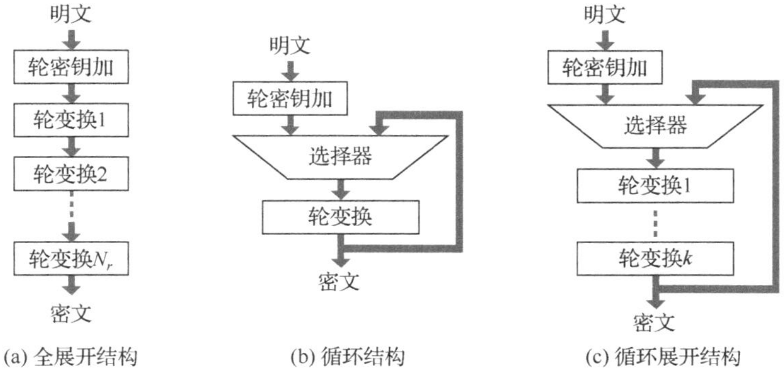

图 1-9 AES 基本结构

AES 加密算法是典型的迭代结构的分组密码, 其轮函数部分可作为轮次间的

复用功能单元. 也可以将循环结构铺平展开, 每轮的轮函数都是独立的硬件实现, 这种设计占有更多的资源, 但其吞吐量至少可以达到迭代结构的数倍. 此外, 还可以对两种结构折中, 选择适合具体设备的结构.

因此, 除了通过构建 T 表来提高 AES 速度外, 还可以引入流水机制, 提高硬件资源的利用率, 以此实现多组明文的并行加密, 大幅度提高密码模块的吞吐量.

以 AES-128 加密算法为例, 其流水实现如图 1-10 所示[20]. 该设计由十个阶段组成, 每一轮加密一个阶段.

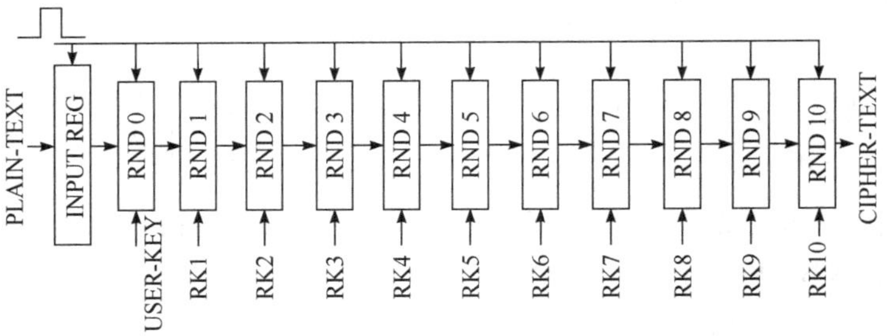

图 1-10　AES-128 加密算法的流水设计

PLAIN-TEXT: 明文; RND: 轮数; CIPHER-TEXT: 密文; USER-KEY: 用户密钥

每个时钟周期通过输入寄存器(INPUT REG)接收输入明文, 轮密钥(RK)持续提供给轮函数参与运算. 在每个时钟周期, 数据以相同的方式传递给下一运算阶段; 从第一个数据块开始加密起, 经过 10 个时钟周期后, 每一个时钟周期都会有一个数据分组完成加密.

由于子密钥的生成被嵌入在相应的轮函数中实现, 因此子密钥的生成也可视为一条流水线. 图 1-11 展示了 AES 加密算法中密钥扩展的流水设计. 考虑到这两条流水线要保持正确的时序关系, 使轮函数在执行 AddRoundKey 时所取到的是正确的子密钥值, 可以使子密钥的生成提前对应轮函数一个节拍, 即在这一次轮函数中产生下一次轮函数所需子密钥.

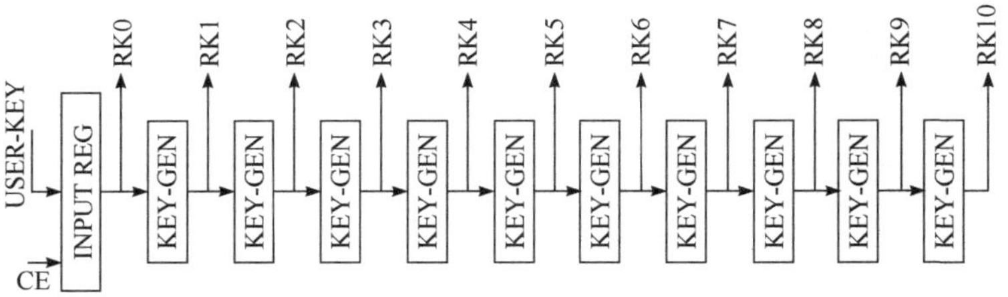

图 1-11　AES 加密算法中密钥扩展的流水设计

USER-KEY: 用户密钥; CE: 加密; KEY-GEN: 密钥生成

为进一步提高流水实现的吞吐率, 可以在轮函数内部插入轮内流水线寄存器进一步划分的流水级数，来缩短每轮的关键路径长度，从而大幅度地提高 AES 的数据吞吐率. 内部流水级数依据轮函数的具体实现而定. 只有当尽量做到每级流水的运算所耗时间相近，才能最大程度地提高硬件资源的利用率，达到最优的运算效率，1.3 节将介绍一种基于复合域的压缩 S 盒实现，其中，划分了 5 级内部流水. 单条流水线的吞吐率最高可达 66.1Gbps[12].

上述介绍的两种 AES 高速实现，均是以牺牲资源为代价，换取运算速度的提升. T 表实现将轮函数中的字节替换、行移位以及列混淆变换组合起来，提前计算，将对应输出结果做成多张查找表，因此, AES 轮函数运算等价替换成 4 次查表和 4 次异或运算. 流水实现对多个分组同时进行运算编码，在时间上复用运算单元，使所有运算单元达到满载以实现高吞吐率.

1.2.1.2 AES 轻量化设计实现

AES 硬件实现的轻量化设计主要有两种思路：开源，设计更轻量的功能单元；节流，最大程度实现资源复用. 接下来我们将分别介绍“开源”和“节流”的典型实现.

“开源”：我们在前面提到过, AES 算法中只有字节替换和列混淆操作相对复杂，因此新型轻量化的设计创新也主要是从这两者入手. 例如, Kumar 等提出了一种新型 MixColumns 结构[11].

AES 算法的所有运算都是基于有限域的. 在有限域运算单元硬件电路实现中，有限域运算的计算复杂度与电路实现的面积和延时直接相关. 通过优化有限域运算可以直接优化电路实现的面积和延时. 为了降低硬件复杂度，一般将 AES 字节替换变换的有限域运算映射到复合域中实现，将原来有限域 $GF(2^8)$上的运算映射到有限域 $GF((2^4)^2)$或 $GF(((2^2)^2)^2)$上. S 盒，即字节替换变换，由 $GF(2^8)$上的乘法逆和仿射变换构成，元素 A 的乘法逆 $A^{-1}=A^{254}$，是 S 盒中最复杂的运算. AES 密码算法的发明人之一 Rijmen 首先提出采用复合域运算降低 S 盒中乘法逆的运算复杂度，从而降低 S 盒在电路实现中的硬件复杂度[18].

假定 AES S 盒的输入为 $\boldsymbol{X}$，经过求逆和放射运算，输出得到 $\boldsymbol{Y}$，有

$$\boldsymbol{Y}=S(\boldsymbol{X})=\boldsymbol{M}\boldsymbol{X}^{-1}+\boldsymbol{V} \tag{1-15}$$

其中，矩阵 $\boldsymbol{M}$ 和向量 $\boldsymbol{V}$ 为放射运算常数.

不同域之间的映射运算由映射矩阵完成. 复合域 $GF((2^4)^2)$由两级子域构成：$GF(2^4)$域和 $GF((2^4)^2)$域. $GF(2^4)$域可以进一步映射到 $GF((2^2)^2)$域，因此复合域 $GF(((2^2)^2)^2)$由三级子域构成：$GF(2^2)$域、$GF((2^2)^2)$域和 $GF(((2^2)^2)^2)$域. 一个特定复合域的每一级子域由两个因素决定：基和不可约多项式. 不同的不可约多项式可以产生不同的特定域，一个特定域采用不同的基有不同的表达形式和算术运算形

式. 因此在复合域中, 算术运算的硬件复杂度与复合域所采用的基和不可约多项式直接相关. 标准基(standard basis)和正规基(normal basis)是目前最常用的两种基.

基于复合域运算的 S 盒单元中, 在进行复合域乘法逆运算之前, 需要一个同构映射矩阵$\boldsymbol{\delta}$将输入的 GF(2^8)域向量映射至目标域, 在复合域乘逆运算之后, 也需要一个同构映射矩阵$\boldsymbol{\delta}^{-1}$将运算结果映射回GF(2^8)域. 因此, 基于复合域的S盒表达式为

$$\boldsymbol{Y}=S(\boldsymbol{X})=\boldsymbol{M}\boldsymbol{\delta}^{-1}(\boldsymbol{\delta}\boldsymbol{X})^{-1}+\boldsymbol{V} \tag{1-16}$$

关于复合域 S 盒的实现将在 1.3 节进行具体介绍. 此外, 之后介绍的门级电路优化策略的启发式算法一般应用于基于复合域的 S 盒的电路实现, 从而进一步优化门级电路的利用.

"节流": 资源复用可以是算法结构上的复用, 如轮函数的复用; 可以是功能单元的复用, 如 S 盒的复用; 也可以是门级电路的复用.

以 AES-128 加密算法为例, 其结构复用的顺序实现如图 1-12 所示[20]. 此处的第 0 轮指明文和初始密钥的 AddRoundKey 变换. 从第 1 轮到第 9 轮, 四个 AES 轮变换(字节替换、行移位、列混淆和轮密钥加)以顺序方式执行. 在完成这九轮之后, 进行最后一轮运算.

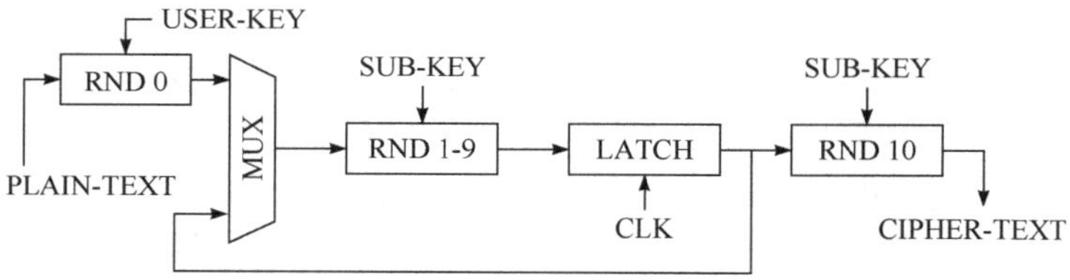

图 1-12　AES-128 加密算法的串行设计

PLAIN-TEXT: 明文; RND: 轮数; USER-KEY: 用户密钥; MUX: 数据选择器; SUB-KEY: 子密钥; LATCH: 锁存器; CLK: 时钟脉冲; CIPHER-TEXT: 密文

功能单元的复用和结构上的复用类似. 例如, 对 AES S 盒的复用, 128 比特每轮加密过程中都需要进行 16 次 S 盒置换. 若实现了 16 个 S 盒, 所有字节能够同时进行字节替换; 若仅实现了 1 个 S 盒, 则需要 16 个字节顺序使用该 S 盒. 根据部署设备的具体资源, 还可以在两者之间折中, 进行不完全的 S 盒复用.

> 电路优化问题: 给定一个二进制数组 M_{m*n} 以及最大深度 max$D$, 找到使用最少等效门个数计算出 $Y=MX$ 的电路且其深度 $D\leqslant$ max$D$, 满足要求的 M 的电路实现即为解.
>
> 该问题已被证明是 NP 困难[1].

对于门级电路的复用, 其难点在于如何找到适合的复用路径, 怎样实现最优

的整体设计. 值得一提的是, 门级电路的优化, 都是从最小的面积和最短的关键路径两个方面入手, 在减少资源使用的同时还兼顾运算速率.

为应对上述电路优化问题, 主要使用的技术是公共子表达式消除(common subexpression elimination, CSE). 众多学者展开了如何在运算的逻辑表达式中提取公共子表达式的研究, 提出了许多启发式算法.

文献[6, 7, 19, 21]在每次迭代中选择出现频率最高的两因子 CSs 进行消除. 在大多数情况下, 候选的 CSs 不止一个, 文献[7]结合其他选择策略对 CSs 进一步选择, 而文献[6, 19, 21]则采用贪婪搜索算法对所有候选项都进行检测, 并从中选出最优 CSs 选择方案. 贪婪搜索算法可以大大提高优化效率, 但是以增加算法复杂度为代价的. 文献[2, 4, 5]结合有限域加法运算特性(即异或运算特性)对 CSs 进行消除, 可以进一步提高 CSE 的优化效率. 文献[4, 5]采用输出信号迭代方式进行 CSs 共享, 从而大大增加了电路关键路径. 为了找到最优解, 文献[3]采用暴力搜索树方式穷尽所有的 CSs 选择方案, 同时提出一个 "修剪树" (pruned-tree)策略用于减少重复的 CSs 选择方案, 从而大大减少了暴力搜索树的算法复杂度. 文献[15]提出了 "浮动选择器", 对加密和解密的组合 S 盒进行门级优化.

1.2.2 非对称加密算法设计实现

随着公钥密码算法的不断发展, 人们对于其所基于的数学问题的研究越来越深刻. 同时随着计算机技术的不断发展, 分解大整数的能力也越来越强, 目前 512 比特的 RSA 已经不安全, 一般采用 1024 比特. RSA 算法的加密、解密的时间消耗主要在于模幂运算 $x^e \bmod m$ 上, RSA 的高速实现主要是从模幂运算入手; 另一方面, 对于物联网中嵌入式设备的 RSA 服务, 主要采用外包的方式将模幂运算代理给运算资源更加丰富的服务器运行, 以此实现 RSA 轻量化部署.

1.2.2.1 RSA 高速设计实现

模幂运算最终都要化为一系列的模乘算法. 因此可以通过两种途径来减少模指数运算的时间: 减少模乘算法的时间; 减少计算模幂运算的乘法次数.

对于如何减少模乘算法的时间, Montgomery 在 1985 年提出了一种不用除法做模约减的算法, 之后在此基础上出现了众多基于 Montgomery 算法的改进算法, 比如 RNS 算法.

对于如何减少计算模幂运算的乘法次数, 主要有滑动窗口算法.

接下来我们将从这两个方面介绍 RSA 的高速实现.

1. 减少模乘算法时间

经典的模乘算法不仅需要考虑多精度乘法, 还要用到模约减算法. 实现模约减最简单的方法是借用多精度除法运算来求被除数除以 m 所得余数. 而除法运算非常耗时，因此人们提出了多种有效的模约减算法．其中最广为使用的是 Montgomery 于 1985 提出的 Montgomery 约减算法[13].

Montgomery 发现了一种只要乘法和数的唯一就可以实现模乘运算的灵巧算法，用于 $t \cdot r^{-1} \bmod n$ 的快速计算.

设正整数 r, n 互质，即 $rr^{-1} \equiv 1 \bmod n$，$nn^{-1} \equiv 1 \bmod r$，因此存在正整数 n'，使得 $rr^{-1} - nn' \equiv 1$．则对于任意整数 t，当 $m = tn' \bmod r$ 时，有

$$\begin{aligned} t + mn &= t + (tn' \bmod r)n \\ &= t + (tn' - kr)n \\ &= t(1 + nn') - krn \\ &= trr^{-1} - krn \end{aligned} \tag{1-17}$$

即 $(t + mn)/r$ 为整数．且

$$\begin{aligned} (t + mn)/r &= [(t + mn)/r](1 + nn') \bmod n \\ &= [(t + mn)/r]rr^{-1} \bmod n = (t + mn)r^{-1} \bmod n = tr^{-1} \bmod n \end{aligned} \tag{1-18}$$

给定限制 $0 < t < nr$，有 $(t + nr)/r < 2n$，因此 $\left|(t + nr)/r - tr^{-1} \bmod n\right| < 2n$，只需要额外进行一次大数减法．可以表示为

(a) $t = (t + mn)/r$;

(b) $t = (t \geqslant r) ? t - n : t$.

通过上述分析可知，为了求 $tr^{-1} \bmod n$，首先要求对于确定的 n 和 r，n' 为固定常量．为了方便计算，r 通常取机器字的倍数，如 2^k，使得除法和模运算只需要简单的数移位和截取就能实现，避免了模约减中复杂且耗时的除法运算，大幅度提高了的模乘运算的速度.

算法 1-1: Montgomery 模乘算法

输入: X, Y, r, n, n'

输出: MontMul(X, Y, r, n, n') = $XYr^{-1} \bmod n$

1. $t = XY$
2. $m = tn' \bmod r$
3. $t = (t + mn)/r$
4. $t = (t \geqslant r) ? t - n : t$
5. return t

---

2. 减少模乘运算所需乘法次数

几乎所有的快速算法都建立在BR二元算法(如算法1-2所示)的基础之上，首先对BR二元算法进行简要介绍. BR二元算法是将幂运算变成一系列平方和乘积的迭代，将幂指数表示成二进制形式再进行展开，即

$$
\begin{aligned}
y &= x^e \bmod m \\
&= \left(x^{\sum_{i=0}^{n-1} e_i 2^i}\right)_m \\
&= ((\cdots((x^{e_{n-1}})^2{}_m \cdot x^{e_{n-2}})^2{}_m \cdots x^{e_1})^2{}_m \cdot x^{e_0})_m
\end{aligned}
\tag{1-19}
$$

其中，$(\cdot)_m$ 表示对括号中的数进行模 m 运算，$(\cdot)_m^2$ 表示对括号中的数平方后再进行模 m 运算.

算法 1-2: BR 二元算法

输入: x, $e=(e_{n-1}\cdots e_1 e_0)$, m

输出: $y = x^e \bmod m$

```
1. y = 1
2. for i = n−1 to 0 do
3.     y = y^2
4.     if e_i = 1 then y = y * x mod  m
5.     end if
6. end for
7. return y
```

算法执行了 n 次平方模 m 和 HW(e)次乘法模 m, HW(e)表示 e 的汉明重量，即1的个数. 若将平方也看作乘法，则乘法次数的期望为 $\frac{3}{2}(\lfloor \lg n \rfloor)$.

传统的BR算法将幂指数 e 按比特迭代求模，迭代次数与幂指数序列化后的序列长度相关. 但由于RSA加解密中幂指数 e 的比特长度较长，导致迭代次数过多，从而运算效率低. 因此，寻找最短的指数序列以减少迭代次数成为RSA高速实现的另一方法.

为减少迭代次数，可以以固定窗口大小 k 将幂指数 e 进行 2^k 进制化，以缩短指数序列. 例如，十进制数$(137)_{10}$ 可以表示为序列长度为 8 的二进制序列$(10001001)_2$，还可以表示为序列长度为 4 的四进制序列$(2021)_4$，以及序列长度为 2 的十六进制序列$(89)_{16}$，以此类推.

模幂运算可以表示为

$$
\begin{aligned}
y &= x^e \bmod m \\
&= \left(x^{\sum_{i=0}^{n-1} e_i 2^{ki}}\right)_m \\
&= ((\cdots((x^{e_{n-1}})^{2^k}{}_m \cdot x^{e_{n-2}})^{2^k}{}_m \cdots x^{e_1})^{2^k}{}_m \cdot x^{e_0})_m
\end{aligned}
\tag{1-20}
$$

其模幂算法可以总结如下:

算法 1-3: 模幂运算的固定窗口快速算法

输入: $x,\ e=\sum_{i=0}^{n-1} e_i \cdot \left(2^k\right)^i,\ m$

输出: $y = x^e \bmod m$

1. $y = 1$
2. for $i = n-1$ to 0 do
3. 　　$y = y^{2^k}$
4. 　　if $e_i \neq 0$ then $y = y * x^{e_i} \bmod m$
5. 　　end if
6. end for
7. return y

从上述算法 1-3 的 4 行可知, 每存在一次非 0 窗口就要多进行一次模乘. 因此, 可以使用可变长度的窗口算法, 即滑动窗口算法, 来减少非 0 窗口个数, 从而减少模乘次数. 其主要思想是使不为 0 的窗口个数尽量少, 以减少乘法次数. 如二进制序列$(101001110)_2$, 使用固定窗口 k=3 时, 其序列窗口划分为$(\underline{101}\ \underline{001}\ \underline{110})_2$, 含有 3 个非 0 窗口; 当采用滑动窗口时, 序列可以表示为$(\underline{101}00\underline{111}0)_2$, 只有两个非 0 窗口.

算法 1-4: 滑动窗口快速算法

输入: x, e, m

输出: $y = x^e \bmod m$

1. 将幂指数 e 划分为长度为 $L(F_i)$的窗口 $F_i(i = 0, 1, \cdots, k-1)$
2. $y = x^{F_{k-1}}$
3. for $i = k-2$ to 0 do
4. 　　$y = y^{2^{L(F_i)}}$
5. 　　if $F_i \neq 0$ then $y = y * x^{F_i} \bmod m$
6. 　　end if
7. end for
8. return y

关于窗口的划分算法, 我们在此不做详细介绍, 读者可以参考文献[10].

1.2.2.2　RSA 轻量化设计实现

在 RSA 等公开密钥密码系统中, 随着密钥的增加, 模幂的计算成本也在增加, 这使得在硬件资源有限的情况下, 移动设备的数据安全难以保证. 云计算为我们提供了一种可能的解决方案，它以更低的成本聚集了强大的计算能力. 资源受限的用户可以求助于第三方来完成复杂的计算任务. 考虑到非对称密码系统中普遍存在的模幂运算，以及本地资源受限的 IoT 设备的计算能力，外包成为最佳选择. 虽然云计算允许用户将其复杂的操作外包出去，但它也带来了一些安全挑战. 如何设计安全且高速的外包运算协议也是云计算研究领域的热点之一，在此我们不做详细介绍，读者可以参考文献[8]，进行进一步了解安全外包协议.

1.3 加密算法的硬件实现

硬件实现指的是用硬件描述语言对加密算法进行相应的硬件体系结构设计、描述以及编码，然后借助相应的电子设计自动化(electronic design automation, EDA)工具对代码进行仿真和综合，最后利用硬件验证平台(如 PFGA 等)来实现，或通过 EDA 工具生成集成电路版图，交付集成电路加工代工厂加工为专用集成电路芯片. 以 AES 算法的轻量级实现为例说明加密算法的硬件实现.

1.3.1 AES 结构设计

对于标准 AES 算法，其加解密结构并非完全对称，在传统设计方案中，往往将加密模块与解密模块分开实现. 虽然这种方法易于设计实现，但需要较多硬件开销，不适合资源受限的嵌入式系统应用. 因此有必要对加解密模块中结构相似的部分进行资源复用，以减小硬件开销. 本小节采用[22]中 AES 的实现和 Moradi 等建议的 AES-128 纯加密设计[23]作为说明其轻量级硬件实现的案例，针对资源受限的安全应用领域特点，分析如何合理设计芯片体系结构，达到芯片面积的最小化、功耗的最低化，且运算速度能满足嵌入式系统需求.

由于 AES 加解密算法具备如下性质:

(1) 行移位和逆行移位只是进行字节的移位变换，字节的值不发生变化；而字节替换和逆字节替换操作是对状态矩阵中的每个字节进行 S 盒变换，变换过程与字节的位置没有关系;

(2) 列混淆和逆列混淆是一种线性变换，变换过程满足如下数学关系式:

$$A(X+K)=A(X)+A(K) \tag{1-21}$$

因此，可以利用以上两个特点进行结构优化. 解密为加密的逆过程，设计时可共用同一个循环迭代结构，因此可将加解密过程复合在一个结构中实现.

在具体实现过程中，可以通过增加控制信号来决定执行加密或解密操作，通过构造合适的寄存器阵列，来存储每一次变换前后的数据和密钥，通过对状态矩阵和密钥矩阵寄存器中的数据进行一定方式的数据更新，可以分别实现行移位/逆行移位操作，而列混淆模块可以完成列混淆/逆列混淆操作，S 盒模块可以完成字节替换/

逆字节替换操作. 因此, 可以按照图 1-13 所示方案设计该复合模块的体系结构.

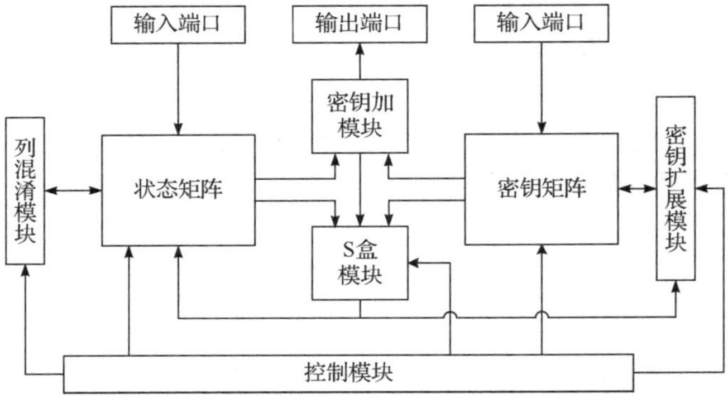

图 1-13　加解密复合模块体系结构图

1.3.2　S 盒结构

AES 算法中唯一的非线性运算是字节替换, 即 S 盒, 也是实现中最复杂、最为关键的安全部件. 在该操作中, S 盒的运算可以分解为在有限域 $GF(2^8)$ 上的求逆运算和仿射变换, 其中仿射变换可以表示成逻辑运算, 而 $GF(2^8)$ 上的乘法逆运算并不容易, 因此设计的重点关注在有限域 $GF(2^8)$ 上的求逆运算. Canright[3]提出了基于复合域的紧凑实现, 将 $GF(2^8)$ 上的求逆, 转化为 $GF(2^4)$ 上的乘法运算(multiple)、线性映射(linear-mapping)、平方运算(square-scale)和逆运算(inverter). 图 1-14 展示了复合域 S 盒的结构.

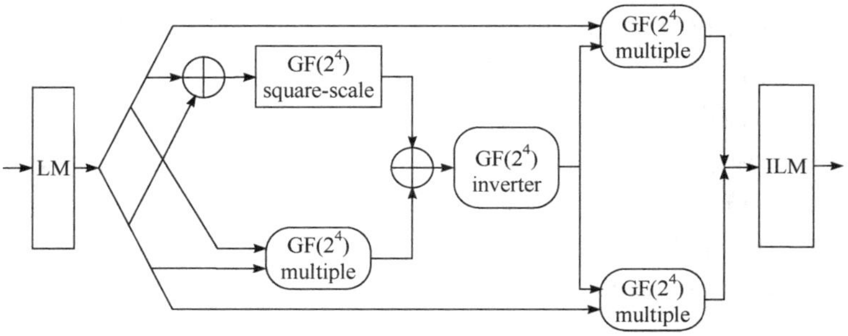

图 1-14　复合域 S 盒的结构

LM 是线性映射; ILM 是线性逆映射(inverse-linear-mapping)

在有限域中, 可以将 $GF(2^8)$ 看成 $GF(2^4)$ 的二次扩域, 也就是在 $GF(2^4)$ 上寻找一个不可约二次多项式 $r(y)=y^2+\tau y+v$, 其中, τ 和 v 为 $GF(2^4)$ 域上的元素. 设 Y 为 $r(y)$ 的根, 则 $GF(2^8)$ 元素的多项式基为 $(Y,1)$, 正规基为 (Y,Y^{16}). Canright 在文章中讨论了多项式基和正规基两种方式, 这里只看正规基. 对于 $GF(2^8)$ 的元

素 $g=\gamma_1 Y^{16}+\gamma_0 Y$，其逆元 $d=\delta_1 Y^{16}+\delta_0 Y$，$\gamma_0,\gamma_1,\delta_0$ 和 δ_1 都是 GF(2^4) 上的元素且 $gd=1$，待定系数求解可得出公式(1-22)和(1-23):

$$\delta_1=[\gamma_1\gamma_0\tau^2+(\gamma_1^2+\gamma_0^2)v]^{-1}\gamma_0 \tag{1-22}$$

$$\delta_0=[\gamma_1\gamma_0\tau^2+(\gamma_1^2+\gamma_0^2)v]^{-1}\gamma_1 \tag{1-23}$$

观察公式(1-22)和(1-23)系数，其达到的效果就是，GF(2^8) 的求逆运算，转化成为 GF(2^4) 的乘法、平方和求逆，特别的，可以选择不可约多项式为 $r(y)=y^2+y+v$，也就是 τ 取 1 来降低求解复杂度，这样，对 $g=\gamma_1 Y^{16}+\gamma_0 Y$ 的求逆可简化为图 1-15.

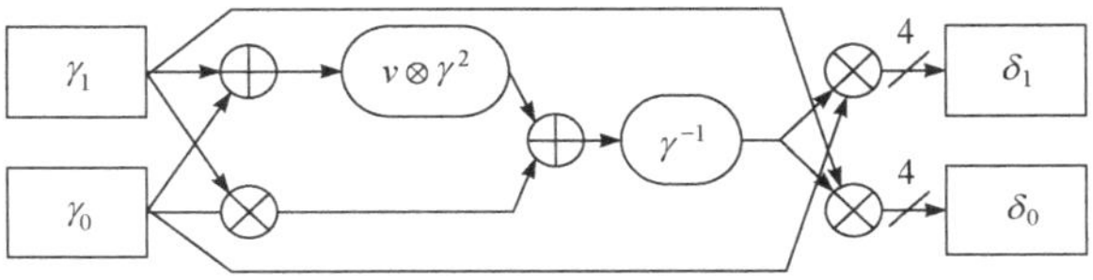

图 1-15　GF(2^8)的逆运算

同样地，GF(2^4) 可以看作 GF(2^2) 的二次扩域，也就是在 GF(2^2) 上寻找一个不可约二次多项式 $s(z)=z^2+\Gamma z+N$，假设 Z 为该多项式的根，取正规基 (Z^4,Z). 和 GF(2^8) 计算方法相同，可计算 GF(2^4) 元素 $\gamma=\Gamma_1 Z^4+\Gamma_0 Z$ 的逆为 $\delta=\Delta_1 Z^4+\Delta_0 Z$，其中

$$\Delta_1=[\Gamma_1\Gamma_0 T^2+(\Gamma_1{}^2+\Gamma_0{}^2)N]^{-1}\Gamma_0 \tag{1-24}$$

$$\Delta_0=[\Gamma_1\Gamma_0 T^2+(\Gamma_1{}^2+\Gamma_0{}^2)N]^{-1}\Gamma_1 \tag{1-25}$$

也可以取 $T=1$ 降低复杂度，那么在 GF(2^4) 上的求逆运算如图 1-16 所示. 进一步，GF(2^2) 可以看作 GF(2) 的二次扩域，在 GF(2) 上的不可约多项式只有 $t(w)=w^2+w+1$，假设 W 为多项式根，取正规基 (W^2,W)，则 $\Gamma=g_1 W^2+g_0 W$，逆为 $\Delta=d_1 W^2+d_0 W$，其中 $d_1=g_0, d_0=g_1$.

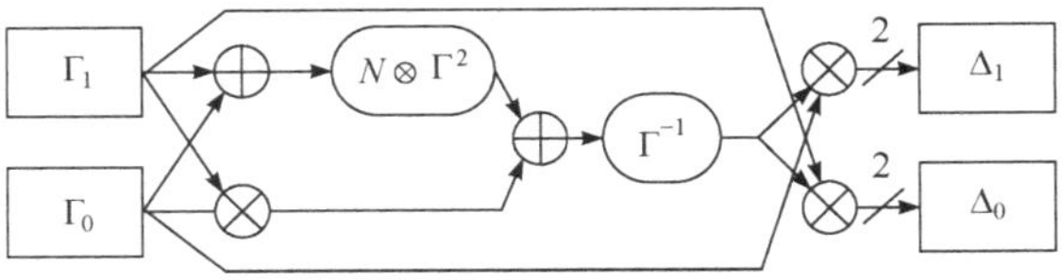

图 1-16　GF(2^4)的逆运算

1.3.3 状态矩阵和密钥矩阵

Moradi 等设计的数据路径包括线性反馈移位寄存器(LFSR)、轮常数生成模块

(RCON)和一些用于生成控制信号的附加逻辑门. 数据路径主要包括 S 盒、用移位寄存器实现的密钥和状态寄存器、列混淆模块和一些多路复用器.

状态寄存器和密钥寄存器均由 16 级 8 比特移位寄存器组成, 如图 1-17 和图 1-18 所示. 每级由 8 个触发器组成. 在写入中间状态和轮密钥的 16 个周期内, LFSR 的数据都是由 33 号寄存器写入, 按照 33-23-13-03-32-…-30-20-10-00 的顺序依次向上移动. 状态寄存器的每个触发器有两个输入端, 其中一个输入端接收前一级的输出, 另一个输入端则是行移位变换的结果(如图 1-17 浅色箭头所示), 行移位是通过布线完成的, 因此可以在第 16 个周期同步完成. 在状态数组的高位列处增加列混淆模块, 每 4 个周期第一个周期完成一次列混淆. 密钥寄存器除了有写入轮密钥的数据流向之外, 还有用于密钥扩展的数据流向(如图 1-18 浅色箭头所示), 低位列(03, 13, 23, 33)的四字节需要经过 S 盒变换. 经过 4 周期后, 状态寄存器恢复初始值并输出 4 个字节到 S 盒中.

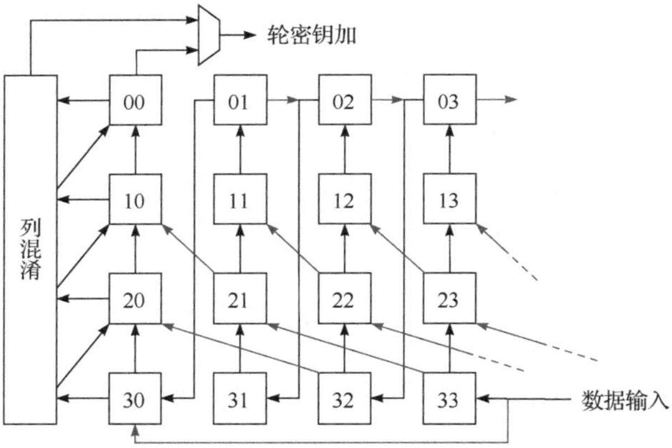

图 1-17　状态寄存器数据路径

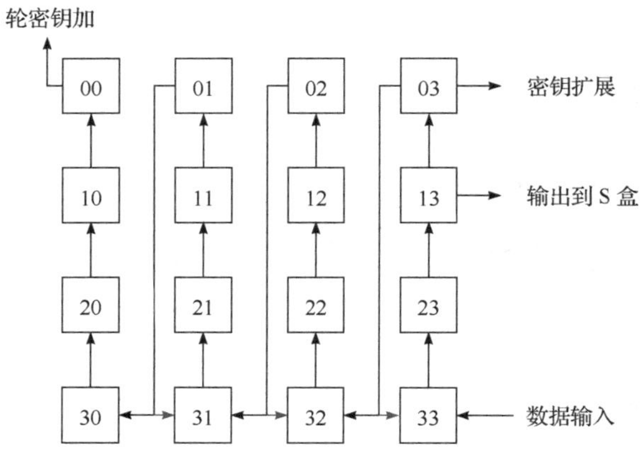

图 1-18　密钥寄存器数据路径

参考文献

[1] Boyar J, Matthews P, Peralta R. On the shortest linear straight-line program for computing linear forms[M]//Ochmanski E, Tyszkiewicz J. Mathematical Foundations of Computer Science. Berlin, Heidelberg: Springer, 2008: 168-179.

[2] Boyar J, Matthews P, Peralta R. Logic minimization techniques with applications to cryptology[J]. Journal of Cryptology, 2013, 26(2): 280-312.

[3] Canright D. A very compact S-Box for AES[M]//Rao J R, Sunar B. Cryptographic Hardware and Embedded Systems-CHES. Berlin, Heidelberg: Springer, 2005: 441-455.

[4] Chen N, Yan Z Y. Compact designs of mixcolumns and subbytes using a novel common subexpression elimination algorithm[C]. IEEE International Symposium on Circuits and Systems(ISCAS 2008), 2008: 1584-1587.

[5] Chen N, Yan Z Y. High-performance designs of AES transformations[C]. IEEE International Symposium on Circuits and Systems(ISCAS 2009), 2009: 2906-2909.

[6] Chen Y, Zou X, Liu Z, et al. Energy-efficient and security-optimized AES hardware design for ubiquitous computing[J]. Journal of Systems Engineering and Electronics, 2008, 19(4): 652-658.

[7] Hsiao S F, Chen M C, Tu C S. Memory-free low-cost designs of advanced encryption standard using common subexpression elimination for subfunctions in transformations[J]. IEEE Trans. Circuits Syst. I, 2006, 53(3): 615-626.

[8] Hu Q, Duan M, Yang Z, et al. Efficient parallel secure outsourcing of modular exponentiation to cloud for IoT applications[J]. IEEE Internet of Things Journal, 2020, 8(16): 12782-12791.

[9] ISE Design Suite. Xilinx. https://china.xilinx.com/products/design-tools/ise-design-suite.html .

[10] Koç C K. Analysis of sliding window techniques for exponentiation[J]. Computers & Mathematics with Applications, 1995, 30(10): 17-24.

[11] Kumar K J, Balasubramanian R. Lightweight mixcolumn architecture for advanced encryption standard[J]. International Journal of Computer Applications, 2016, 136(11): 31-36.

[12] Liu Q, Xu Z, Yuan Y. A 66.1 Gbps single-pipeline AES on FPGA[C]. IEEE 2013 International Conference on Field-Programmable Technology(FPT), 2013: 378-381.

[13] Montgomery P L. Modular multiplication without trial division[J]. Mathematics of Computation, 1985, 44(170), 519-521.

[14] MATLAB. https://www.mathworks.com.

[15] Maximov A, Ekdahl P. New circuit minimization techniques for smaller and faster AES SBoxes[J]. IACR Transactions on Cryptographic Hardware and Embedded Systems, 2019: 91-125.

[16] ModelSim. Verification and Simulation tools by Siemens digital industries software[EB/OL]. https://www. cadlog.com/fpga-asic-design/fpga-simulator/modelsim/.

[17] FPGA Design Software - Intel® Quartus® Prime[EB/OL]. Intel. https://www.intel.com/content/www/us/en/products/details/fpga/development-tools/quartus-prime.html.

[18] Rijmen V. Efficient implementation of the Rijndael S-box [EB/OL]. 2001: 1-3. http://www.esat.kuleuven.ac.be/~rijmen/rijndael/sbox.pdf.

[19] Satoh A, Morioka S, Takano K, et al. A compact Rijndael hardware architecture with S-box optimization[C]. International Conference on the Theory and Application of Cryptology and Information Security: Advances in Cryptology—ASIACRYPT'01, Berlin, Heidelberg: Springer-Verlag, 2001: 239-245.
[20] Saqib N A, Rodriguez-Henriquez F, Diaz-Perez A. AES algorithm implementation-an efficient approach for sequential and pipeline architectures[C]. IEEE Proceedings of the Fourth Mexican International Conference on Computer Science, 2003: 126-130.
[21] Wong M M, Wong M L D, Nandi A K, et al. Construction of optimum composite field architecture for compact high-throughput AES S-boxes[J]. IEEE Transactions on Very Large Scale Integration(VLSI) Systems, 2012, 20(6): 1151-1155.
[22] 彭浩. 轻量级 AES 加解密芯片设计与实现[D]. 武汉:华中科技大学, 2014. DOI:10.7666/d.D611295.
[23] Moradi A, Poschmann A, Ling S, et al. Pushing the limits: A very compact and a threshold implementation of AES[C]. Advances in Cryptology—EUROCRYPT 2011: 30th Annual International Conference on the Theory and Applications of Cryptographic Techniques, Tallinn, Estonia, May 15-19, 2011. Proceedings 30, 2011: 69-88.

第 2 章　功耗与电磁分析方法

在密码学中，旁路攻击又称侧信道攻击(side-channel attack)，是一种攻击方式，它从密码系统的物理实现中获取信息而非暴力破解或是利用算法中的理论性弱点(较之密码分析)．根据利用的信道不同，侧信道攻击可获取的信息包括时间、功耗、电磁信号或声音等．攻击者根据这些信息，对系统中的秘密信息进行进一步破解．本章将详细介绍功耗和电磁泄漏的基本原理以及对应的能量攻击方法．

2.1　功耗与电磁泄漏

功耗和电磁信号是物理设备能量变化的两种不同外在表现形式，基于这两种侧信道信息的攻击统称为能量分析攻击．能量分析攻击的原理是：同一设备不同的硬件电路单元的运作功耗是不一样的，因此一个程序运行时的功耗会随着程序使用硬件电路单元的不同而变动，据此推断出数据输出位于哪一个硬件单元，进而窃取数据．经过恰当分析，可以解析出这些泄漏数据中包含的信息(比如文本、声音、图像等)．功耗信息相比电磁信息，更加准确和稳定．电磁信息较于功耗信息，更加易于获得．电磁信息除了被用于进行密码学攻击以外也被用于非密码学攻击等窃取行为，如 TEMPEST 攻击、范 · 埃克窃听技术等．

2.1.1　泄漏的组成

功耗与电磁分析的基本思想是通过分析密码设备的能量消耗获得其密钥．本质上是利用了两类能量消耗的依赖性：数据依赖性和操作依赖性．密码设备在每个时刻的功耗泄漏都可以刻画为多个分量的和：

$$P_{\text{total}} = P_{\text{op}} + P_{\text{data}} + P_{\text{noise}} \tag{2-1}$$

其中，P_{total} 是整体的功耗泄漏，P_{op} 是依赖于操作的泄漏，P_{data} 是依赖于数据的泄漏，P_{noise} 是和算法无关的噪声．不同的功耗与电磁分析方法常常利用 P_{op} 和 P_{data} 的不同属性，而噪声作为干扰项，在分析中希望噪声越小越好．面对不同分析方法的需求，将公式(2-1)如下重写：

$$P_{\text{total}} = P_{\text{exp}} + P_{\text{sw.noise}} + P_{\text{el.noise}} + P_{\text{const}} \tag{2-2}$$

其中，P_{exp} 表示分析时可利用的功耗，$P_{\text{sw.noise}}$ 表示转换噪声，$P_{\text{el.noise}}$ 表示电子噪

声，P_{const} 表示不因操作和数据变化而变化的恒定能耗分量.

在公式(2-2)中，引入可利用功耗 P_{exp} 的概念. 注意，$P_{exp} \neq P_{data} + P_{op}$. 例如 AES 算法中，分析者仅想分析一个字节的密钥，那么剩余 15 个字节的运算对于该分析者来说就是噪声. 这部分噪声放在 $P_{sw.noise}$ 中. $P_{el.noise}$ 则是和目标设备运行算法无关的噪声，即无论设备运行什么算法，$P_{el.noise}$ 都是存在的. $P_{el.noise}$ 一般服从高斯分布(正态分布)，它和设备运行的操作以及数据独立. P_{const} 是电路通电后固有的功耗. 所有电子元件都存在一定的阻抗，电流经过电子元件后，无论 MOS(金属氧化物半导体)管发不发生偏置，都会产生一定的功耗.

2.1.2　泄漏分析过程

通常功耗与电磁分析分为三个步骤: 功耗曲线采集、功耗曲线预处理以及功耗曲线分析.

1. 功耗曲线采集

在设备进行加密操作时，需要对微控制器的功耗消耗进行测量. 在微控制器的电源导线上串联一个 1Ω 的电阻，使用示波器测量该电阻上的电压降，并对测量数据进行记录. 通过这种方式记录下来的一条电压降和微控制器的功耗消耗成正比. 这条曲线称为功耗曲线，功耗与电磁分析都是将功耗曲线视为设备的能量消耗来进行分析的.

2. 功耗曲线预处理

曲线预处理的目标是提高功耗曲线的信噪比. 2.1.1 节中提到，功耗泄漏中不仅包含分析需要的分量，同时包含噪声分量. 当噪声分量过大的时候就会掩盖住有效信号的变化特征，提高分析的难度. 因此在功耗分析中通常需要首先对曲线进行预处理. 在 2.1.1 节中描述了两种噪声: 电子噪声和转换噪声.

电子噪声通常是由电源噪声、传导发射、辐射发射的波动引起的. 对于电子噪声，服从高斯分布的噪声可以选用高斯滤波有效减少噪声的影响. 对于分布和高斯分布差别较大的噪声，可以通过快速傅里叶变换，将功耗曲线转变为频域上的信号. 噪声分布在高频的区域，通过将高频的能量去除后转回时域信号能够有效降低噪声，或者直接对频域信号进行功耗及电磁分析.

转换噪声指的是与分析无关的元件所带来的功耗曲线的变化. 转换噪声有两个不同的成因. 第一种由电路正常运行中的无关操作引起. 第二种由所分析的功耗泄漏没有对齐引起. 大多数功耗与电磁分析需要对目标泄漏点进行大量数据分析，如果采集到的功耗曲线发生了偏移，相当于将其他时刻操作的功耗引入到了目标操作中. 对于这类噪声，要进行对齐预处理. 对齐最常见的方法是静态对齐. 任意选择一条功耗曲线作为基准并设置一个滑动窗口. 在基准功耗曲线上选择信号特征明显的区域，将剩余的曲线分别在窗口中滑动，为每一条曲线找到和基准曲线相关性最高的偏移量.

3. 功耗曲线分析

功耗曲线分析的目标是基于功耗曲线恢复出密码设备中的密钥. 常见的功耗曲线分析方法有简单功耗分析(SPA)、差分功耗分析(DPA)、相关性功耗分析(CPA)、互信息分析(MIA)等.

功耗分析与电磁分析都需要经过这三个步骤以进行成功的密钥恢复. 不同点在于, 在功耗曲线采集阶段, 功耗分析采集设备端口上的电压降信息; 而电磁分析采集设备运行时的电磁辐射信号. 电压降与电磁辐射在本质上都是设备能量变化的外在表现, 因此功耗分析与电磁分析有着完全相同的分析方法, 本章后续以功耗分析为代表进行说明.

2.2 简单功耗分析

简单功耗分析的目标是仅通过少量, 甚至 1 条功耗曲线, 去猜测密钥或其他敏感信息. 简单功耗分析通常需要分析者对分析目标有着详细的了解.

对于简单功耗分析, P_{op} 和 P_{data} 都是可利用的功耗信息. 不同的操作在物理电路上有着不同的实现方式, 所以它们具有不同的功耗特征. 简单功耗分析需要在功耗曲线上识别不同的操作特征以定位到目标操作所在的位置. [4]对 AES 的功耗曲线进行归一化类间方差(normalized inter-class variance, NICV)处理后, 能够识别出 AES 中不同操作发生的位置. 如图 2-1 所示, 横轴表示功耗曲线的采样时刻. 功耗曲线经过归一化类间方差处理后, 在时间轴的不同区域表现出不同的特征. 攻击者能够确定密码算法不同阶段发生的位置.

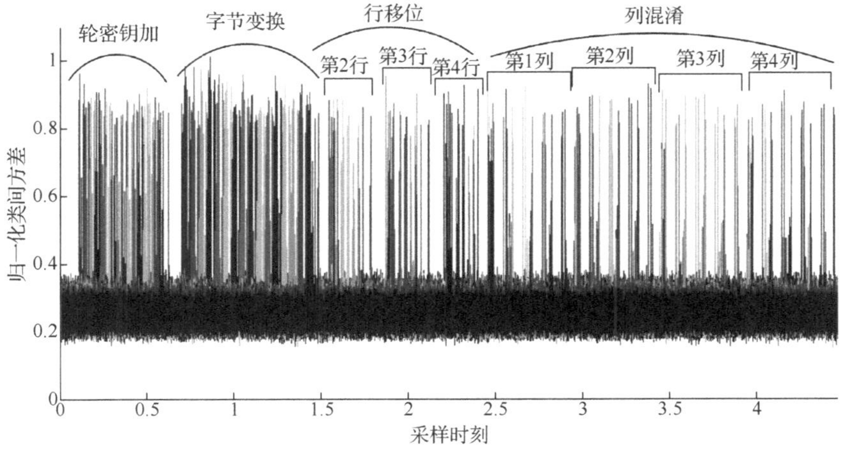

图 2-1 AES 归一化类间方差波形

如果目标操作直接依赖于密钥或者秘密信息, 那么能够从功耗曲线上直观地观察到不同密钥位的差异. 简单功耗分析有效应用于非对称密码算法分析中. 以 RSA 算法为例, RSA 算法由一系列的模平方和模乘运算构成. 当幂指数为 1 时, 运算过程会同时执行模乘和模平方操作; 而当幂指数为 0 时, 仅执行模平方操作. 这种操作差异会导致二者的功耗曲线出现显著区别: 幂指数为 1 时的功耗曲线会因额外的模乘操作而呈现出更高的功耗峰值.

对称密码因其对合性, 通常不受简单功耗分析的危害. 但是, 数据加密标准(data encryption standard, DES)算法又被称为美国数据加密标准, 在密钥生成过程中因密钥 "0" "1" 产生的分支, 使得简单功耗分析成为可能[7]. 图 2-2 中展示了 28 比特密钥的 DES 算法的第 2、3 轮功耗曲线. 密钥寄存器在第 2 轮中翻转了一次, 在第 3 轮中翻转了两次. 从功耗曲线的差异可以发现 DES 算法在当前密钥下, 在第 2、3 轮中处理不同的 "0" "1" 数据.

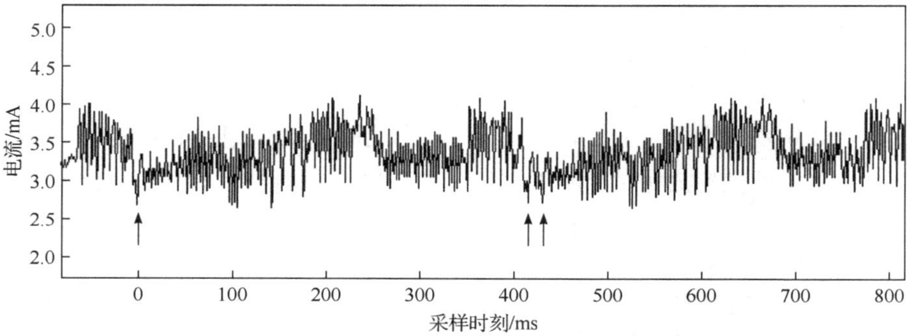

图 2-2　DES 算法第 2、3 轮的简单功耗曲线

2.3　差分功耗分析

2.3.1　差分功耗分析原理

差分功耗分析(differential power analysis, DPA)是一种选择明文攻击, 其基本思想是: 通过分析特定计算中间值对实际功耗的影响来获得密钥. 差分功耗分析攻击由 Kocher 等在[7]中提出. 不同于对象是单条曲线的 SPA, DPA 的分析对象是大量的、不同数据的加解密操作的功耗曲线. DPA 利用了数据依赖性的事实: 密码设备的功耗消耗依赖于算法执行过程中所处理的中间值.

在差分功耗分析中, 需要将设备运行的操作数映射为功耗值. 这是一种对功耗的仿真, 以获得设备运行不同数据之间的功耗差别. 最直观地, 对于总线传输的数据, 如果用高电平传输数据 "1", 用低电平传输数据 "0". 那么传输 "0" 时的功耗将显著小于传输“1”时的功耗. 如果根据中间值为“0”与“1”将所有的曲线分为两堆并计算每个采样点的功耗平均值, 那么曲线上在传输数据时刻将产生显著的差异, 如图 2-3 所示.

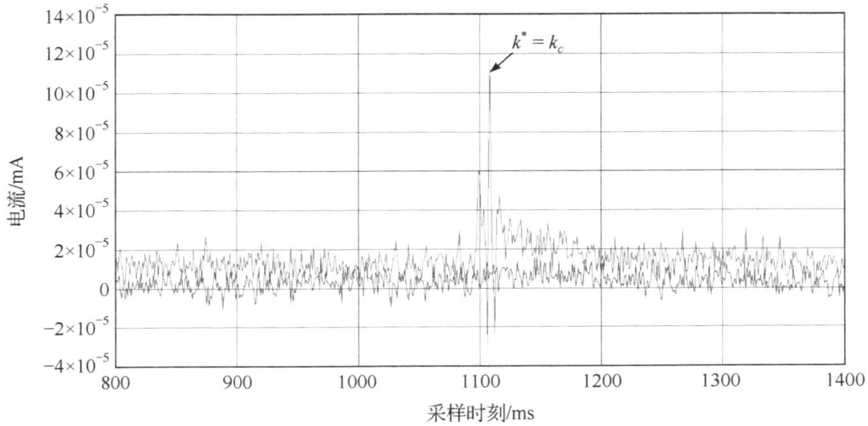

图 2-3 功耗差分曲线

以 AES 算法的第一轮 S 盒运算为例, $s_o = \mathrm{SBox}(p \oplus k)$. 其中, s_o 是 S 盒的计算结果, p 和 k 分别是 8 比特的明文以及 8 比特的密钥. 对于一个正确密钥 k_c, 执行 n 次加密可以得到 n 个 s_o 对应的汉明重量 $\mathrm{HW}(s_o)$. 将 $\mathrm{HW}(s_o)$ 分为大于等于 4 和小于 4 的两个区间. 通过确定 $\mathrm{HW}(s_o) \geqslant 4$ 的功耗曲线平均值和 $\mathrm{HW}(s_o) < 4$ 的功耗曲线平均值之间的差值, 可以计算出包含 n 个样本的关于第一轮 S 盒加密的差分功耗曲线. 对于攻击者而言, 如果 k 是一个错误的猜测密钥 k_w, 那么 $s_o = \mathrm{SBox}(p \oplus k_w)$ 与实际的运算 $s_o = \mathrm{SBox}(p \oplus k_c)$ 是无关的. 因为变量 $\mathrm{HW}(s_o)$ 满足正态分布, 那么对于每个 p, 如果将 $\mathrm{HW}(\mathrm{SBox}(p \oplus k_w))$ 也按大于等于 4 和小于 4 分为两个区间, 将有 50%的概率落入正确的区间. 当 n 趋于无穷大的时候, 按错误密钥 k_w 计算的差分功耗曲线的值将表现为随机噪声.

2.3.2 差分功耗分析流程

差分功耗分析的流程可以分为六个阶段.

1. 计算和目标秘密信息有关的假设中间值

被攻击设备运行过程中的中间值可以表示为 $\mathrm{iv} = f(p,k)$, 其中, iv 代表计算中间值, p 代表已知的非常量数据(一般是设备的输入向量), k 是攻击者的目标秘密信息(在密码算法中是密钥), 函数 f 是设备对 (p,k) 的运算过程. 实际用于计算的 k 是攻击者不知道的. 攻击者需要猜测并尝试不同 k 以进行分析. 将攻击者使用的猜测密钥，记为 k^*. 对于给定的非常量向量 $\boldsymbol{p}=(p_1,p_2,\cdots,p_n)$ 和一个秘密信息的猜测 k^*，都能计算出一个假设中间值的向量 $\mathbf{iv}^*=(\mathrm{iv}_1^*,\mathrm{iv}_2^*,\cdots,\mathrm{iv}_n^*)$.

2. 将中间值映射为设备仿真功耗

DPA 的第二步是将 $\mathbf{iv}^*$ 映射为设备的仿真功耗 $\boldsymbol{h}=(\mathcal{M}(\mathrm{iv}_1^*),\mathcal{M}(\mathrm{iv}_2^*),\cdots,\mathcal{M}(\mathrm{iv}_n^*))$. 根据不同的设备物理实现，存在不同的功耗刻画方法，或者说是功耗模型 $\mathcal{M}$. 功耗模型刻画的是设备对能量的消耗方式. 从刻画精度来看，功耗模型分为模拟级、逻辑级以及行为级. 模拟级模型基于物理晶体管网表，包括晶体管本身以及晶体管之间的连接方式. 模拟仿真需要对电路进行非常准确的建模，以精确获得电路的瞬时功耗. 在侧信道分析中一般讨论对功耗分析的防护时会使用模拟级模型. 逻辑级仿真是应用最广泛的仿真技术，基于电路中逻辑元件的网表. 逻辑级仿真建立逻辑元件的输出转换与功耗之间的关系. 常用的逻辑级功耗模型有汉明重量模型、汉明距模型以及翻转计数模型. 行为级模型一般不能准确地刻画数字电路中和秘密信息相关的功耗，但是可以刻画一些组件(如微控制器、内存等)的高层次功耗.

3. 测量设备运行功耗

DPA 的第三步是根据 1 中的向量 $\boldsymbol{p}=(p_1,p_2,\cdots,p_n)$ 运行目标设备. 每输入一次 p_i，设备运行一次，同时攻击者会采集到一条 p_i 对应的功耗曲线 $\boldsymbol{t}_i=(t_{i,1},t_{i,2},\cdots,t_{i,m})$，其中 m 是每次采集时，功耗曲线上的采样点数. 最终，攻击者获得一个 $n\times m$ 的功耗矩阵 $\boldsymbol{T}$.

4. 按仿真功耗对功耗曲线分堆

攻击者根据仿真功耗 $\boldsymbol{h}=(\mathcal{M}(\mathrm{iv}_1^*),\mathcal{M}(\mathrm{iv}_2^*),\cdots,\mathcal{M}(\mathrm{iv}_n^*))$ 对功耗曲线 $\boldsymbol{T}$ 进行分类. 每一个仿真功耗 $\mathcal{M}(\mathrm{iv}_i^*)$ 都对应一条物理功耗曲线 $\boldsymbol{t}_i=(t_{i,1},t_{i,2},\cdots,t_{i,m})$. 根据仿真功耗的值(以汉明重量功耗模型为例)将 $\mathcal{M}(\mathrm{iv}_i^*)$ 大于或等于 4 的仿真功耗所对应的 n_1 个 $\boldsymbol{t}_i$ 分入一个集合 $\boldsymbol{T}_{\mathrm{HW}\geqslant 4}$，剩余的 n_2 个 $\boldsymbol{t}_i$ 分入另一个集合 $\boldsymbol{T}_{\mathrm{HW}<4}$.

5. 计算两堆功耗曲线的差分曲线

对于每个采样点分别计算 $\boldsymbol{T}_{\mathrm{HW}\geqslant 4}$ 和 $\boldsymbol{T}_{\mathrm{HW}<4}$ 中元素的均值差分:

$$r_j=\frac{1}{n_1}\sum_{\boldsymbol{t}_i\in\boldsymbol{T}_{\mathrm{HW}\geqslant 4}}t_{i,j}-\frac{1}{n_2}\sum_{\boldsymbol{t}_i\in\boldsymbol{T}_{\mathrm{HW}<4}}t_{i,j} \tag{2-3}$$

其中，$j=1,2,\cdots,m$.

如果 $r_j\,(j=1,2,\cdots,m)$ 中存在离群点 $r_o\gg r_j\,(j\neq o)$，则在采样点 o 处存在和猜测密钥 k^* 相关的泄漏. 也就是说，使用的猜测密钥是正确的密钥 k_c.

6. 遍历猜测密钥

重复上述步骤 1—5, 直至找到正确的猜测密钥 $k^* = k_c$.

2.3.3 分析效果说明

Kocher 等[7]在 1999 年首次提出 DPA, 并成功在 1000 条曲线时实现了对 DES 算法的攻击. Kocher 的工作是针对单比特的 DPA, [2]和[8]等研究, 将 DPA 扩展到了多比特分析上, 提供了更精确的分析效果. 和在差分功耗分析流程中描述的相同, 上述的工作都是对单个采样时刻进行 DPA 分析. [6, 9, 12]等将一阶 DPA 发展为高阶 DPA, 同时对多个采样时刻的信息进行整合分析. 高阶 DPA 能够有效利用带防护密码算法设计(如掩码防护)中的信息泄漏.

2.4 相关功耗分析和互信息分析

2.4.1 相关功耗分析

在差分功耗分析流程中, 揭示了功耗分析中通常需要的五个关键部分: ①猜测的秘密信息 k^*; ②目标功能函数 f; ③功耗模型 $\mathcal{M}$; ④实际功耗 $\boldsymbol{T}$; ⑤仿真与实际功耗的匹配算法 $\mathcal{D}$ 与匹配度 r. 功耗分析的目标是找到 $k^* = k_c$ 使得

$$r_{\max} = \mathcal{D}\left(\left\{\mathcal{M}\left(f\left(p_1,k^*\right)\right),\mathcal{M}\left(f\left(p_2,k^*\right)\right),\cdots,\mathcal{M}\left(f\left(p_n,k^*\right)\right)\right\},\boldsymbol{T}\right)$$

在功耗分析中, 将匹配算法 $\mathcal{D}$ 称为区分器, r 称为区分器的得分. 通过区分器运算的两个元素得分越高, 说明这两个元素越“匹配”(在区分器定义的规则下). 差分功耗分析利用的是差分数理统计方法, 按仿真功耗的汉明重量作为分类规则. 当猜测密钥错误时, 区分器将所有的功耗曲线随机分类, 其差分结果显示为随机噪声; 当密钥猜测正确时, 由密钥引起的差异在差分曲线上以尖峰的形式凸显出来.

功耗分析的一个发展方向就是区分器不断调优的过程. Brier 等[1]以皮尔逊相关系数为区分器, 首次提出相关功耗分析(correlation power analysis, CPA). CPA 通过选择一个未知但是恒定的参考态, 建立一个具有数据相关性的汉明重量模型, 利用功耗采样点与被处理数据的汉明重量之间的相关性因子进行分析.

具体地, 在前三个步骤中, CPA 和 DPA 有着相同的分析流程. 在 CPA 中, 步骤④不需要对曲线进行分类, 直接使用相关系数确定列向量 $\boldsymbol{h}$ 和 $\boldsymbol{t}_i\,(i=1,2,\cdots,n)$ 之间的线性关系, 即对于每个采样点 $j\,(j=1,2,\cdots,m)$ 计算

$$r_j = \frac{\sum_{i=1}^{n}\left(h_i - \overline{h}\right)\cdot\left(t_{i,j} - \overline{t}_j\right)}{\sqrt{\sum_{i=1}^{n}\left(h_i - \overline{h}\right)^2 \cdot \sum_{i=1}^{n}\left(t_{i,j} - \overline{t}_j\right)^2}} \tag{2-4}$$

在遍历所有的猜测密钥之后, 攻击者就能获得一个相关系数矩阵 $\boldsymbol{R}$, 矩阵中的元素为 $r_{j,k}\left(k=1,2,\cdots,K\right)$. $r_{j,k}$ 表示使用猜测密钥 k 计算的假设功耗和在采样时刻 j 的实际功耗之间的相关性. 攻击者根据正确的猜测密钥 k_c 仿真出的功耗 h_c 和功耗曲线中正确的采样点紧密相关, 因此在 $\boldsymbol{R}$ 中简单地查找最大值 $r_{\max} = r_{ct,c}$ 就能找到其对应的正确密钥 k_c 和正确的采样点 t_{ct} .

2.4.2　互信息分析

DPA 和 CPA 的准确度都依赖于良好的功耗模型, 这暗示着需要攻击者获得足够多的设备运行特征. 一旦功耗模型建立得不充分, 或者更进一步地, 无法建立统一的功耗模型, DPA 和 CPA 将无法有效地进行功耗分析. [3]基于信息论, 提出了一个通用的侧信道功耗区分器——基于互信息的区分器, 也就是互信息分析 (mutual information analysis, MIA). MIA 以两组数据的互信息值作为区分器得分, 对于每个采样点 j , MIA 计算

$$I\left(\mathbf{iv}^*;\boldsymbol{t}_j\right) = H\left(\boldsymbol{t}_j\right) - H(\boldsymbol{t}_j \mid \mathbf{iv}^*) \tag{2-5}$$

其中, $H\left(\boldsymbol{t}_j\right)$ 代表实际功耗的信息熵, $H(\boldsymbol{t}_j \mid \mathbf{iv}^*)$ 代表在假设中间值下实际功耗的条件熵, $I\left(\mathbf{iv}^*;\boldsymbol{t}_j\right)$ 代表实际功耗和假设中间值之间的互信息. MIA 不需要具体的功耗模型, 但是准确的功耗模型可以加快 MIA 的计算. 在计算条件熵时, MIA 需要根据一定的规则对 $\mathbf{iv}^*$ 进行分类. 在没有功耗模型时, MIA 可以直接按 $\mathbf{iv}^*$ 的值进行分类; 若是能获得较为准确的功耗模型, 如汉明重量模型, 则能大大减少分类的数量, 提高 MIA 的效率.

2.5　实际功耗分析

本节对公开的加密算法实现进行一次实际的功耗分析.

2.5.1　分析目标

2.5.1.1　AES 密码算法

高级加密标准(AES)是数据块长度和密钥长度都可变的分组加密算法(通常选用数据、密钥的长度为 128 比特, 本节中以 AES 指代 AES-128 算法). AES 是一个

密钥迭代型密码算法，采用分组加密的通用结构：对轮函数实施迭代的结构，其轮函数采用代替/置换网络结构. 图 2-4 展示了 AES 密码算法结构.

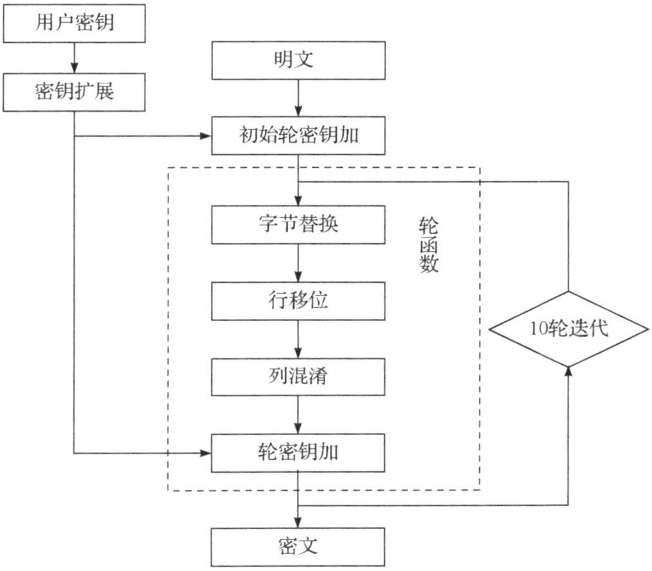

图 2-4　AES 密码算法结构

AES 采用了 10 轮迭代计算，每一轮迭代使用一个轮密钥. AES 的轮函数由四个操作组成，分别是：轮密钥加、字节替换、行移位变换和列混淆变换. 其中，字节替换是非线性变换，其余三个操作是线性变换.

AES 中，经每个操作变换后都会产生一个中间结果，这个中间结果称为“状态”. 状态用二维数组表示，每个数组元素为 32 比特的数据. 状态有 4 行，n 列. n 与使用的 AES 算法数据长度有关. 在 AES-128 中，$n=4$. 因此，可以用图 2-5 表示其状态.

d_0	d_4	d_8	d_{12}
d_1	d_5	d_9	d_{13}
d_2	d_6	d_{10}	d_{14}
d_3	d_7	d_{11}	d_{15}

图 2-5　AES 状态

(1) 轮密钥加操作.

本操作对轮密钥每个字节和每个状态分别进行异或操作, 如图 2-6 所示.

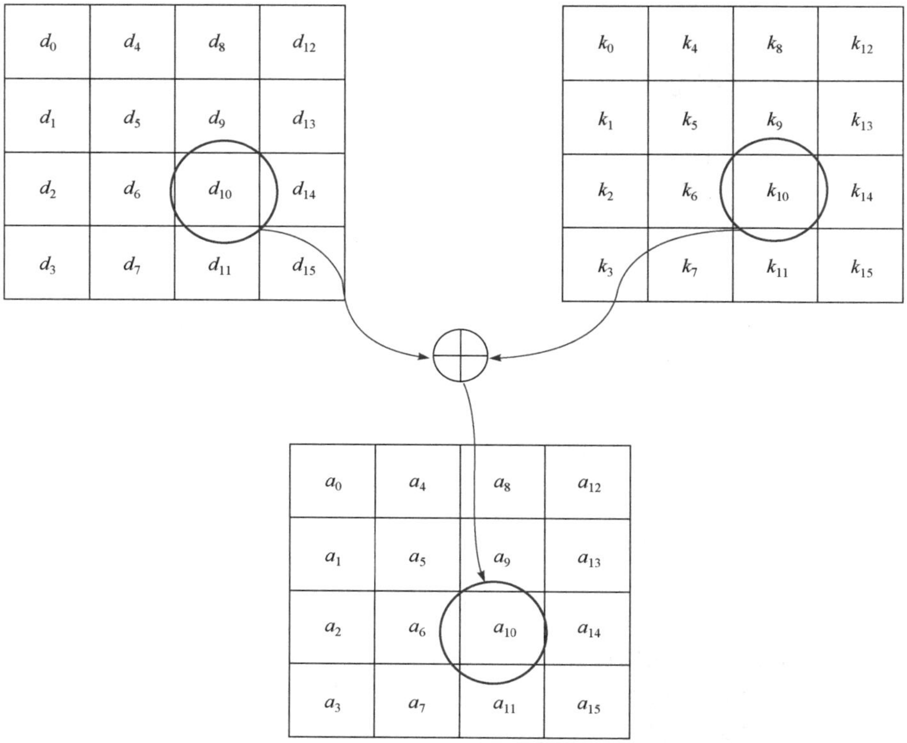

图 2-6　AES 轮密钥加

(2) 字节替换.

如图 2-7 所示, 字节替换作用在状态中的每一个字节, 定义如下:

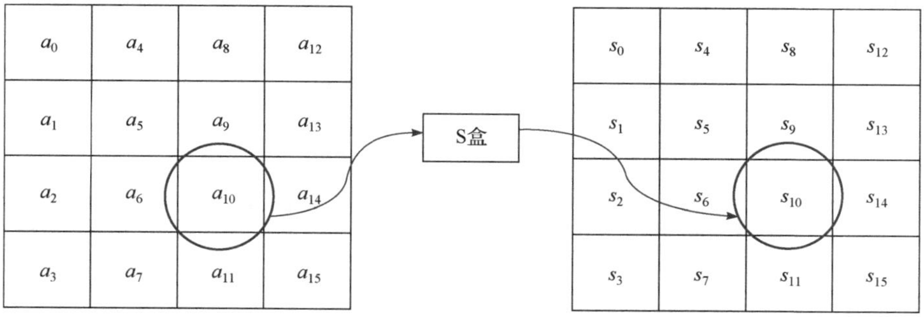

图 2-7　AES 字节替换

$$S(\boldsymbol{x}) = \boldsymbol{A} \cdot \boldsymbol{x}^{-1} + \boldsymbol{b} \tag{2-6}$$

其中，$\boldsymbol{x}$是状态中的一个字节，变量$\boldsymbol{A}$是一个矩阵，变量$\boldsymbol{b}$是一个向量. 矩阵$\boldsymbol{A}$中的每一列都含有 5 个 1，这表示改变输入的任意一位都将改变输出的值. 计算字节替换需要进行有限域求逆以及矩阵乘法等计算量大的操作. 因此通常将字节替换的值预先计算，并存储在一个表中. 实际计算时通过查表的方式直接获得字节替换后的值. 这个表称为 S 盒表，一般也称字节替换操作为 S 盒. $\boldsymbol{A}$和$\boldsymbol{b}$的具体取值为

$$\boldsymbol{A} = \begin{bmatrix} 1&0&0&0&1&1&1&1 \\ 1&1&0&0&0&1&1&1 \\ 1&1&1&0&0&0&1&1 \\ 1&1&1&1&0&0&0&1 \\ 1&1&1&1&1&0&0&0 \\ 0&1&1&1&1&1&0&0 \\ 0&0&1&1&1&1&1&0 \\ 0&0&0&1&1&1&1&1 \end{bmatrix}, \quad \boldsymbol{b} = \begin{bmatrix} 1\\1\\0\\0\\0\\1\\1\\0 \end{bmatrix} \tag{2-7}$$

(3) 行移位.

行移位操作同样是以字节为单位进行的操作. 如图 2-8 所示，行移位将状态的每一行按不同的位移量进行循环左移. 具体地有，第一行不移位，第二行移位 1 个字节，第三行移位 2 个字节，第四行移位 3 个字节.

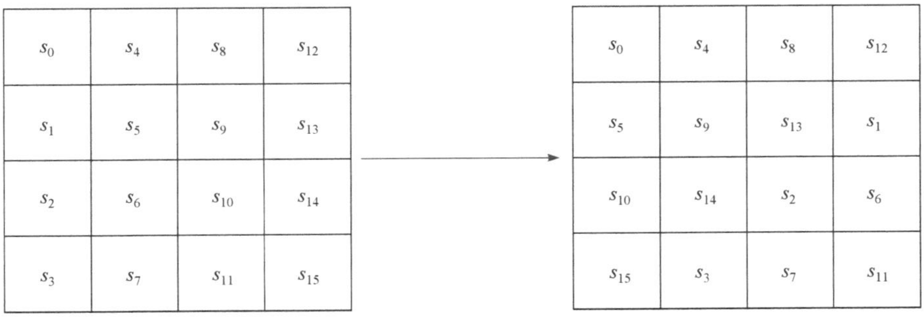

图 2-8　AES 行移位

(4) 列混淆.

列混淆变换是对状态的列元素进行混淆变换. 如图 2-9 所示，列混淆将状态中的每一列看作是有限域 $GF(2^8)$上的多项式，用该多项式与多项式$c(x)$相乘并模多项式x^4+1，其中

$$c(x) = 03 \cdot x^3 + 01 \cdot x^2 + 01 \cdot x + 02 \tag{2-8}$$

特定的多项式 $c(x)$ 提供了 AES 抗线性密码分析以及差分密码分析的能力. 在 AES 中, 列混淆作用在前九次轮函数中. 第十次轮函数只包含轮密钥加、字节替换以及行移位.

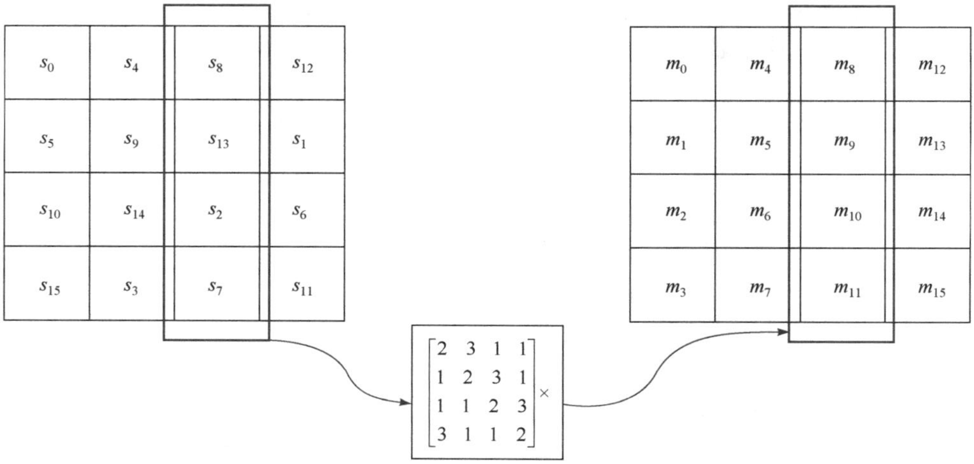

图 2-9 AES 列混淆

2.5.1.2 实验环境

将 AES 算法用 Verilog 硬件描述语言进行实现(代码 2-1), 使用 DPA Contest V2[5]的 AES 实现方式. 轮函数中的所有操作都以组合逻辑实现, 每个时钟周期完成一轮加密. 整个 AES 算法需要 11 个时钟完成(初始轮密钥加的开销为一个时钟周期).

代码 2-1: AES 算法的 Verilog 实现

```
module AES_Comp_EncCore(di, ki, Rrg, do, ko);
  input  [127:0] di, ki;
  input  [9:0]   Rrg;
  output [127:0] do, ko;

  wire   [127:0] sb, sr, mx;
  wire   [31:0]  so;

  AES_Comp_SubBytesComp SB3(di[127:96], sb[127:96]);
```

```
  AES_Comp_SubBytesComp SB2(di[ 95:64], sb[ 95:64]);
  AES_Comp_SubBytesComp SB1(di[ 63:32], sb[ 63:32]);
  AES_Comp_SubBytesComp SB0(di[ 31: 0], sb[ 31: 0]);
  AES_Comp_SubBytesComp SBK({ki[23:16], ki[15:8],
ki[7:0], ki[31:24]}, so);

  assign sr = {sb[127:120], sb[ 87: 80], sb[ 47: 40], sb[  7: 0],
               sb[ 95: 88], sb[ 55: 48], sb[ 15:  8], sb[103: 96],
               sb[ 63: 56], sb[ 23: 16], sb[111:104], sb[ 71: 64],
               sb[ 31: 24], sb[119:112], sb[ 79: 72], sb[ 39: 32]};

  AES_Comp_MixColumns MX3(sr[127:96], mx[127:96]);
  AES_Comp_MixColumns MX2(sr[ 95:64], mx[ 95:64]);
  AES_Comp_MixColumns MX1(sr[ 63:32], mx[ 63:32]);
  AES_Comp_MixColumns MX0(sr[ 31: 0], mx[ 31: 0]);

  assign do =((Rrg[0] == 1)? sr: mx) ^ ki;

  function [7:0] rcon;
  input [9:0] x;
    casex(x)
      10'bxxxxxxxxx1: rcon = 8'h01;
      10'bxxxxxxxx1x: rcon = 8'h02;
      10'bxxxxxxx1xx: rcon = 8'h04;
      10'bxxxxxx1xxx: rcon = 8'h08;
      10'bxxxxx1xxxx: rcon = 8'h10;
      10'bxxxx1xxxxx: rcon = 8'h20;
      10'bxxx1xxxxxx: rcon = 8'h40;
      10'bxx1xxxxxxx: rcon = 8'h80;
      10'bx1xxxxxxxx: rcon = 8'h1b;
      10'b1xxxxxxxxx: rcon = 8'h36;
    endcase
  endfunction
```

```
  assign ko = {ki[127:96] ^ {so[31:24] ^ rcon(Rrg), so[23: 0]},
               ki[ 95:64] ^ ko[127:96],
               ki[ 63:32] ^ ko[ 95:64],
               ki[ 31: 0] ^ ko[ 63:32]};

endmodule
```

将 AES 算法运行在 SASEBO-GII[11]功耗分析开发板上. SASEBO-GII 板载 Xilinx Virtex5 XC5VLX30 的 FPGA 芯片.

2.5.2　功耗曲线采集

不同的功耗曲线分析方法在功耗曲线采集阶段使用相同的方法.

进行功耗的采集需要如下设备:

(a) 密码设备. 运行密码算法, 提供功耗信息.

(b) 功耗探测接口与射频信号线. 分析者将密码设备上的功耗探测接口, 通过射频信号线与示波器进行连接, 以获得设备运行时的功耗信息.

(c) 触发信号线. 连接密码设备的触发信号端和示波器的外部触发端口, 用于同步密码设备和示波器.

(d) 示波器. 把肉眼看不见的电信号变换成看得见的图像, 并将信号存储、传输至分析上位机, 便于分析者进行后续的分析.

(e) 接地线. 保证采集的功耗信息稳定.

(f) 信号放大器与滤波器. 连接在射频信号线和示波器之间, 放大器用于放大功耗信号, 滤波器用于过滤高频噪声. 是采集系统中的可选项, 能够提高示波器收集到的功耗曲线的信噪比.

(g) 电磁探头. 仅在进行电磁采集时使用, 代替功耗探测接口.

按图 2-10 中的方式连接各个采集部件, 运行密码设备和示波器, 即可进行功耗信息的采集. 每次, 当密码设备接收一条完整的明文后, 密码设备发送一个触发信号给示波器, 并开始加解密运行. 示波器在接收到触发信号后, 开始采集功耗探测端口的功耗信息, 采集持续若干时间, 等待下一次触发信号. 触发信号能够同步密码设备的运算和示波器的采集行为, 使得分析者能够大致定位到功耗曲线上包含密码设备运算的部分.

为了产生触发信号, 需要对原始的密码算法进行修改. 这里以 AES 算法的硬件实现作为说明. 如代码 2-2 所示, 是用 Verilog 硬件描述语言编写的 AES 密码电路的顶层模块. 整个 AES 密码电路中, 除了最主要的密码模块 AES_Comp, 还包括和上位机进行数据交换的输入输出缓冲区模块、总线控制与数据传输模块以及

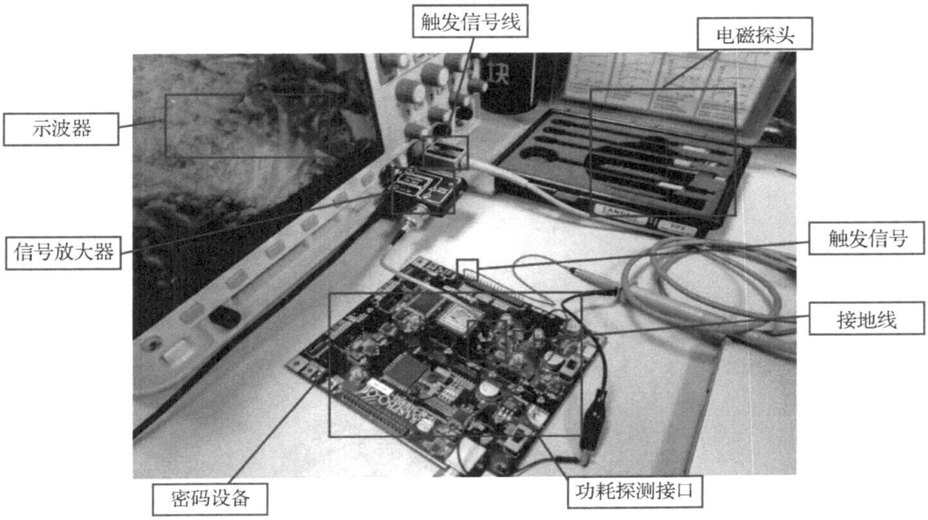

图 2-10　采集设备连接

时钟模块. 代码 2-2 在构建顶层模块时, 已经声明了用于输出触发信号的接口 trig_startn 和 trig_endn. trig_startn 通过 wire 语句和 blk_drdy 信号绑定. blk_drdy 是密码模块内部的信号, 表示加密(或者解密)所需要的 128 比特输入已就绪, 可以进行第一轮轮函数运算. 因此, 在开始加解密的时候, trig_startn 信号会被置为高电平. 相同地, trig_endn 是 blk_dvld 信号的取反, blk_dvld 信号表示一次加解密的 128 比特结果都已经计算完毕, 可以输出正确的明密文. 因此, 当一次加解密结束的时候, trig_endn 信号会被置为高电平. 将 trig_startn 和 trig_endn 的信号输出端口连接至示波器, 则能够实现示波器数据采集和密码芯片加解密运算的同步.

AES 算法的具体硬件实现如代码 2-2.

代码 2-2: 密码芯片运行 AES 算法的顶层模块 Verilog 实现

```
module CHIP_SASEBO_GII_AES_Comp
  (// Local bus II
   lbus_wd,   lbus_we,   lbus_ful,   lbus_aful,   lbus_rd,
lbus_re, lbus_emp, lbus_aemp,
   lbus_rdy, lbus_clk, lbus_rstn, led,
   trig_startn, trig_endn, // Trigger
   );
   //-----------------------------------------------
```

```
// Local bus II
input [7:0]  lbus_wd;
input        lbus_we;
output       lbus_ful, lbus_aful;
output [7:0] lbus_rd;
input        lbus_re;
output       lbus_emp, lbus_aemp;
output       lbus_rdy;
input        lbus_clk, lbus_rstn;
output       trig_startn, trig_endn; // Trigger
output [7:0] led;            // LED
//--------------------------------------------------
// Internal clock
wire         clk, rst;
wire [7:0]     wd, rd;
wire         we, ful, aful, re, emp, aemp;
wire [11:0]    rcnt;
wire [15:0]    lbus_a, lbus_di, lbus_do;
wire         lbus_w, lbus_r;
// Block cipher
wire [127:0]   blk_kin, blk_din, blk_dout;
wire         blk_krdy, blk_drdy, blk_kvld, blk_dvld;
wire         blk_encdec, blk_en, blk_rstn, blk_busy;
 //--------------------------------------------------
assign led[0] = ~rst;
assign led[1] = ~blk_rstn;
assign led[2] = ~blk_encdec;
assign led[3] = ~blk_krdy;
assign led[4] = ~blk_kvld;
assign led[5] = ~blk_drdy;
assign led[6] = ~blk_dvld;
assign led[7] = ~blk_busy;

assign lbus_rdy = ~rst;
```

```
  assign trig_startn    = ~blk_drdy;
  assign trig_endn      = ~blk_dvld;
  //-------------------------------------------------
  SYNCFIFO_8x2047 fifo_w
   (.wd(lbus_wd), .we(lbus_we), .ful(lbus_ful), .aful(lbus_aful),
    .rd(rd), .re(re), .emp(emp), .aemp(aemp),
    .cnt(rcnt), .clk(clk), .rst(rst));

  SYNCFIFO_8x2047 fifo_r
   (.wd(wd), .we(we), .ful(ful), .aful(aful),
    .rd(lbus_rd), .re(lbus_re), .emp(lbus_emp), .aemp(lbus_
aemp),
    .cnt(), .clk(clk), .rst(rst));

  CTRL_LBUS ctrl_lbus
    (.lbus_a(lbus_a), .lbus_di(lbus_di), .lbus_do(lbus_do),
     .lbus_wr(lbus_w), .lbus_rd(lbus_r),
     .wd(wd), .we(we), .ful(ful), .aful(aful),
     .rd(rd), .re(re), .emp(emp), .aemp(aemp), .rcnt(rcnt),
     .clk(clk), .rst(rst));

  LBUS_IF lbus_if
    (.lbus_a(lbus_a), .lbus_di(lbus_di), .lbus_do(lbus_do),
     .lbus_wr(lbus_w), .lbus_rd(lbus_r),
     .blk_kin(blk_kin), .blk_din(blk_din), .blk_dout(blk
_dout),
     .blk_krdy(blk_krdy), .blk_drdy(blk_drdy),
     .blk_kvld(blk_kvld), .blk_dvld(blk_dvld),
     .blk_encdec(blk_encdec), .blk_en(blk_en), .blk_rstn
(blk_rstn),
     .clk(clk), .rst(rst));
  //-------------------------------------------------
  AES_Comp U_AES_Comp
```

```
    (.Kin(blk_kin), .Din(blk_din), .Dout(blk_dout),
     .Krdy(blk_krdy),  .Drdy(blk_drdy),  .Kvld(blk_kvld),
.Dvld(blk_dvld),
     .EncDec(blk_encdec), .EN(blk_en), .BSY(blk_busy),
     .CLK(clk), .RSTn(blk_rstn));
  //-------------------------------------------------------
  MK_CLKRST mk_clkrst(.clkin(lbus_clk), .rstnin(lbus_rstn),
                      .clk(clk), .rst(rst));
endmodule
```

按所述的流程对 AES 密码算法进行实际的功耗采集, 可以得到如图 2-11 所示的功耗波形图. 横坐标是示波器的采样时刻, 纵坐标是示波器量化数值. 图 2-11 中第一个尖峰是出现触发信号后, 进行第一次初始轮密钥加的组合电路翻转功耗. 第二至十一个尖峰是 AES 十次轮加密的运行功耗, 每个尖峰包含上一次轮加密结果写入寄存器的寄存器翻转功耗以及本次轮加密的组合电路翻转功耗. 第十二个尖峰是最后一次轮加密结果写入寄存器产生的翻转功耗.

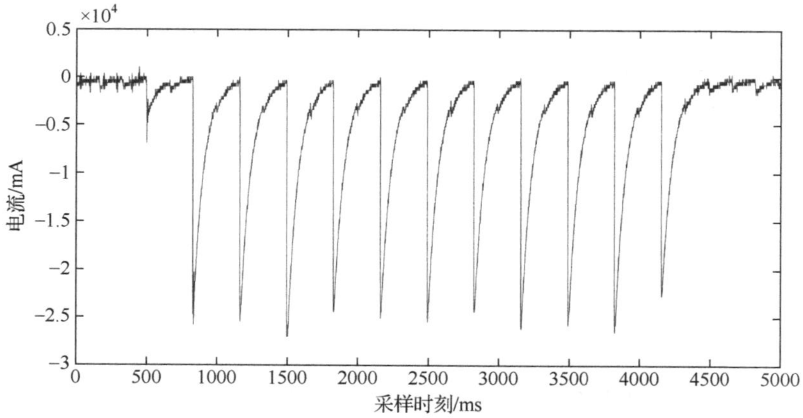

图 2-11　加密芯片 AES-128 算法一次加密功耗曲线

2.5.3　曲线预处理

在 2.1 节中, 描述了电路功耗的构成. 在采集到的功耗曲线中, 不仅包含了与操作以及数据相关的功耗, 同样包含了电子噪声. 在图 2-12 中, 绘制了 1000 条功耗曲线的波形.

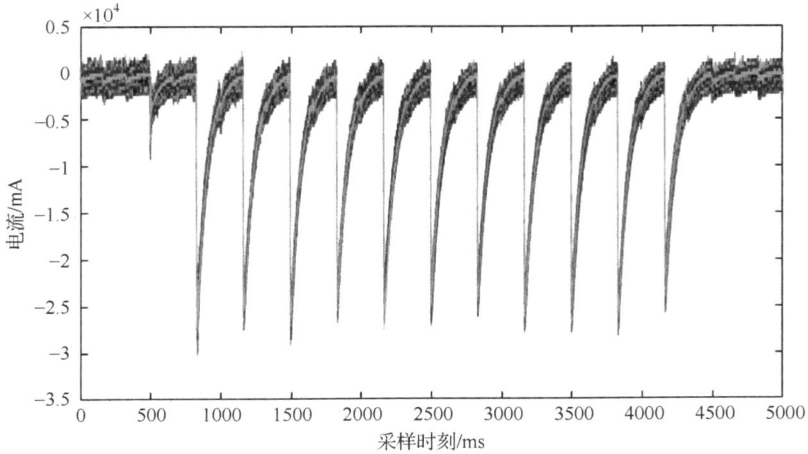

图 2-12　加密芯片 AES-128 算法 1000 次加密功耗曲线

从图 2-12 中可以发现，曲线整体存在比较大的噪声．为了提高曲线质量，增强信噪比，需要对采集到的功耗曲线进行去噪预处理．图 2-13 是对原始曲线进行高斯滤波后的曲线波形．

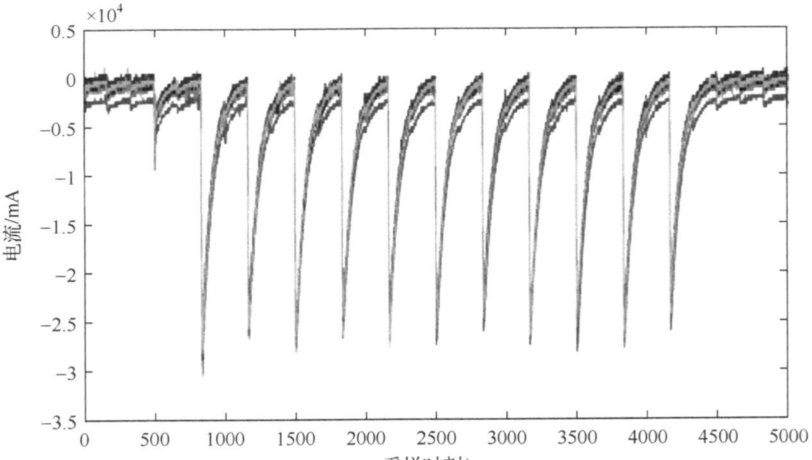

图 2-13　高斯滤波后的 1000 次 AES 加密功耗曲线

高斯滤波是一种线性平滑滤波，适用于消除高斯噪声．[10]的研究表明，曲线采集中产生的电子噪声服从正态分布．因此，通过高斯滤波能够有效降低采集中的电子噪声．图 2-14 中展示了功耗曲线的细节，图 2-14(a)是原始曲线在第一次轮函数时的功耗，图 2-14(b)是曲线经高斯滤波后在第一次轮函数时的功耗．可以看到，预处理后的曲线变得更加平滑．

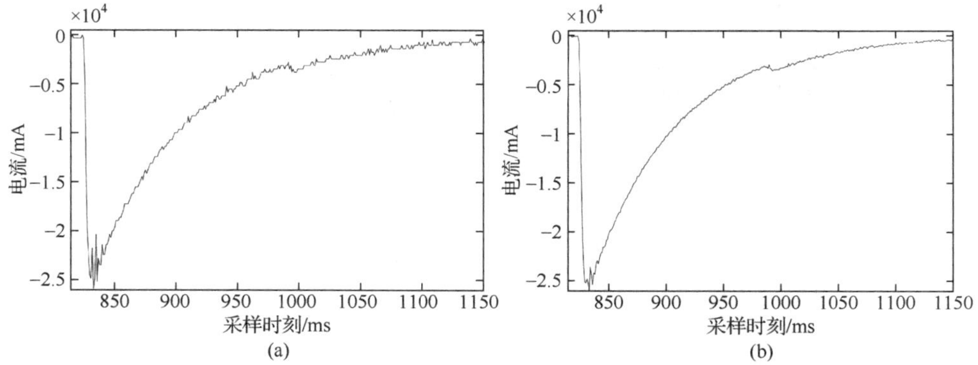

图 2-14　AES 加密第一次轮函数的功耗曲线

2.5.4　曲线分析

获得预处理的曲线之后就可以开始进行功耗分析以获得密码算法使用的密钥. 在 2.5.1 节中分析了 AES 密码算法的结构, 除了列混淆操作, AES 的其他操作都只作用于状态的一个字节(8 比特). 在第十轮加密中, 轮函数只包含了字节替换、行移位、轮密钥加. 因此, 对 AES 加密的第十轮进行分析, 这样能够有效降低猜测密钥的空间(密钥空间为 2^8). 在代码 2-1 的实现中, 每次完成轮密钥加之后, 轮加密的结果写入寄存器中. 根据 AES 的第十次轮函数结构, 能够获得寄存器值在第十次轮加密前后的关系. 以状态的第一个字节为例:

$$r_{10} = \mathrm{SBox}\left(r_9\right)^k \tag{2-9}$$

其中, r_{10} 是第十次轮加密后状态的第一个字节(也就是密文 c), SBox 是 S 盒操作, r_9 是第九次轮加密后状态的第一个字节, k 是密钥的第一个字节. 对于一个功耗分析攻击者来说, 密码算法的明密文都是已知的. 根据 2.3.2 节描述的分析过程, 以 c 作为已知的输入, r_9 作为计算中间值, 则有

$$\mathrm{iv}^* = \mathrm{SBox}^{-1}\left(c^{k*}\right) \tag{2-10}$$

iv^* 是寄存器 R 中存储的值, 对寄存器 R 以汉明距离模型进行功耗的模拟. 则有仿真功耗为

$$h = \mathrm{HD}\left(R\right) = \mathrm{HW}\left(\mathrm{iv}^{*c}\right) \tag{2-11}$$

对于猜测密钥 $k^* \in \left[0, 255\right]$, 将每个猜测值代入公式(2-9), (2-10), 计算仿真功耗. 在本次功耗分析案例中, 使用相关性分析. 以皮尔逊相关系数作为区分器, 判断仿真功耗和实际功耗曲线之间的关联程度. 图 2-15 中列出了所有 256 个猜测密钥和功耗曲线之间的相关系数. 在图中, 相关系数达到最大值的曲线对应于正确

的密钥猜测，且这一峰值出现在 AES 加密的最终轮.

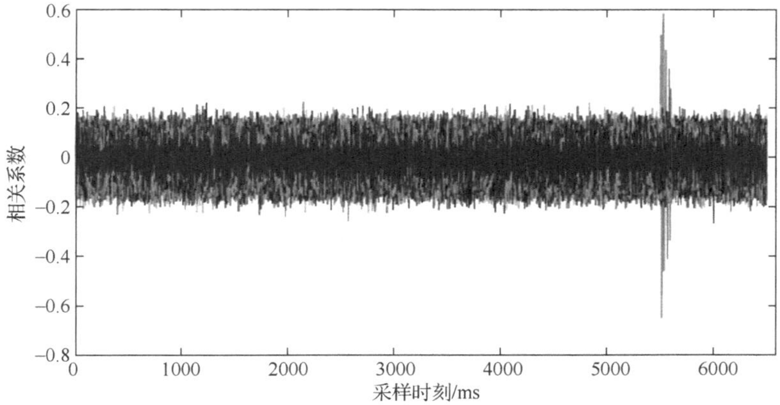

图 2-15 第十次轮函数与功耗曲线的相关系数

这样就成功恢复出了一个字节的轮密钥，通过对状态不同字节的迭代分析，从而恢复出完整的轮密钥以及主密钥.

参 考 文 献

[1] Brier E, Clavier C, Olivier F. Correlation power analysis with a leakage model[C]. Cryptographic Hardware and Embedded Systems-CHES 2004: 6th International Workshop Cambridge, MA, USA, August 11-13, 2004. Proceedings 6. Berlin, Heidelberg: Springer, 2004: 16-29.

[2] Bevan R, Knudsen E. Ways to enhance differential power analysis[C]. International Conference on Information Security and Cryptology. Berlin, Heidelberg: Springer, 2002: 327-342.

[3] Gierlichs B, Batina L, Tuyls P, et al. Mutual information analysis: A generic side-channel distinguisher[C]. International Workshop on Cryptographic Hardware and Embedded Systems. Berlin, Heidelberg: Springer, 2008: 426-442.

[4] Bhasin S, Danger J L, Guilley S, et al. Side-channel leakage and trace compression using normalized inter-class variance[C]. Proceedings of the Third Workshop on Hardware and Architectural Support for Security and Privacy. 2014: 1-9.

[5] https://dpacontest.telecom-paris.fr/v2/download.php.

[6] Joye M, Paillier P, Schoenmakers B. On second-order differential power analysis[C]. Cryptographic Hardware and Embedded Systems-CHES 2005: 7th International Workshop, Edinburgh, UK, August 29-September 1, 2005. Proceedings 7. Berlin, Heidelberg: Springer, 2005: 293-308.

[7] Kocher P, Jaffe J, Jun B. Differential power analysis[C]. Advances in Cryptology—CRYPTO’99: 19th Annual International Cryptology Conference Santa Barbara, California, USA, August 15-19, 1999 Proceedings 19. Berlin, Heidelberg: Springer, 1999: 388-397.

[8] Messerges T S, Dabbish E A, Sloan R H. Examining smart-card security under the threat of power analysis attacks[J]. IEEE Transactions on Computers, 2002, 51(5): 541-552.

[9] Messerges T S. Using second-order power analysis to attack DPA resistant software[C]. International Workshop on Cryptographic Hardware and Embedded Systems. Berlin, Heidelberg: Springer Berlin Heidelberg, 2000: 238-251.

[10] Mangard S, Oswald E, Popp T. Power analysis attacks: Revealing the secrets of smart cards[M]. Berlin, Heidelberg: Springer Science & Business Media, 2008.

[11] https://satoh.cs.uec.ac.jp/SAKURA/hardware/SASEBO-GII.html.

[12] Waddle J, Wagner D. Towards efficient second-order power analysis[C]. Proceedings of CHES 2004, LNCS 3156, Cambridge, Boston: Springer-Verlag, 2004: 1-15.

第 3 章　时间及 Cache 分析方法

时间攻击通过分析密码系统的运算环节在执行加密过程中的时间信息来恢复密钥. 密码系统实现的运算环节在处理不同的输入数据时消耗的时间有一定差别, 原因包括: 由于对运算过程进行优化, 跳过了一些冗余的操作和状态分支; 在内存寻址过程中的命中率不同; 处理器的运算指令(如乘法、除法等)运行时间不确定等.

在实际攻击中, 首先要根据密码算法的实现原理, 找到存在时间差异的代码位置, 不同的输入数据会导致程序的执行路径和执行时间不同. 在本地计算中, 攻击者进程监控受害者进程的运行时间. 在远程网络中, 攻击者利用客户端和服务器的相互通信时间, 监控运行在服务器上的受害者进程. 通过这些时间监控手段, 对密码算法的运行时间进行精确测量, 得到与输入数据和密钥有关的时间信息, 然后利用数据的相关性来求取密钥.

相比其他的侧信道攻击, 例如电磁、能量、声音等, 时间攻击具有易采集、干扰少、效率高等特点, 且不需要特殊的物理采集环境, 非常适合应用于实际的攻击场景. 当然, 实际攻击有时也会受到噪声的干扰, 在本地计算环境中, 这些噪声主要来自于操作系统中的其他进程. 受到进程调度的影响, 受害者进程可能会被阻塞或者中断, 这会造成对程序的执行时间测量不准确. 在客户端-服务器的攻击场景中, 噪声不仅来自服务器中其他进程, 也可能来自网络传播中的各种延迟, 噪声会更大. 因此目前时间攻击研究常以本地计算为运行环境.

其中 Cache(缓存)时间攻击是一类特殊的时间攻击方法, 它主要利用微处理器部件中的 Cache 单元. 在现代处理器中, 为了解决 CPU 和内存之间加载速度不匹配的问题, 大都引入了容量小但速度很快的高速缓存 Cache, Cache 会存储最近经常访问的数据和指令, 当处理器需要再次使用刚访问过的数据或指令时, 就可以直接从 Cache 中调用, 以提高效率. Cache 时间攻击就是利用密码算法程序运行过程中的 Cache 命中/未命中信息, 推导密钥的攻击方法. 对 Cache 攻击的主要阐述和案例将在下文中进行介绍.

3.1　时间分析方法

本节将对时间分析方法的具体过程进行阐述, 在 3.1.1 节中, 将以 RSA 算法中模幂运算的平方-乘算法实现为例, 讨论时间分析原理. 在 3.1.2 节中, 讨论时间分析的具体流程. 在 3.1.3 节中, 介绍一些现有对密码算法进行时间攻击的典型案例及效果评价分析.

3.1.1　时间分析原理

针对密码算法的时间分析首先要在其程序实现中找到可能引起时间泄漏的代码位置, 可以结合密码算法的实现原理进行分析. 这种时间泄漏点往往存在于密钥与输入数据的结合处, 因为密钥或与密钥相关的数据值的不同, 程序有不同的执行路径和执行时间, 通过测量执行时间可以明显判断出程序实际的执行路径, 进而推断出相应的密钥相关值. 以 RSA 算法为例:

RSA 是一种公钥密码算法, 对于某一明文块 M 和密文块 C, 公钥是 KU = $\{e, n\}$, 私钥是 KR = $\{d, n\}$, 加密和解密有如下形式:

$$\text{加密: } C=M^e \bmod n;\quad \text{解密: } M=C^d \bmod n$$

RSA 算法中最主要的运算就是模幂运算, 模幂运算的一种经典实现方式就是采用了平方-乘算法:

平方-乘算法是 RSA 进行模幂运算 $M=C^d \bmod n$ 的一种分解算法, 它可以将模幂运算分解成模乘和模平方运算, 进而可以在程序中实现模幂的大数运算.

RSA 的平方-乘算法流程如下:

算法 3-1: 平方-乘

输入: 正整数 n, 小于 n 的整数 C, 整数 $d=\left(d_{n-1}d_{n-2}\cdots d_0\right)_2$
输出: $C^d \bmod n$
1. $S=C$
2. for $i=n-2$ to 0 do
3. 　$S=\bmod(S^2,\ N)$
4. 　if $d_i==1$ then
5. 　　$S=\bmod(S*C, N)$
6. 　end if
7. end for
8. return S

其中输入是指数 n 的二进制数, 然后从左到右遍历二进制数, 若遍历到 1, 则进行模乘和模平方运算, 若遍历到 0, 则只进行模平方运算. 这样可以显著降低运算的时间复杂度.

以计算 x^{24} 为例: 首先 x^{24} 将指数表示为二进制形式 x^{11000}, 然后从左到右开始扫描指数的每个比特.

(1) 扫描到 1，则设置初始值为 x^1，扫描第一个比特一般不需要其他操作.

(2) 扫描到 1，先平方 $x^{10}=x^2$，再乘以 x，$x^{11}=x^2*x$.

(3) 扫描到 0，只需要一次平方，$x^{110}=(x^3)^2=x^6$.

(4) 扫描到 0，只需要一次平方，$x^{1100}=(x^6)^2=x^{12}$.

(5) 扫描到 0，只需要一次平方，$x^{1100}=(x^{12})^2=x^{24}$.

观察运算过程中指数的二进制表示能更好地理解算法，一次平方操作会让指数向左移一比特，并在最右边添加 0，而与 x 相乘的操作则在指数的最右边位置上填上 1.

数据分析：从模幂运算的平方-乘算法原理中可以看到一个显著的时间泄漏点. 在算法 3-1 中的第 5 行代码中，当扫描到指数的二进制数 $d_i=1$ 时，整个运算过程多了一个乘法操作，即先平方后乘法，而当 $d_i=0$ 时，仅有平方操作，又因为在硬件操作时，乘法操作需要附加的寄存器参与，所以比平方操作耗时长. 因此，可以通过统计在解密运行过程中平方-乘算法 for 循环的每轮执行时间的差异来确定 d_i 为 1 或 0，这里需要确定一个阈值 T，若记录时间超过 T 表示 d_i 为 1，否则为 0.

3.1.2 时间分析流程

3.1.2.1 时间泄漏点分析

首先要根据密码算法的实现原理进行分析，找到这样的时间泄漏点，在该泄漏点中，程序会因为与密钥相关的数据值不同有不同的执行路径和执行时间. 这样的泄漏点经常出现在不平衡的条件分支或者循环边界与秘密数据相关的循环语句中.

图 3-1 中给出了一个典型具有不平衡分支的例子，在该例子中，如果变量 k 的值与密钥相关，获取 k 的值就可以推导密钥值，则称 k 为敏感变量. 图 3-1 中的代码段 3 就是一个受敏感变量影响的不平衡条件分支语句. 遍历 k 的所有二进制值：当 k 的某一比特二进制值为 0 时，代码段 3 不会执行条件分支内部的指令；当 k 的某一比特二进制值为 1 时，代码段 3 会执行条件分支内部的指令，代码段 1 的执行时间会明显变长.

```
public int modExp(int y, int k) {
    int r = 1;
    for (int i = 0; i < 32; i++) {
代码段3 {   if (k % 2 = = 1)          }
              r = (r * y) % n;        } 代码段1
代码段2 {   y = (y * y) % n;          }
            k >> = 1;                 }
    }
    return r % n;
}
```

图 3-1 具有不平衡分支的代码片段

```
int j = 4 ;
for ( i = 0 ; i < j ; i++)
  v=x
```

图 3-2 循环边界与秘密数据相关的循环语句例子

图 3-2 给出了一个循环边界受敏感变量影响的循环语句的例子，假设图 3-2 中的代码中变量 j 是一个敏感变量，则 for 循环的迭代次数取决于 j 的值，通过统计 for 循环的整体执行时间就可以推断出 j 值的大小. 文献[1] 就利用这种方法攻击 ECDSA(椭圆曲线数字签名)算法，固定密钥并进行多次签名，由于签名过程中执行的 for 循环边界受到随机数 k 的影响，k 的值与密钥相关，运行时间短的签名使用的随机数 k 也较小，通过统计每次签名的时间，筛选得到签名时间较短的签名数据，使用这部分数据进行格攻击，可以推导出最终的密钥. 具体过程将在 3.1.3 小节经典案例中进行阐述.

3.1.2.2 时间采集

通过分析实现算法找到时间泄漏点后，最重要的一步就是进行时间样本采集，采集密码算法运行过程中，时间泄漏点所在的程序段的执行时间. 常用的计时工具有 x86 处理器下的 RDTSC 指令①，它可以实现纳秒级的精确计时.

在本地时间攻击中，对密码算法的时间采集一般采用进程控制的方法，构造一个攻击者进程伴随一个密码进程运行，密码进程执行加/解密运算，控制进程测量密码进程每个步骤的执行时间.

由于进程控制方法在实际实现上具有一定难度，现有的研究[1, 8, 10]在对时间数据进行采集时，假设潜在的攻击者不仅能够测量密码算法的整体执行时间，而且可以测量局部执行时间. 例如 RSA 算法中，假设攻击者不仅可以测量 RSA 加/解密的整体执行时间，还可以测量其平方-乘运算中 for 循环每一轮的执行时间，可以通过在密码算法中注入计时指令来完成局部执行时间采集.

在远程的时间攻击中，对密码算法执行时间的采集，通过测量客户端-服务器的通信时间来统计密码进程的运行时间. 例如文献[1]中，使用客户端和服务器之间传输层安全协议(transport layer security, TLS)握手的时间，近似代替服务器中 ECDSA 进程的一次整体签名时间. 当然这种方法受到网络传输中各种噪声的干扰，同时只能测量密码进程的整体运行时间.

3.1.2.3 时间数据分析

采集完时间样本后，需要对这些数据进行分析，还原私钥. 例如上述算法 3-1 (平方-乘算法)中，可以根据采集到的 for 循环每轮的执行时间差异，直接判断密钥的每个二进制值. 部分算法还需要进行一些数学运算，具体需要结合相应的算法

---

① RDTSC 指令是 x86 架构下的一条汇编指令，全称 Read Time-Stamp Counter，用于读取时间戳计数器(TSC).

原理进行分析.

3.1.3 时间攻击经典案例

3.1.3.1 针对 SM2 数字签名的计时分析

1. SM2 数字签名算法原理

SM2 是一种基于椭圆曲线的非对称加密算法，由国家密码管理局在 2010 年发布. 国家密码管理局发布的 SM2 标准中，建议 SM2 实现使用 256 比特的椭圆曲线，其安全强度和计算速度都要快于 RSA.

椭圆曲线是一种数学曲线，一般是被定义为满足 Weierstrass 方程的一组点的集合. SM2 采用的方程为下式的形式:

$$y^2 = x^3 + ax + b$$

SM2 作为一种公钥密码算法，常被用于进行数字签名. 数字签名是一段信息发送者产生的防伪数字串，可以对发送消息的真实性和有效性进行证明，也可以验证消息的发送者. 发送方使用私钥进行加密，接收方使用公钥解密，由于私钥别人无法伪造，因此可以使用公钥来验证谁是发送者. 文献[5]介绍了 SM2 进行数字签名的具体流程，如下算法 3-2 所示.

其中 E 是 SM2 所使用的椭圆曲线，G 是椭圆曲线 E 上的一个阶为素数 n 的基点，消息发送方 A 有私钥 d_A 和公钥 P_A，其中公钥由 $P_A = [d_A]G$ 计算得到. Z_A 是 A 的杂凑值，H_v 是一个杂凑函数，M 为消息具体内容. 用户 A 计算得到消息 M 的数字签名(r, s).

算法 3-2: SM2 数字签名

输入: 杂凑值 Z_A，消息 M

输出: 数字签名(r, s)

1. $\bar{M} = Z_A \| M$
2. 令 $e = H_v(\bar{M})$, e 的数据类型需转换为整数型.
3. 使用随机数发生器生成一个随机数 k.
4. 取椭圆曲线 E 上一个点 G, 计算得到 $(x_1, y_1) = [k]G$，将 x_1 转换为整数型数据.
5. 令 $r = (e + x_1) \bmod n$，如果 $r = 0$ 或者 $r + k = n$, 则返回 3 步骤重新执行.
6. 令 $s = (1 + d_A)^{-1} * (k - r * d_A) \bmod n$，如果 $s = 0$, 同样返回 3 步骤重新执行.
7. 将计算生成的(r, s)数据类型转换为字符串类型，最终得到消息 M 的数字签名(r, s).

注：通过算法 3-2 的生成过程可以得到，当知道了签名过程中使用的随机数 k，那么就可以通过公式 $d_A=(s-r)^{-1}(k-s)$ 来获取私钥的具体值.

2. 标量乘法

上述内容介绍了 SM2 数字签名的具体过程，其中非常关键的步骤就是标量乘法，即计算得到 $(x_1,y_1)=[k]G$ 的过程.

文献[11]介绍了标量乘法的具体内容.

对于椭圆曲线 $E(F_p)$上的点 p = ()和一个大整数 k，$k\in(0,n)$，其中 n 是椭圆曲线的阶，计算 kp，即用椭圆曲线上加法将点 p 与自身连续相加 k 次，称为椭圆曲线上的标量乘法.

在椭圆曲线上，两个相异的点的相加，为点加操作，两个相同的点相加，为倍点操作.

点加运算：

令 $P=(x_1,y_1)$，令 $Q=(x_2,y_2)$，且 $P\neq\pm Q$，则 $P+Q=(x_3,y_3)$，有

$$x_3=\left(\frac{y_2-y_1}{x_2-x_1}\right)^2-x_1-x_2$$

$$y_3=\left(\frac{y_2-y_1}{x_2-x_1}\right)(x_1-x_3)-y_1$$

倍点运算：

令 $P=(x_1,y_1)$，且 $P\neq -P$，则 $2P=(x_3,y_3)$，有

$$x_3=\left(\frac{3x_1^{\ 2}+a}{2y_1}\right)^2-2x_1$$

$$y_3=\left(\frac{3x_1^{\ 2}+a}{2y_1}\right)(x_1-x_3)-y_1$$

椭圆曲线上的相同点与相异点相加可汇总成一个公式，表示为

$$\begin{aligned}x_3&=s^2-x_1-x_2 \bmod p,\\ y_3&=s(x_1-x_3)-y_1 \bmod p,\end{aligned}\qquad \text{其中}\quad s=\begin{cases}\dfrac{y_2-y_1}{x_2-x_1} \bmod p, & P\neq Q\\[2ex] \dfrac{3x_1^{\ 2}+a}{2y_1} \bmod p, & P=Q\end{cases}$$

标量乘法操作是指选取整数 k 使得

$$\underbrace{P + P + \cdots + P}_{k次} = kP = Q$$

3. 标量乘法的二进制展开实现

在密码系统的具体实现中，针对标量乘法具有许多实现算法，例如 wNAF 标量乘法、Montgomery 标量乘法和二进制展开法等. 本节介绍其中的二进制展开法.

二进制展开法将要计算的标量大整数进行二进制展开，然后按照展开的加乘顺序进行循环运算.

设标量 k 的二进制表示是 $k = e_0 2^v + e_1 2^{v-1} + e_2 2^{v-2} + \cdots + e_{v-1} 2 + e_v$，其中 $e_i = 0$ 或 1, $i = 0, 1, \cdots, v$，则对标量乘法[k]G，有

$$\begin{aligned}[k]G &= (e_0 2^v + e_1 2^{v-1} + e_2 2^{v-2} + \cdots + e_{v-1} 2 + e_v)G \\ &= 2\left\{\cdots 2\left[2\left(2e_0 G + e_1 G\right) + e_2 G\right] + e_3 G + \cdots + e_{v-1} G\right\} + e_v G\end{aligned}$$

算法整体描述如下:

算法 3-3: 二进制展开法计算[k]G

输入: k 在二进制下的表示 $e_0 e_1 \cdots e_v$，以及基点 G

输出: [k]G

```
1. Q = G
2. for i = v −1 to 0 do:
3.     Q = 2*Q // 倍点运算
4.     If  e_i ≠ 0 , then:
5.         Q = Q + e_i G // 点加运算
6.     end if
7. end for
8. Q = Q + G
9. return Q
```

4. 时间泄漏点分析

二进制展开法很显然存在一个时间泄漏问题，在 for 循环内部存在一个不平衡的分支语句，类似模幂运算的平方-乘算法，当标量 k 的二进制位是 0 时，只执行一次倍点计算，而当标量 k 的二进制位是 1 时，会执行一次倍点运算和点加运算. 其运行时间会因为 k 的二进制位的值产生不同的执行指令序列和执行时间，进而产生侧信道泄漏.

图 3-3 展示了相应的实验效果来验证上述原理，其中横坐标代表标量 k 真实

值的最后 20 比特二进制表示，纵坐标是算法 3-2 的步骤 3—步骤 6 过程的执行时间，可以明显看到当标量 k 的二进制值为 1 时，时间明显超过 2000 个时钟周期，而随机数的二进制值为 0 时，时间明显低于 2000 个时钟周期.

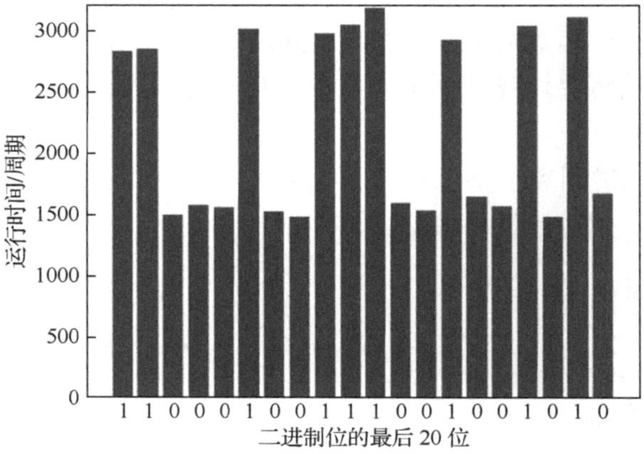

图 3-3　二进制展开法运行时间图

当攻击者可以监控密码进程各个步骤的执行时间时，上述原理就可以帮助攻击者以极小的代价获取密钥值.

3.1.3.2　针对 ECDSA 的计时分析

上一个案例介绍了分支语句不平衡导致的时间泄漏问题，接下来我们将介绍由于 for 循环边界和秘密数据相关导致的时间泄漏. 该攻击主要参考文献[1].

1. ECDSA 介绍

ECDSA 全称为椭圆曲线数字签名，其原理与 SM2 类似，其签名过程如下：

将椭圆曲线的参数、公钥和基点 P 传送给签名方.

(1) 用户首先将待传输的消息摘要 m 编码到椭圆曲线上得到 $H(m)$，并产生随机数 k.

(2) 用下列公式生成签名(r, s)，其中 q 是椭圆曲线的参数，由选择的椭圆曲线决定.

$$r = \left(\left[k\right]P\right)_x \bmod q$$

$$s = k^{-1}\left(H\left(m\right) + xr\right) \bmod q$$

ECDSA 生成的速度主要由标量乘法运算决定，即 r 的生成过程：使用随机整数 k 和椭圆曲线上的基点 P 进行标量乘法.

2. ECDSA 的安全性问题及格攻击基本原理

在介绍本章的时间泄漏点前，我们先介绍该攻击点的前提，即针对 ECDSA 的格攻击.

首先看 ECDSA 的公共部分(r, s):

$$r=\left(\left[k\right]P\right)_x \bmod q \tag{3-1}$$

$$s=k^{-1}\left(H\left(m\right)+xr\right) \bmod q \tag{3-2}$$

可以从公式(3-2)中看到，知道随机数 k，可以恢复私钥 x:

$$x=\left[sk-H\left(m\right)\right]r^{-1} \bmod q \tag{3-3}$$

因此若假设有 n 个数量的签名(r, s)，这些签名都有比较小的随机数k_i. 因为我们知道$H(m_i)$，所以公式(3-3)也可以写成:

$$H\left(m_i\right)=s_ik_i-xr_i \bmod q \tag{3-4}$$

这样我们就可以使用多个方程来将私钥 x 从等式中移除，依次将攻击转换为对随机数 k 的攻击.

$$H\left(m_0\right)=s_0k_0-xr_0 \bmod q \tag{3-5}$$

$$\forall i,\quad H\left(m_0\right)r_0^{-1}r_i=s_0k_0r_0^{-1}r_i-xr_i \bmod q \tag{3-6}$$

$$\forall i\neq 0,\quad H\left(m_i\right)-H\left(m_0\right)r_0^{-1}r_i=s_ik_i-s_0k_0r_0^{-1}r_i \bmod q \tag{3-7}$$

$$\left(H\left(m_i\right)-H\left(m_0\right)r_0^{-1}r_i\right)s_i^{-1}=k_i-s_0k_0r_0^{-1}r_is_i^{-1} \bmod q \tag{3-8}$$

这样就有 $n-1$ 个方程，每个方程只有两个未知数：随机数k_i和第一个方程k_0的随机数，它们的大小应该相同，但相对较小. 上式(3-8)就可以转换为下列形式

$$k_i+A_ik_0+B_i=0 \bmod q \tag{3-9}$$

这样就成功地将攻击系统的离散对数部分简化为寻找一组模方程的小解

$$\begin{cases}k_0=k_0\\ k_1=-A_1k_0+z_1q-B_1\\ \cdots\cdots\\ k_{n-1}=-A_{n-1}k_0+z_{n-1}q-B_{n-1}\end{cases} \tag{3-10}$$

如果随机数k_i比较小，那么我们就可以知道$-A_ik_0+Z_iq$和B_i的距离比较小，那么我们就可以将公式(3-10)转化为一个格问题. 首先将上述系统转换为矩阵系统

$$\begin{bmatrix} k_0 \\ k_1 \\ \vdots \\ k_{n-1} \end{bmatrix} = \begin{bmatrix} -1 & & & \\ A_1 & q & & \\ \vdots & & \ddots & \\ A_{n-1} & & & q \end{bmatrix} \begin{bmatrix} -k_0 \\ z_1 \\ \vdots \\ z_{n-1} \end{bmatrix} - \begin{bmatrix} 0 \\ B_1 \\ \vdots \\ B_{n-1} \end{bmatrix} \tag{3-11}$$

问题就转变为: 用这个 $n\times n$ 的矩阵作为格, 来寻找一个向量, 这个向量是系统向量 $(-k_0, Z_1, \cdots, Z_{n-1})$ 的整数线性组合, 且该向量与非格向量 $(0, B_1, \cdots, B_{n-1})$ 距离非常接近, 因为它们的距离是小整数向量 $(k_0, k_1, \cdots, k_{n-1})$. 这是格方法的最短向量问题的一个实例, 可以用求解最短向量问题的方法来计算得到系统向量 $(-k_0, Z_1, \cdots, Z_{n-1})$, 进而得到随机数向量 $(k_0, k_1, \cdots, k_{n-1})$.

格攻击成功的前提是筛选得到随机数 k 较小的一组签名, 因为随机数是使用随机数发生器产生的, 所以攻击者无法确定随机数大小, 但是接下来攻击原理部分将介绍, 随机数 k 的大小与签名时间相关, 通过对签名的计时, 可以筛选出一组随机数较小的签名进行格攻击.

3. 攻击原理

文献[1]介绍的攻击方法也是针对于标量乘法的具体实现, 主要利用了 Montgomery 算法的一部分设计缺陷. 这里我们不深究 Montgomery 算法的具体算法原理, 而直接从目前较流行的开源密码库 OpenSSL 的源码中, 寻找漏洞. 下图 3-4 说明了 Montgomery 标量乘法算法的主要部分, 是 OpenSSL 0.9.8 中实现的摘录.

```
/* find top most bit and go one past it */
i = scalar->top - 1; j = BN_BITS2 - 1;
mask = BN_TBIT;
while (!(scalar->d[i] & mask)) { mask >>= 1; j--; }
mask >>= 1; j--;
/* if top most bit was at word break, go to next word */
if (!mask)
    {
    i--;  j = BN_BITS2 - 1;
    mask = BN_TBIT;
    }

for (; i >= 0; i--)
    {
    for (; j >= 0; j--)
        {
        if (scalar->d[i] & mask)
            {
            if (!gf2m_Madd(group, &point->X, x1, z1, x2, z2, ctx)) goto err;
            if (!gf2m_Mdouble(group, x2, z2, ctx)) goto err;
            }
        else
            {
            if (!gf2m_Madd(group, &point->X, x2, z2, x1, z1, ctx)) goto err;
            if (!gf2m_Mdouble(group, x1, z1, ctx)) goto err;
            }
        mask >>= 1;
        }
    j = BN_BITS2 - 1;
    mask = BN_TBIT;
    }
```

图 3-4　ECDSA 的 for 循环泄漏点位置

嵌套 for 循环是泄漏点，在每次迭代中会执行一个点加倍(point doubling)和一个点加法(point addition)来处理 k 的一个二进制位.

while 循环的目的是找到 k 的最高有效位，并优化嵌套 for 循环的迭代次数. 正好有 $\lceil \log(k) \rceil - 1$ 步长执行，算法执行所需的时间正好是 $t\left(\lceil \log(k) \rceil - 1\right)$. 这表明计算标量乘法的时间和 k 的长度之间有直接的关系.

经过实验，也验证了上述的原理，将采集到的签名，以签名时间为纵坐标，使用的随机数长度为横坐标，绘制下面的图形，如图 3-5 所示.

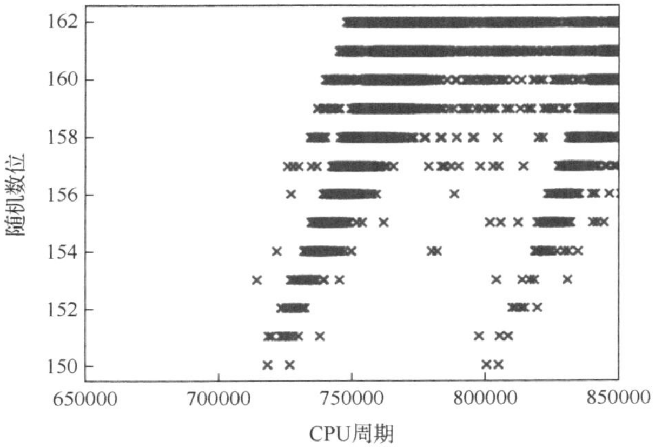

图 3-5　随机数 k 长度与签名时间对应关系

从图 3-5 中可以看到，随着随机数 k 的二进制位数增长，签名生成时间也会增长，这样就验证了论文中进行时间攻击的原理. 将签名时间最短的一组签名抽取出来，可用于进行格攻击，进行私钥还原.

3.2　Cache 分析方法

自 20 世纪 90 年代以来，研究者一直在探索基于时间的攻击方法与隐秘信道. 2002 年第一次在理论上将 Cache 作为辅助信道使用，自此也产生了 Cache 时间攻击. 而根据攻击利用的 Cache 种类的不同，可以分为基于 D-Cache(数据 Cache)的时间攻击和基于 I-Cache(指令 Cache)的时间攻击.

其中基于共享 D-Cache 的时间攻击已经被广泛地研究，这些攻击主要集中在对密码协议和算法的攻击上. 这些攻击利用缓存的基本属性，访问特定的内存位置可确保将数据放入特定的 Cache 中. 当攻击者的程序的数据被移出缓存时(可以使用计时来判断)，这意味着受害者的程序已经访问了映射到相同 Cache 的数据.

硬件属性以及 AES 或其他在操作过程中使用查找表的加密实现，允许攻击者有根据地猜测受害人访问了表的哪些位置，从而猜测出一些加密密钥.

而基于 I-Cache 的攻击原理是指令 Cache 未命中会增加应用程序的执行时间. 举一个实际的例子，如上文中介绍的 RSA 模幂运算的平方-乘算法实现中，利用模乘和平方运算的计算使用不同函数这一事实，可以对 RSA 实现进行攻击. 其中，不同函数在 I-Cache 中占用不同空间，攻击者能够用自己的指令填充指令 Cache，当受害者进程运行时，攻击者可以根据退出 I-Cache 的指令判断受害者是否执行了乘法或平方函数.

Cache 时间攻击的主要工作流程包括：根据 Cache 工作原理，密码进程访问数据时，目标数据是否在 Cache 中会导致访问时间有明显的时间差异(若目标数据在 Cache 中，即发生 Cache 命中，处理器会直接从 Cache 中获取数据. 否则，即发生 Cache 未命中，处理器访问过 Cache 后会从内存中获取数据，运行时间更长). 由于"命中"与"未命中"的时间差异信息和密钥往往是紧密相关的，所以只要能采集到足够多的时间侧信道信息，结合分析算法就有可能推测出密钥[2]. 例如现代分组密码算法(如 AES, SM4 等)大多会使用 S 盒查找表实现非线性混淆，而查找表就需要对数据 Cache 进行访问，通过计时手段获取分组密码加/解密过程中对 S 盒的 Cache 命中/未命中信息，结合密码算法实现原理进行分析，就可以推测出相应的密钥.

相比针对密码系统实现中逻辑运算环节的时间攻击，Cache 攻击一般不依赖程序逻辑漏洞，而是结合密码实现原理和 Cache 状态信息，因此 Cache 攻击更不容易被软件开发人员所发现. 同时 Cache 被多个进程所共享，更容易造成资源竞争，也更容易受到攻击者进程的控制，Cache 命中/未命中所造成的程序运行时间差异明显，时间采集过程中受到的噪声干扰更少. 因此 Cache 攻击是针对密码算法处理器实现的主要威胁，针对开源密码库中的多种密码算法实现，如 AES, RSA, SM4, ECC 等等，均有相应的 Cache 攻击被提出，Cache 时间攻击也实际占据了时间攻击的相当大部分内容.

3.2.1　Cache 层次结构及工作机制

为了更好地帮助读者理解 Cache 攻击方法，本节将首先对 Cache 的层次结构进行简要介绍.

Cache 的出现主要是为了缓解 CPU 和内存之间速度不匹配的难题，现代处理器中，一般都会使用高速缓存 Cache，设置在内存和 CPU 之间，Cache 的访问速度要远高于内存，但造价昂贵，因此容量较小. 根据离 CPU 的远近和访问速度的大小，Cache 也进行了分级，依据级别可以将 Cache 分为 L1 级 Cache, L2 级 Cache 和 L3 级 Cache，离 CPU 越近，访问速度越快，级别也就越小. L1 级 Cache 是离 CPU

最近同时速度最快的 Cache, 依据缓存的类型, L1 级 Cache 也可以划分为 L1 级数据 Cache 和 L1 级指令 Cache, 分别用于缓存数据和指令. L1 级 Cache 和 L2 级 Cache 一般是单核独享, 而 L3 级 Cache 一般被多核共享, 因此 L3 级 Cache 一般只有一个[2].

Cache 的主要结构图如图 3-6 所示.

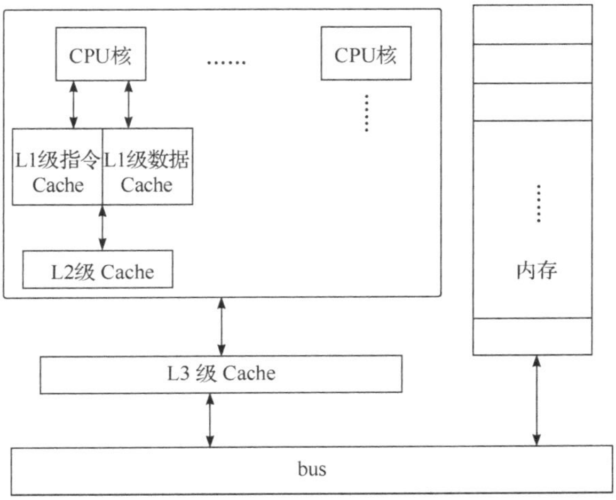

图 3-6 Cache 层次结构

bus 是计算机内部用于数据传输的总线

Cache 的容量只是内存的一个子集, 因此 CPU 运行程序时, 需要将数据的内存地址转换为 Cache 地址, 便于在 Cache 进行数据存取, 这个过程就是地址映射. Cache 的地址映射大致有三种方式, 即直接映射、全相联映射和组相联映射, 现代处理器一般均会采用组相联映射方式. 接下来将对这三种映射方式进行简要介绍.

1. 直接映射

三种映射方式中, 直接映射最为简单, 硬件成本也低. 其主要方式就是内存中的一个地址块只能映射到 Cache 的某一特定块中, 如图 3-7 所示, 内存的第 0 块, 第 32 块, 第 64 块, …, 只能映射到 Cache 的第 0 块, 以此类推. 这种方法简单粗暴, 但效率不高, Cache 利用率也较低.

2. 全相联映射

全相联映射则是走向直接映射的另一个极端, 即内存的每个块都能映射到 Cache 中的任何一个块中, 这种方式灵活度高, Cache 的空间利用也较为充分. 如图 3-8 所示.

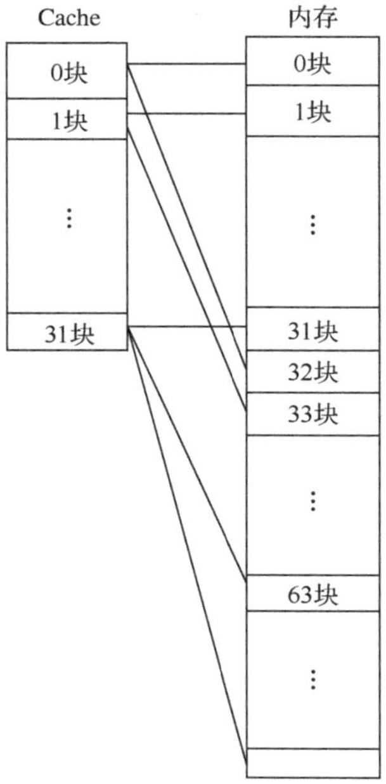

图 3-7　Cache 直接映射方式

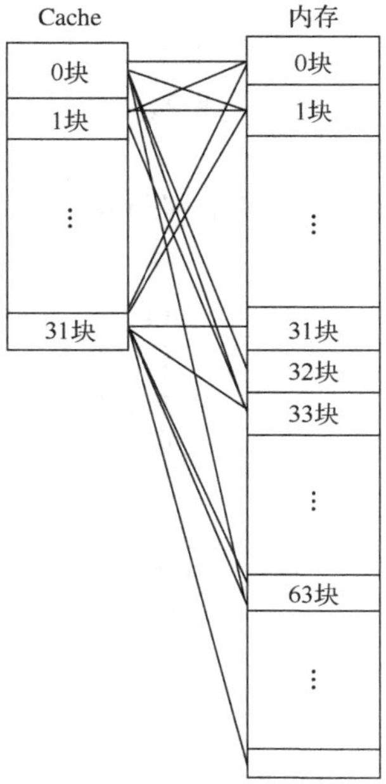

图 3-8　全相联映射

但这种方式实现起来难度较大，当 Cache 容量较大时，线路设计过于复杂.

3. 组相联映射

组相联映射借鉴了直接映射和全相联映射的优点，结合两者进行折中，其方案也被大多数的 Cache 所采用，具体结构如图 3-9 所示，内存和 Cache 都进行了分组，内存每一组中块数量等于 Cache 的分组数，组间直接映射，组内全相联映射. 例如图 3-9 中，内存被分为 256 组，每个组有 16 个块，相应地，Cache 被分为 16 个组，每组有 2 个块. 内存的各个块和 Cache 的组编号直接建立固定关系，进行直接映射，而在 Cache 组内可以映射到任意一个块. 例如图 3-9 中，内存的第 0 块, 16 块,···, 4080 块，都直接映射到 Cache 的第 0 组，只要组内有空间，可以自由映射到组内任意一块. 同样，内存的第 1 块，17 块,···, 4081 块，也都直接映射到 Cache 的第 1 组，在组内自由映射. 其中，以 Cache 组内块的数量设置组相联名称，例如图 3-9 中 Cache 组内有 2 块，称为 2 路组相联，若有 4 块，则称 4 路组相联，以此类推.

组相联映射结合了直接映射和全相联映射的优点，弥补了对应的缺陷，因此得到了广泛的采用.

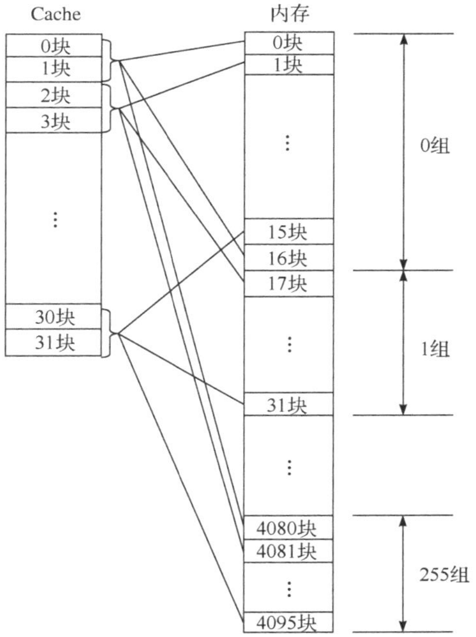

图 3-9 组相联映射

当 CPU 从内存中访取数据时, 首先会检查要访取的数据是否在 Cache 中, 若在 Cache 中, 那么 CPU 会直接从 Cache 中访取数据, 而不再访问内存; 若不在, CPU 会从更高一级 Cache 或内存中读取数据, 同时将数据存入相应级别的 Cache 中, 使得之后的访取可以直接从 Cache 中进行, 不需要访问内存, 进而极大地加快运算速度. 因此, Cache 访问命中/未命中将会产生一个明显的时间差, Cache 时间攻击, 主要就是利用了这个时间差, 来推测密钥信息. 此外, 需要注意的是, 处理器和 Cache 之间进行数据交换是以字为单位的, 但是 Cache 和内存之间却是以字块为单位, 因此每当 Cache 刷新时, 会将要访问的数据所在的字块整个从内存中读出放入 Cache 中.

3.2.2 Cache 攻击的具体流程

从 Cache 时间攻击被提出以来, 大量学者研究了如何利用 Cache 和内存访问之间的关系展开时间侧信道攻击, 并已经成功应用到了各种密码算法的密钥泄漏攻击方案中. 目前, Cache 攻击的主要发展方向开始转向利用 Cache 之外的各种微体系结构组件, 例如分支预测器、硬件预取器等等, 但同时, Cache 攻击依然以攻击成本低、检测难度大的特点被广泛研究.

Cache 攻击不需要系统特权, 能够访问 Cache 的非特权远程或本地进程都可以实施这种攻击. 像云计算这样的在线共享计算环境更容易受到这些攻击.

常见的密码算法实现, 如 AES、RSA、椭圆曲线密码算法 ECC 等, 一直都是这些攻击的主要目标.

Cache 攻击主要利用 Cache 访问命中/未命中的时间差异来泄漏密码进程的 Cache 访问情况, 进而集合密码算法原理来推导密钥. 文献[7]中, 将 Cache 攻击的具体流程划分为三个部分:

(1) 初始化阶段.

在该阶段, 攻击者初始化 Cache 状态, 以便于对受害者进程的 Cache 操作进行监测.

(2) 受害者进程运行阶段.

受害者进程执行, 在这个过程中, 受害者进程有意或者无意因为对 Cache 状态的改变而建立了隐蔽信道.

(3) 攻击者测量及推测阶段.

攻击者测量对一些 Cache 数据块的访问时间, 根据时间判断 Cache 命中/未命中情况, 推测受害者进程对 Cache 的使用情况, 进而推测密钥信息.

3.2.3 Cache 攻击的分类

可以根据攻击者对受害者进程 Cache 访问情况的掌握程度, 对 Cache 攻击进行分类, 主要分为三类: 跟踪驱动攻击、访问驱动攻击和时间驱动攻击.

(1) 跟踪驱动攻击(trace-driven attack).

在该类攻击下, 攻击者可以掌握受害者访问了哪些 Cache 行, 以及相应的访问顺序.

(2) 访问驱动攻击(access-driven attack).

攻击者可以掌握受害者访问的 Cache 行, 但不了解相应的访问顺序.

(3) 时间驱动攻击(time-driven attack).

在这种攻击下, 由于受害者进程在进行与秘密数据相关的内存访问操作时, 造成一些 Cache 命中/未命中, 进而造成了执行时间的变化, 攻击者可以掌握这些时间变化.

3.2.4 Cache 攻击的主要技术

Cache 攻击技术有许多种, 常见的有 Prime+Probe(P+P), Evict+Time(E+T), Flush+Reload(F+R), Evict+Reload(E+R), Flush+Flush(F+F)等. 本章节将依次对这些技术进行介绍.

3.2.4.1 Prime+Probe(P+P)攻击

P+P 攻击可以归类为访问驱动攻击，在该攻击中，攻击者进程可以确定受害者进程已经访问了 Cache 中的哪些集合. 文献[4]，介绍了该攻击的主要过程，主要分为三个阶段.

(a) Prime 阶段：在这个阶段，攻击者以 Cache 行为单位，用自己的数据填充被监控的 Cache 区域.

(b) 受害者访问阶段：在这一阶段，受害者访问了 Cache 的一些位置，导致在 Prime 阶段准备好的一些 Cache 行被驱逐出去.

(c) Probe 阶段：在这个阶段，攻击者再次访问 Prime 阶段准备的数据，由于受害者访问阶段造成了一些准备数据的 Cache 行被驱逐，因此导致了攻击者更长的访问时间，而没有被受害者访问的Cache行，准备数据依然存储在相应的Cache行中，攻击者访问时间要较短.

通过这种方式，攻击者就获取了受害者访问进程，访问了哪些 Cache 行，从而展开攻击.

3.2.4.2 Evict+Time(E+T)攻击

在此类攻击中，攻击者运行一个间谍进程和受害者进程，间谍进程和受害者进程共享 Cache，攻击者会调用受害者进程并监控其执行时间. 同时，间谍进程的内存访问，由于 Cache 碰撞可能会干扰到了受害者的内存访问，使得受害者执行时间变长. 记录这些时间变化并进行分析，进而破解受害者进程的秘密信息. 在文献[6, 9]中均对该攻击进行了介绍.

具体过程是:

(a) 攻击者首先测量受害者进程的执行时间，此时受害者进程执行过程中的 Cache 访问均命中.

(b) 攻击者执行内存访问，驱逐特定的 Cache 行集合.

(c) 攻击者再次测量受害者进程的执行时间，当攻击者在第(b)步驱逐的 Cache 行影响了受害者的内存访问，就会使得受害者进程执行时间变长.

3.2.4.3 Flush+Reload(F+R)攻击

Flush+Reload 攻击成功的基础来自于 Intel 的 x86 架构下的 clflush 指令，该指令是非特权指令，可以被普通用户使用，但是却可以清除指定 Cache 区域的数据.

该攻击主要目标是攻击者进程和受害者进程的共享内存，具体过程借鉴了文献[9].

(a) 攻击者利用 clflush 指令，将被监控内存区域的映射从 Cache 中清除.

(b) 受害者进程执行, 并对受监控区域进行了内存访问.

(c) 攻击者再次加载受监控的内存区域, 如果受害者进程在步骤(b)中访问了受监控的部分区域, 那么再次加载的时间就较短, 否则, 再次加载的时间就较长, 根据这个时间差异, 攻击者判断受害者进程对哪些数据进行了访问.

3.2.4.4　Evict+Reload(E+R)攻击

E+R 是 F+R 攻击的变体, 该攻击不是使用指令从 Cache 中清除数据, 而是通过执行内存访问将指定的数据从 Cache 中驱逐, 产生这种变体的原因是, 在非 x86 平台上, 没有类似于 clfush 的非特权指令可供用户程序使用, 因此, 需要通过内存访问来达到驱逐指定 Cache 数据的目的.

与 F+R 攻击原理类似, E+R 攻击要求攻击者和受害者共享一定的内存区域, 其攻击过程借鉴于文献[9], 攻击步骤如下:

(a) 攻击者通过内存访问的形式, 将共享内存的部分地址从 Cache 中驱逐.

(b) 受害者进程执行, 在此过程中, 同样会进行内存访问.

(c) 攻击者再次访问在步骤(a)中驱逐的那部分内存地址数据, 根据时间差异, 判断受害者进程将哪些数据加载进入了 Cache 中.

3.2.4.5　Flush+Flush(F+F)攻击

F+F 攻击相比其他 Cache 攻击方案, 更加快速, 更隐蔽, 同时对 Cache 的影响也更小, 它不执行任何内存访问, 也不会对受害者进程造成影响, 因此更难被检测到. 具体过程如下:

(a) 攻击者将特定受监控内存区域的映射从 Cache 中清除.

(b) 执行受害者进程, 并对受监控区域进行了内存访问.

(c) 攻击者再次从 Cache 中清除受监控内存区域的数据块, 如果受害者进程使用了受监控区域的数据, 并加载到了 Cache 中, 那么攻击者再次刷新该区域时会用时会较短, 否则, 用时较长.

3.3　Cache 攻击典型案例分析

3.2 节详细介绍了 Cache 攻击的具体流程和技术分类, 但要完全理解 Cache 攻击, 需要结合具体的例子进行分析, 本节将用一个典型案例, 对 Cache 攻击进行详细介绍.

本小节以 SM4 密码算法为例, 介绍 Cache 攻击的具体实现. 全章分为以下几个部分, 首先将介绍 SM4 算法原理, 然后介绍 Cache 攻击的思想和步骤, 最后展示相应的攻击效果.

3.3.1.1 SM4 算法介绍

SM4 是中华人民共和国政府采用的一种分组密码标准, 由国家密码管理局于 2012 年 3 月 21 日发布. 在商用密码体系中, SM4 主要用于数据加密, 其算法公开、分组长度与密钥长度均为 128 比特, 加密算法与密钥扩展算法都采用 32 轮非线性迭代结构, S 盒为固定的 8 比特输入 8 比特输出.

SM4 算法是一种分组密码算法. 其分组长度为 128 比特, 密钥长度也为 128 比特. 加密算法与密钥扩展算法均采用 32 轮非线性迭代结构, 以字(32 比特)为单位进行加密运算, 每一次迭代运算均为一轮变换函数 F. SM4 算法加/解密算法的结构相同, 只是使用轮密钥相反, 其中解密轮密钥是加密轮密钥的逆序. SM4 算法的整体结构如图 3-10 所示.

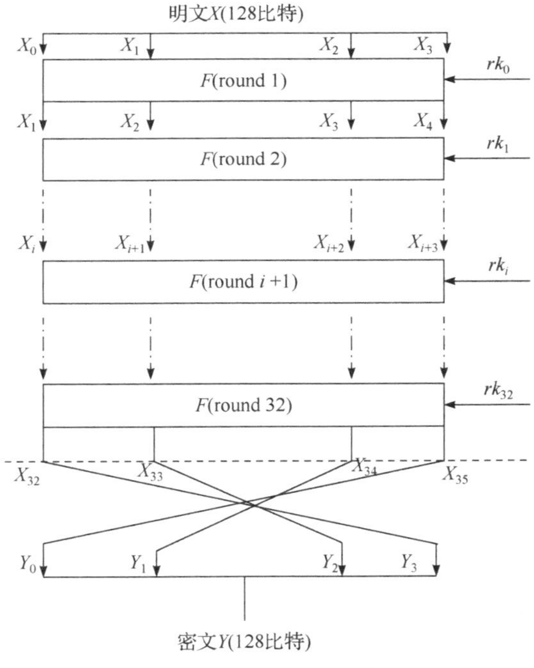

图 3-10 SM4 算法结构

图中每一轮变换函数 F 为

$$X_{i+4}=F\left(X_i,X_{i+1},X_{i+2},X_{i+3},rk_i\right)=X_i\oplus T\left(X_{i+1}\oplus X_{i+2}\oplus X_{i+3}\oplus rk_i\right) \quad (3\text{-}12)$$

其中 T 为一个合成置换, 由非线性变换和线性变换复合而成, rk_i 为每一轮的密钥.

非线性变换由 4 个平行的 S 盒构成, S 盒的数据均采用 16 进制. 而线性变换公式如下, 其中 B 为非线性变换得到的字:

$$C = L(B) = B \oplus (B \lll 2) \oplus (B \lll 10) \oplus (B \lll 18) \oplus (B \lll 24) \tag{3-13}$$

3.3.1.2 攻击思想

(1) 产生随机明文, 得到明文信息.

(2) 在 SM4 加密开始前, 使用间谍进程清空 Cache, 并确保在前 4 轮加密后再次访问 Cache, 采集 SM4 前 4 轮加密中没有访问过的 Cache 组信息.

(3) 将 SM4 加密没有访问过的 Cache 组信息转换为不可能查表索引, 结合明文信息(X_0, X_1, X_2, X_3)得到第一轮扩展密钥 rk_0 的不可能值, 多样本排除分析后得出 rk_0 的唯一值.

(4) 将 rk_0 值代入第 1 轮加密公式, 得到每个明文样本加密的值 X_4, 利用步骤(3)相同的方式得到 rk_1; 同样, 利用上述相同方法进行推导分析, 依次攻击得到加密第 3 轮、第 4 轮扩展密钥 rk_2, rk_3;

(5) 使用已经恢复出的加密前 4 轮扩展密钥, 根据密钥扩展算法, 逆向计算出初始加密密钥 K.

3.3.1.3 攻击步骤

(1) 产生随机明文 X, 并执行在未知密钥 K 作用下的加密, 具体攻击过程如图 3-11 所示.

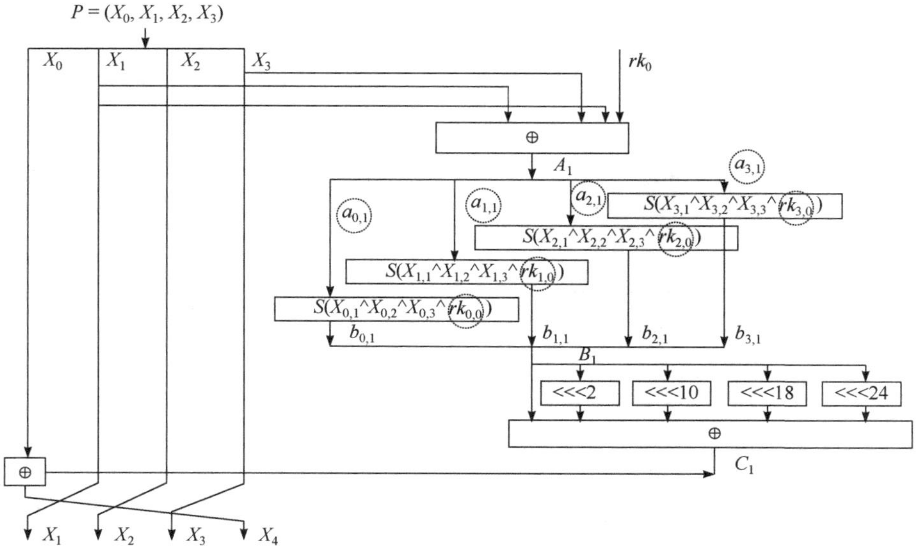

图 3-11 攻击示意图

(2) 首先启动间谍进程，每隔一个 Cache 行大小读取数组 A 中数据来清空 Cache，然后对明文 X 在密钥 K 作用下加密，在加密前 4 轮执行完毕后再次访问 Cache，采集 Cache 访问时钟周期信息. 此时如果对 SM4 查找表对应的 Cache 组访问所需时钟周期较长，说明在前 4 轮加密中对该 Cache 组对应的查表索引进行过访问操作，将数组 A 中数据从 Cache 中替换出来，间谍进程 2 次访问 Cache 失效；否则说明在加密过程中没有访问该 Cache 组对应的查表索引，间谍进程 2 次访问 Cache 命中，最终得到 SM4 加密前 4 轮没有访问的 Cache 组集合.

(3) 利用查找表对应 Cache 组和查表索引之间关系可知，每一个加密未访问的 Cache 组将对应 16 个查表索引值，分析可得加密前 4 轮没有访问的查表索引集合. 由加密第 1 轮公式(3-14)可知，第 1 轮加密的输入为(X_0, X_1, X_2, X_3)，新的中间状态变量输出为 X_4. 扩展密钥为 rk_0，共进行 4 次查表操作，对应的 4 个查表索引分别为($a_{0,1}, a_{1,1}, a_{2,1}, a_{3,1}$).

$$\begin{aligned} X_4 &= X_0 \oplus L\left(T\left(X_1 \oplus X_2 \oplus X_3 \oplus rk_0\right)\right) \\ &= X_0 \oplus L\left(S\left(a_{0,1}\right), S\left(a_{1,1}\right), S\left(a_{2,1}\right), S\left(a_{3,1}\right)\right) \end{aligned} \tag{3-14}$$

$$\begin{cases} rk'_{0,0} = X_{0,1} \oplus X_{0,2} \oplus X_{0,3} \oplus a'_{0,1} \\ rk'_{1,0} = X_{1,1} \oplus X_{1,2} \oplus X_{1,3} \oplus a'_{1,1} \\ rk'_{2,0} = X_{2,1} \oplus X_{2,2} \oplus X_{2,3} \oplus a'_{2,1} \\ rk'_{3,0} = X_{3,1} \oplus X_{3,2} \oplus X_{3,3} \oplus a'_{3,1} \end{cases} \tag{3-15}$$

(4) 将每个加密前 4 轮不可能访问的查表索引值($a_{0,1}, a_{1,1}, a_{2,1}, a_{3,1}$)代入公式(3-16)分别得到轮密钥 rk_0 的 4 个字节的一组不可能值. 理想情况下，如果未访问的 Cache 组集合数目等于 NS 情况下，可分别将($rk_{0,0}$, $rk_{1,0}$, $rk_{2,0}$, $rk_{3,0}$)的密钥字节候选值集合数量从 256 降低到 256−16×NS，由于正确的密钥值是不可能被排除掉的，故多样本排除分析可得到唯一的($rk_{0,0}$, $rk_{1,0}$, $rk_{2,0}$, $rk_{3,0}$)，即得到 rk_0.

(5) 攻击第 2 轮，步骤如下. 将 rk_0 代入式(3-14)得到第 1 轮加密输出中 X_4 值，由第 2 轮加密公式(3-16)可知，第 2 轮加密的输入为(X_1, X_2, X_3, X_4)，新的中间状态变量输出为 X_5，扩展密钥为 rk_1. 同样的方法得到 rk_2, rk_3.

$$\begin{aligned} X_5 &= X_1 \oplus L\left(T\left(X_2 \oplus X_3 \oplus X_4 \oplus rk_0\right)\right) \\ &= X_0 \oplus L\left(S\left(a_{0,2}\right), S\left(a_{1,2}\right), S\left(a_{2,2}\right), S\left(a_{3,2}\right)\right) \end{aligned}$$

$$\begin{cases} rk_{0,1} = X_{0,2} \oplus X_{0,3} \oplus X_{0,4} \oplus a_{0,2} \Rightarrow \\ rk'_{0,1} = X_{0,2} \oplus X_{0,3} \oplus X_{0,4} \oplus a'_{0,2} \\ rk_{1,1} = X_{1,2} \oplus X_{1,3} \oplus X_{1,4} \oplus a_{1,2} \Rightarrow \\ rk'_{1,1} = X_{1,2} \oplus X_{1,3} \oplus X_{1,4} \oplus a'_{1,2} \\ rk_{2,1} = X_{2,2} \oplus X_{2,3} \oplus X_{2,4} \oplus a_{2,2} \Rightarrow \\ rk'_{2,1} = X_{2,2} \oplus X_{2,3} \oplus X_{2,4} \oplus a'_{2,2} \\ rk_{3,1} = X_{3,2} \oplus X_{3,3} \oplus X_{3,4} \oplus a_{3,2} \Rightarrow \\ rk'_{3,1} = X_{3,2} \oplus X_{3,3} \oplus X_{3,4} \oplus a'_{3,2} \end{cases} \tag{3-16}$$

(6) 利用密钥扩展算法，由 rk_0, rk_1, rk_2, rk_3 恢复加密密钥 K.

3.3.1.4　攻击过程

1. 获取 Cache 命中/未命中阈值

(1) 编写 C 语言程序，首先访问 SM4 的 T 表，将 T 表所有元素读入 Cache 中.

(2) 然后读取 T 表元素，统计访问时间，结果计入数组 hit_histogram[].

(3) 刷新掉 T 表所在的 Cache 区域.

(4) 重新读取 T 表元素，统计访问时间，结果计入数据 miss_histogram[].

(5) 将步骤(1)—(4)过程循环执行 600 次.

(6) 统计 hit_histogram[]中的最大值和 miss_histogram[]中最小值，取两者的中间值作为阈值.

相应的代码如下:

```
maccess(SMS4_T + 128);
sched_yield();
for(int i = 0; i < 12*1024*1024; ++i)
{
  size_t d = onlyreload(SMS4_T + 128);
  hit_histogran[MIN(599, d)]++;
}
flush(SMS4_T + 128);
for(int i = 0; i < 12*1024*1024; ++i)
{
  size_t d = flushandreload(SMS4_T + 128);
  miss_histogram[MIN(599, d)]++;
}
```

实验结果:

图 3-12 表示在 600 次 T 表访问中，左侧条形块代表 Cache 命中的最大时钟周

期数，右侧条形块代表 Cache 未命中的最小时钟周期数，两者存在明显的时间差，我们取两者的中间的 178 为 Cache 命中/未命中的时间阈值.

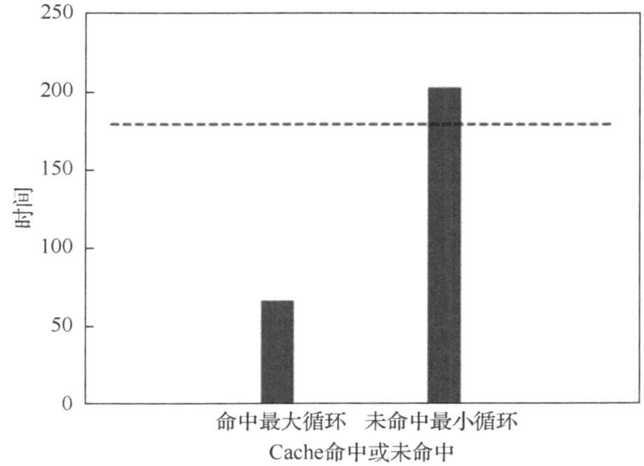

图 3-12 访问 T 表的 Cache 命中/未命中示意图

2. 收集数据

由于使用间谍进程的方法实现起来比较困难，因此我们直接在加密代码中嵌入刷新和计时指令进行上述实验的概念验证.

具体过程如下:

(1) 首先刷新掉 SM4 的 T 表所在的 Cache 区域.

(2) 执行 SM4 的第一轮加密操作.

(3) 依次访问 SM4 的 T 表所有 Cache 行，统计访问时间.

(4) 如果(3)中的访问时间小于阈值，则将结果存入 reslut[]数组，下标为 T 表的 Cache 行编号.

(5) 循环执行(1)—(4)1024 次.

(6) 筛选其中 result[]数组中最小值的下标，该下标为第一轮加密最不经常访问的 Cache 行编号.

(7) 利用查找表对应 Cache 行和查表索引之间关系，推导第一轮加密的不可能查表索引值.

(8) 按照步骤(1)—(7)的过程继续获取 SM4 的第二轮至第四轮加密的不可能查表索引值.

实验结果:

图 3-13 显示了加密过程中，查表时访问 T 表所在

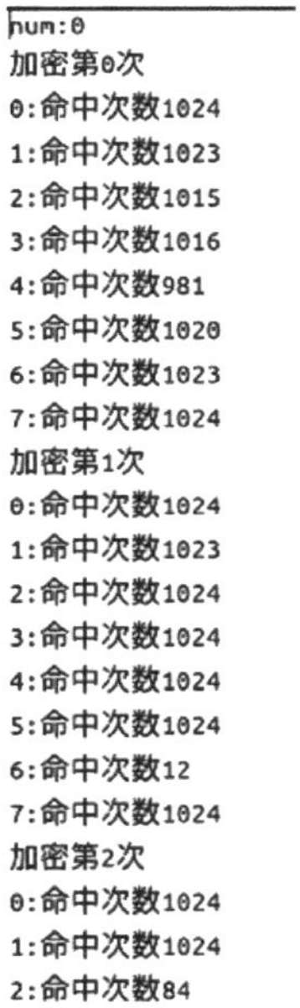

图 3-13 查表时访问 T 表所在 Cache 行的命中/未命中信息截图

Cache 行的命中/未命中信息, 可以看到 SM4 每轮加密 T 表的访问都有一个命中次数最少的 Cache 行, 即为该次 T 表访问最不可能访问 Cache 行, 通过这些 Cache 行, 结合实验原理, 可以推导加密过程中的不可能访问 T 表索引.

最终的数据统计结果如下:

图 3-14 为第一轮加密, 四次访问 T 表的实验结果, 每个数字占据一个 T 表的索引, 数字 0 代表该次访问中, 没有访问该索引下的数据, 数字 1 表示该次访问很可能访问该索引下的数据. 以此来推测第一轮的轮密钥值.

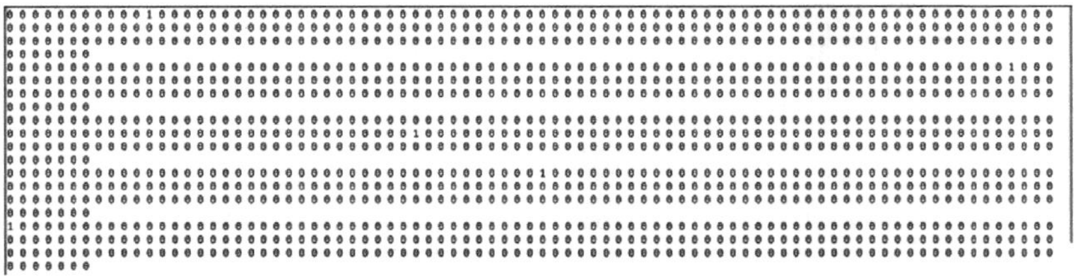

图 3-14　第一轮加密的四次 T 表访问统计结果

3. 数据分析

(1) 根据得到的 SM4 前 4 轮加密, 每轮加密过程中的不可能查表索引值, 结合上述的实验原理进行推导, 得到第一轮扩展密钥 rk_0 的一组不可能值, 多样本排除得到 rk_0 的唯一值.

(2) 第二轮扩展密钥 rk_1 至第四轮扩展密钥 rk_3 同样利用上述攻击原理进行密钥破解.

(3) 利用前四轮扩展密钥逆扩展恢复初始密钥 rk.

实验结果:

图 3-15 显示了最终的攻击结果, 显示了经过多样本排除后得到的每轮加密进行 T 表访问时, 最有可能访问的查表索引. 每轮加密都会进行四次查表, 因此每轮会输出四个查表索引.

图 3-15　实验结果

以此得到每轮的轮密钥推测值, 进而获取最终密钥的推测值.

3.4 其他时间攻击

除不同指令执行时间差异和 Cache 命中/未命中的时间差异外，整数和浮点单元也是信息泄漏的来源，乘法器的争用允许一个恶意的进程区分出 OpenSSL's RSA 实现平方中的乘法运算. 这是典型的争用例子，争用会导致时间不同并且可能泄漏信息. 当两个或多个程序访问繁忙的共享资源时，其中会有停顿. 停顿意味着更长的执行时间，并允许程序推断出另一个程序正在使用该单元. 最近，类似的想法已经应用于 Intel 处理器中的新 AES 指令. Hund 等证明了可以利用地址转换后备缓冲器(translation lookaside buffer, TLB)中的争用来获取内核和受害人的地址空间布局. Andrysco 等通过对指令和操作数的每种组合进行基准测试，证明了浮点运算的时间变化很大，尤其是使用非正常值乘或除会导致所有经过测试的 Intel 和 AMD 处理器变慢，通过这种可测量的效果，他们对可伸缩矢量图形(SVG)过滤器实施了时间攻击，该过滤器可以从任何受害者的 Firefox 浏览器网页读取任意像素.

另外，共享功能单元和同时多线程(SMT)处理器中的推测性加载指令可能导致隐蔽信道. SMT 处理器允许多个处理器流水线共享某些硬件，这是基于以下假设：平均而言，并非所有程序都将执行完全相同的功能单元，因此实现的单元数更少. 但是，当平均情况不成立时，就会引起争用，从而导致时间侧信道.

参 考 文 献

[1] Brumley B B, Tuveri N. Remote timing attacks are still practical[C]. European Symposium on Research in Computer Security. Berlin, Heidelberg: Springer, 2011.

[2] Chen C S, Wang T, Guo S Z, et al. Research on trace driven data cache timing attack against RSA[J]. Chinese Journal of Computers, 2014, 37(5): 1039-1051.

[3] Brumley D, Boneh D. Remote timing attacks are practical[J]. Computer Networks, 2005, 48(5): 701-716.

[4] Irazoqui G, Eisenbarth T, Sunar B. S $ A: A shared cache attack that works across cores and defies VM sandboxing-and its application to AES[C]. 2015 IEEE Symposium on Security and Privacy. IEEE, 2015: 591-604.

[5] 侯鲁. 对 SM2 数字签名的攻击[D]. 济南：山东大学, 2020.

[6] Jain H, Balaraju D A, Rebeiro C. Spy cartel: Parallelizing evict+time-based cache attacks on last-level caches[J]. Journal of Hardware and Systems Security, 2019, 3(2): 147-163.

[7] Kaur J, Das S. A survey on cache timing channel attacks for multicore processors[J]. Journal of Hardware and Systems Security, 2021, 5(2): 169-189.

[8] Mittmann J, Schindler W. Timing attacks and local timing attacks against Barrett's modular multiplication algorithm[J]. Journal of Cryptographic Engineering, 2021, 11: 369-397.

[9] Lipp M, Gruss D, Spreitzer R, et al. ARMageddon: Last-level cache attacks on mobile devices[J]. arXiv preprint arXiv: 1511.04897.
[10] Kocher P. Timing attacks on implementations of Diffie-Hellman, RSA, DSS, and other systems[J]. Proceedings of CRYPTO '96, 1996.
[11] 尹玲. 二元域椭圆曲线密码算法的高性能标量乘法器设计[D]. 南京: 东南大学, 2018.

第 4 章　故障分析方法

1996 年, 美国密码学家 Kocher 等发现: 现代密码系统在设计上的理论安全性并不等同于实现中的物理安全性, 密码算法在运行过程中会无意泄漏出执行时间差异信息, 即所谓的旁路信息, 通过观测这些旁路信息, 攻击者可以采用“分而治之”的方式逐片段地恢复密钥, 这类密码分析被称为计时旁路分析. 在此基础上, 研究者又发现了功耗、电磁辐射、声音等旁路泄漏, 并提出了相应的密码旁路分析方法.

根据唯物辩证法中联系的普遍性和多样性原理, 攻击者除了能够观测密码运行过程中无意产生的旁路泄漏, 也应该可以主动地干扰和影响密码运行过程, 利用得到的其他类旁路信息进行密码分析. 1997 年, 美国斯坦福大学教授 Boneh 等发现: 智能卡上的 RSA 签名实现在受到外界环境干扰(如时钟、电压、辐射等突变)时, 密码电路会被注入故障, 从而产生错误的签名输出. 攻击者通过对一次错误签名分析即可攻破 RSA 签名算法, 这种密码分析被称为故障分析或故障攻击. 此后, 故障分析陆续被扩展至几乎所有的密码算法, 如 ECC、DSA 等公钥密码算法, DES、AES 等分组密码算法, RC4、Trivium 等序列密码算法.

由于现代密码设备大都基于电子技术实现, 接口相对比较简单, 工作过程中较易受到外界条件的干扰, 故障注入的可行性较高, 对其进行防护极为困难. 同时, 和计时、功耗、电磁等旁路分析方法相比, 故障分析的数据复杂度相对较低. 以 DES、AES、RSA 等密码攻击为例, 1 次故障注入分析即可恢复完整密钥. 鉴于故障注入的现实可行性和分析方法的高效性, 故障分析目前已经成为密码实现物理安全性的最大威胁之一. 故障分析与防护研究逐渐成为密码学研究中的一个重要分支, 得到了国际学术界与产业界的广泛关注.

作为一种主动型攻击, 故障攻击通常可以分为两个阶段. 第一阶段中, 攻击者会对密码设备进行干扰使其出错, 这一阶段通常被称作故障注入阶段; 在第二阶段中, 攻击者会利用设备出错后泄漏的信息对其进行攻击, 这一阶段通常被称作故障分析阶段.

4.1　故障注入方法

在故障攻击中, 假设攻击者对操作中的设备具有物理访问权. 那么他可以在设备运行某些密码计算时故意将干扰注入设备. 典型地, 攻击者可以通过例如电压毛刺、激光、电磁辐射以及突然的温度变化等方式来注入故障. 常见的故障包括修改或者跳过正常的操作流程、更改以及擦除数据、访问内存的不允许位置、执行不允许的操作、绕过某些防御手段等. 利用来自正确(非故障)和不正确(故障)的输出信息, 攻击者通常能够推断出有关密钥的某些信息. 在某些模型下, 攻击者不需要非故障输出, 仅仅利用故障输出就足以恢复密钥信息.

目前已经有许多故障注入的方法, 表 4-1 中给出了常见的故障注入手段. 该表同时对这些故障注入手段从以下几个方面进行了比较. ①注入工具的作用范围, 作用范围可以大致分为全局性和局部性两类故障. 局部性故障指的是攻击者可以准确地限制故障在设备中发生的位置, 而对于全局性故障, 攻击者则无法确定故障在哪个具体的位置注入. ②进行故障注入时对目标设备的要求. 其中拆封(de-packaging)意味着攻击者必须通过化学物质(例如: 酸)或机械方式打开设备的外层, 进而能够直接接触内部芯片; 损坏(damage)则是指故障注入后设备的状态, 即某些故障注入工具会使得目标设备损坏, 因此, 根据目标设备的可用性和重要性, 攻击者需要小心地调整工具的选择; 最后, 设备设计的详细信息(design details)指的则是为了正确注入故障, 攻击者在注入故障时是否需要掌握该故障注入工具的详细信息. ③故障注入的准确率. 其中时间参数是指注入故障时的定时精度, 位置则是指目标设备中故障位置的精度. ④故障注入设备的成本. 实际上, 成本与精度密切相关, 为了获得更高的精度, 故障注入设备将更加昂贵. ⑤操作设备所需的技术或专业技能. 对于某些专用工具(例如 LASER 或聚焦离子束), 它们可能更危险并可能造成潜在危害, 因此, 需要更高水平的知识来安全操作设备.

表 4-1 各种故障注入设备的比较

方法	影响	设备			准确率		设备成本	技术或专业技能
		拆封	损坏	设计细节	时间	位置		
时钟毛刺	全局	不	不	需要	高	低	低	中
电压毛刺	全局	不	不	部分需要	中	低	低	中
低电压	全局	不	不	不需要	无	高	低	低
加热	全局	不	可能	需要	无	低	低	低
EM 脉冲	局部	不	可能	部分需要	中	低	低	中
局部 EM 脉冲	局部	可能	可能	需要	中	中	中	中
光脉冲	局部	是	可能	需要	中	中	中	中
激光束	局部	是	可能	需要	高	高	高	高
光辐射	局部	是	是	不需要	低	低	低	中
聚焦离子束	局部	是	是	需要	高	非常高	非常高	非常高

图 4-1 显示了用于注入故障的各种常见设备. 下面将对最常用的设备进行简短的介绍, 更多信息可以参考[1]. 常见的注入故障的设备包括了时钟/电源故障注入设备、光学(激光、紫外线、X 射线)故障注入设备、电磁辐射故障注入设备以及一些其他设备.

(a) 智能卡上的电压毛刺　(b) 微控制器上的电磁脉冲注入　(c) 微控制器上的LASER故障注入

图 4-1 不同目标的故障注入设备

电源故障是实际故障注入的一种有效、成本低廉且常用的方法, 它不需要太多专业的技术知识. 但是, 这类基于电压毛刺的设备产生的故障通常很难控制. 利用光学手段引起故障是另一种常用的方法. 通常来讲, 这种类型的攻击是通过将激光光束聚焦在芯片的特定位置来完成的. 为了进行激光故障注入, 攻击者必须将芯片拆封. 另外, 在故障注入的过程中, 攻击者必须经过仔细的检查才能找到注入故障的正确位置, 这需要攻击者有较高的专业技术水平、足够的时间以及昂贵的设备. 相应地, 这种方法的优点也很明显, 它可以将故障精确地注入到设备中, 从而可以实现更多种故障模型. 电磁辐射故障注入也是一类常见的故障注入方法, 这类技术还可以进一步分为两类. 一种是脉冲注入, 它的目标是集成电路的数字模块, 例如逻辑模块和存储器. 它可以在短时间内通过高能量脉冲有效地迫使芯片中的单元产生错误的输出. 另一种则是谐波注入, 它针对的是模拟模块, 例如内部时钟发生器或随机数发生器. 在这种情况下, 攻击者会在给定的频率下生成稳定的正弦波信号, 注入谐波以产生寄生信号, 从而对模块的行为产生偏差. 与脉冲注入相比, 这种攻击更具全局性, 并且信号的持续时间相对较长.

除了上述一些常用的故障注入方法外, 还有一些其他故障注入技术, 例如: 比特翻转攻击(rowhammer): 它利用邻近内存单元之间电子的互相影响, 在足够多的访问次数后让某个单元的值从 1 变成 0, 反之亦然. 这种攻击可以在不访问目标内存区域的前提下使其产生数据错误. 需要注意的是, 这类攻击与操作系统和软件无关, 纯粹是硬件上的漏洞导致的.

4.2　典型故障分析方法

在故障分析阶段中，攻击者需要利用故障带来的额外信息来提取设备密钥等敏感信息. 值得注意的是，这里的额外信息并不一定是设备输出的错误密文：设备是否出现故障、注入故障后设备能否继续运行等等都可以为攻击者提供有用的信息. 实际上，故障分析是一个非常复杂的问题，攻击者需要对实际的故障情况进行建模，并根据抽象的故障模型来恢复出敏感信息. 故障分析方法中最为典型的一种即为差分故障分析. 这种分析方法需要攻击者同时收集到同一组明文在正确以及故障情况下对应的密文，并利用这种差分对来进行分析. 总体来说，故障分析技术可以分为三大类：基于差分的分析方法、基于碰撞的分析方法和基于统计的分析方法. 此外，近年来还有一种新的故障分析方法被提出：持久性故障分析(persistent fault analysis, PFA[2])，这种新型方法主要利用了统计的方法，所以可以归类到第三类分析方法中. 下面将对这些类别的分析方法进行介绍.

4.2.1　差分故障分析

4.2.1.1　方法简介

差分故障分析(differential fault analysis, DFA)的基本思想是先选择明文，对加密过程进行故障注入，分别获得该明文对应的正确密文和错误密文，然后对收集到的数据进行分析，比如分析 S 盒的差分分布表、轮函数的差分传播性质和数学运算形式等等，利用这些方法最终恢复密钥. 差分故障攻击一般在算法的倒数若干轮注入故障，充分利用算法的高概率差分特征，进行密钥的恢复. 一般而言，随着故障注入所在轮数的增加，攻击的效率开始降低，当故障注入发生在第一轮的输入即明文部分时，DFA 便成为经典的差分攻击. 所以说差分攻击可以视为特殊的 DFA，即故障注入只能发生在明文位置.

4.2.1.2　方法描述

最基础的 DFA 是在 AES 加密的最后一次列混淆输入注入故障，经过一次列混淆变换后，故障将由 1 个字节扩散至一整列. 之后经过最后一轮的加密输出密文，由于此轮没有列混淆操作，故障将会影响输出状态的 4 个固定位置的字节值，状态传播如图 4-2 所示.

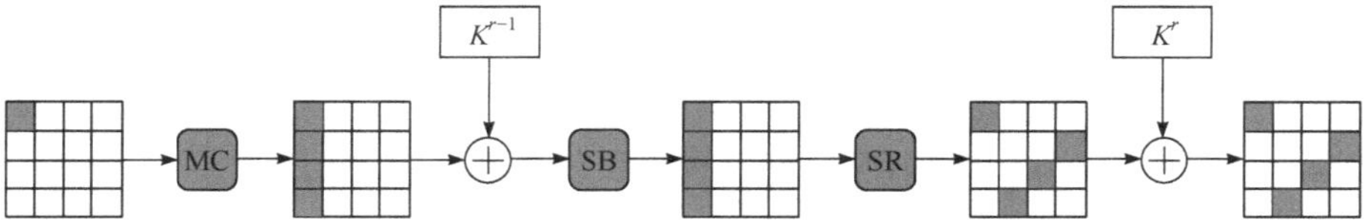

图 4-2 第 r–1 轮列混淆输入注入单字节故障的差分传播过程
MC: 列混淆; SB: 非线性字节替换; SR: 行移位

换句话说，最后的密文中，只有 4 个字节值会受到注入故障的影响. 同时，4 个字节值的位置是由故障被注入的位置所决定的. 攻击者可以对最后一轮的轮密钥中受影响位置的 4 个字节值进行假设，并验证恢复出的故障信息是否与预设的故障模型相一致. 分析过程首先假设在列混淆输入只有一个字节被注入故障时，计算出列混淆某一列输出可能差分值的列表 D, D 中包含 4 × 255 个 4 字节的元素. 之后得到由正确密文和错误密文组成的密文对 $\left(C, C^*\right)$，其中 C^* 为在第 r–1 轮列混淆输入注入随机单字节故障后得到的错误密文. 如果故障被注入列混淆输入的第一列，则 C^* 与 C 的第 0, 7, 10 和 13 个字节的值不同. 如果故障被注入第二列，则 C^* 与 C 的第 1, 4, 11 和 14 个字节的值不同. 对于另外两列注入的故障，也可以此类推. 简单起见，假设第 r–1 轮列混淆输入注入单字节故障后，密文的第 i, j, k 和 l(每列一个字节)四个字节对应的差分值为一个非零值，故障影响到最后一轮密钥的四个字节 K_i^r，K_j^r，K_k^r，K_l^r 参与的运算. 攻击者穷举这四个密钥字节对应的 2^{32} 个候选值，为每个候选值计算出

$$
\begin{aligned}
\Delta_i &= SB^{-1}\left(C_i \oplus K_i^r\right) \oplus SB^{-1}\left(C_i^* \oplus K_i^r\right) \\
\Delta_j &= SB^{-1}\left(C_j \oplus K_j^r\right) \oplus SB^{-1}\left(C_j^* \oplus K_j^r\right) \\
\Delta_k &= SB^{-1}\left(C_k \oplus K_k^r\right) \oplus SB^{-1}\left(C_k^* \oplus K_k^r\right) \\
\Delta_l &= SB^{-1}\left(C_l \oplus K_l^r\right) \oplus SB^{-1}\left(C_l^* \oplus K_l^r\right)
\end{aligned}
\tag{4-1}
$$

然后将($\Delta_i, \Delta_j, \Delta_k, \Delta_l$) 与列表 D 中包含的 1020 个四字节元素进行匹配，匹配成功的候选值(K_i^r，K_j^r，K_k^r，K_l^r)存储在匹配成功的候选值的列表 L 中. 通过对一个密文对 $\left(C, C^*\right)$ 进行分析，列表 L 包含 1036 个元素. 通过在相同列中再次注入另外一个故障并分析得到的密文对 $\left(C, C^*\right)$，在 98%的情况下攻击者可以直接确定最后一轮密钥的四个字节值. 因此，基于本节故障模型，8 次故障注入可恢复最后一轮密钥.

进一步可以发现，如果在 AES 加密的第 r–3 轮和第 r–2 轮列混淆之间注入单字节故障，第 r–1 轮列混淆输入故障差分会存在四个非零字节，分布在状态数组的不同列中(图 4-3[3]). 基于之前的攻击方法，第 r–1 轮列混淆输入故障差分的非零字节可用于恢复最后一轮密钥的不同部分(4 个字节). 这样，使用一个正确和错误密文对，攻击者就可以将最后一轮密钥的候选值数量降低到 $1036^4 \approx 2^{40}$，在此基础上通过穷举搜索恢复 128 比特 AES 密钥. 实验结果表明，使用两个正确和错误密文对时，攻击者在 92%的情况下可以直接恢复最后一轮密钥.

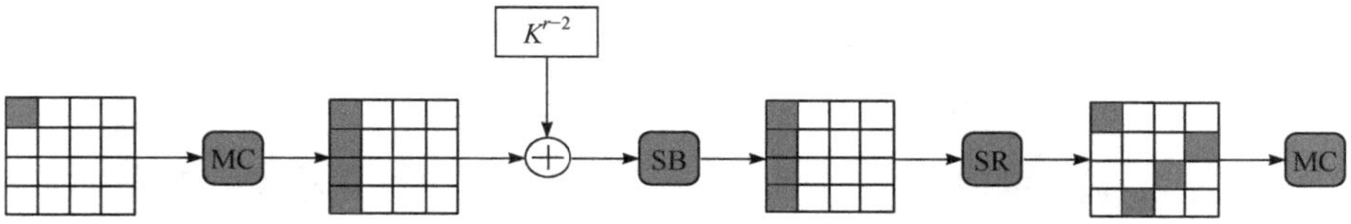

图 4-3　第 r–2 轮列混淆输入注入单字节故障的差分传播过程

此外，可以发现式(4-1)的四个等式都是独立的，这个特性可以用于提高式(4-1)中对 2^{32} 个候选值(K_i^r，K_j^r，K_k^r，K_l^r)的穷举搜索效率. 优化方法的主要思想是：首先穷举前两个密钥字节，获得与列表 D 中每个元素最左侧两个字节匹配的候选值列表 L，之后利用相同的方法分析第二个和第三个密钥字节，将 L 中元素的长度扩展为三个字节，其中第二个密钥字节的候选值可直接从列表 L 中获取. 然后应用相同的方法分析第三个和第四个密钥字节. 最后，基于 L 中的所有候选值(K_i^r，K_j^r，K_k^r，K_l^r)，再次执行基础攻击中的搜索过程.

4.2.2　碰撞故障分析(CFA)

4.2.2.1　方法简介

碰撞故障攻击由 Blömer 等首次提出，并对 AES 进行了应用. 故障模型假设攻击者能够将密码中间结果的任意比特强制设定为 0. 该攻击实用性较强，但故障模型条件较为苛刻. 攻击原理十分简单，攻击者首先对值为全 0 的明文进行加密，并获取相应的参照密文. 然后，对首次轮密钥加运算输出的任一比特注入故障，即将特定的比特设定为 0. 如果所得密文与参照密文相同，则相应的密钥比特值为 0；否则相应的密钥比特值为 1. 通过扫描首次密钥加输出的所有比特，可以通过 128 次故障注入来恢复完整的 128 比特 AES 密钥.

该故障模型具有面向比特的性质，由于攻击主要利用的是故障是否影响密文输出，而并不关心具体的故障密文值，因此可用于攻破基于计算校验的故障攻击防御对策. 这种攻击不仅适用于 AES 算法，还普遍适用于首次运算涉及明文和密钥异或的所有分组密码. 此外，攻击不需要了解轮密钥加操作之后的变换函数，可适用于属于这一类别的任何(甚至是未知的)密码算法.

4.2.2.2　方法描述

1. 故障模型

(1) 攻击者能够任意选择一个明文 P 并对其进行 AES 加密，得到正确密文 C.

(2) 攻击者任意选择一个明文 P, 在 AES 加密的第一次轮密钥加后引入单比特随机故障, 得到错误密文 C'.

2. 故障分析

DPA 防御 AES 的首轮密钥加攻击.

在抗一阶 DPA 的 AES 密码实现中, 所有中间字节都异或上随机掩码 R 进行保护, 其中 R 在不同次的密码执行中各不相同, 但在一次执行的不同字节中是相同的, 在加密结束时移除变换后得到的掩码(修正掩码) 以恢复出正确的密文. 在进行首次轮密钥加运算时, 明文的每个字节 m_i 都同掩码后的密钥字节 $k_i = k_i \oplus R$ 进行异或, 具体算法 4-1 如下:

算法 4-1: 首轮轮密钥加

输入: $M = (m_1 m_2 \cdots m_{16})$, $K = (k_1 k_2 \cdots k_{16})$(异或上随机掩码$R$)

输出: $KM = (km_1 km_2 \cdots km_{16})$

1. for $i = 1$ to 16 do:
2. $km_i = m_i \oplus k_i$
3. end for
4. return KM

如果将第一轮 XOR 后的第 15 和 16 个字节设置为 0, 生成故障密文 C', 然后通过穷举 2^{16} 种 m_{15} 和 m_{16} 的可能情况生成正确密文 C, 能够找到 $C = C'$ (即碰撞), 此时 $m_{15} \oplus k_{15} \oplus R = 0$ 以及 $m_{16} \oplus k_{16} \oplus R = 0$. 如果发现碰撞, 则

$$
\begin{aligned}
&m_{15} \oplus k_{15} \oplus R = m_{16} \oplus k_{16} \oplus R \\
&m_{15} \oplus k_{15} = m_{16} \oplus k_{16} \\
&m_{15} \oplus m_{16} = k_{15} \oplus k_{16}
\end{aligned}
\tag{4-2}
$$

其中等式的左侧为已知, 即掩码 R 的影响被取消了. 可以得出 $k_{15} \oplus k_{16} = m_{15} \oplus m_{16}$.

通过这种方式可以将密钥空间从 2^{128} 降低到 2^{120}, 而需要 2^{16} 次明文加密.

在此基础上, 可以对轮密钥加的最后三个字节进行攻击, 当 $m_{14} \oplus k_{14}$, $m_{15} \oplus k_{15}$, $m_{16} \oplus k_{16}$ 的值都等于相同的随机掩码 R 时, 可以得到碰撞密文, 即

$$
\begin{aligned}
&m_{14} \oplus k_{14} = R \\
&m_{15} \oplus k_{15} = R \\
&m_{16} \oplus k_{16} = R
\end{aligned}
\tag{4-3}
$$

此时可以推导出 $k_{14} \oplus k_{15}$ 的值, 所需要的工作量与确定 $k_{15} \oplus k_{16}$ 相当, 需要 2^{16}

次明文加密. 可以重复进行此过程, 直到推导出整个密钥为止. 此时需要 15×2^{16} 正常加密以及 15 次故障加密就可以获得 $k_i \oplus k_{i+1}(i = 1, 2, \cdots, 15)$的结果, 密钥空间降为 2^8, 之后穷举攻击就可以得出正确密钥.

4.2.3 持久性故障分析

4.2.3.1 方法简介

故障一般包括瞬态故障、永久性故障以及持久性故障. 瞬态故障并不会持续存在于多次加密中, 仅仅在目标设备计算期间才起作用, 而所有其他的操作和计算都不受影响. 例如位翻转、随机字节等故障模型都通常用于瞬态故障. 除了瞬态故障的假设, 另一些故障分析技术则进行了永久性故障的假设. 永久性故障等同于攻击者在设备寿命期间对设备造成不可逆的破坏. 在这种模型中, 故障是一直存在的, 直到关键设备被更换. 陷阱故障模型就是永久性故障的一个例子. 而持久性故障介于两者之间, 它可以在设备上持续一段时间(这段时间足够进行很多次加密), 但是这个故障会在目标设备重新启动(或者刷新特定数据)时消失. 持久性故障分析就是利用这种故障的统计攻击技术. 针对分组密码算法来讲, 我们通常会在算法的 S 盒中完成故障注入. 这个故障不仅会同时存在于多次加密中, 同时还会存在于每次加密的每一轮加密操作当中. 但是, 即使每次加密都会多次访问带有故障的 S 盒, 也不能保证每次加密都会访问到其中带有故障的单元; 如果单次加密过程中并未访问过带有故障的单元, 算法最终的执行结果将会是正确的, 反之亦然. 基于这种特性, 在只有少量密文的情况下, 密文中是否出现过故障的随机性较大, 这会导致攻击者难以展开攻击, 因此持久性故障攻击选择收集大量的输出密文, 并利用其统计信息来完成密钥的恢复工作.

持久性故障攻击主要包含两个步骤: 持久性故障注入以及持久性故障分析. 在持久性故障注入阶段, 攻击者需要在加密开始之前完成故障的注入, 之后, 攻击者等待或是触发加密进行, 并收集错误密文; 接下来, 在持久性故障分析阶段, 攻击者利用这些错误密文的统计信息即可完成密钥信息的恢复.

4.2.3.2 方法详述

1. 故障模型假设

首先, 针对持久性故障攻击的特点, 我们需要假设攻击者有如下的能力:

(1) 攻击者可以在加密分组密码之前对设备注入故障. 通常, 这些故障会改变存储的算法常量.

(2) 攻击者注入的故障是持久性的. 也就是说, 这些被修改的常量在运算的过程中会一直被保留, 直至设备重置.

(3) 攻击者可以收集到多组加密的输出，但攻击者不需要控制输入明文的能力，也不需要像传统的差分故障攻击那样收集到同一组明文的正确与错误密文.

2. 分析原理

本节将以典型的代换-置换网络(substitution-permutation network, SPN)结构的分组加密算法为例对基本的持久性故障分析原理进行介绍. 通常来讲，由于攻击者往往只能够获得到密文信息，持久性故障分析会以 SPN 的最后一轮操作作为目标. 鉴于上述第二步的线性混淆操作(见 4.2.1.2 节)对于攻击者是已知的，它对于持久性故障分析并不会产生实质性的影响. 出于简化的目的，我们在分析的过程中会忽略掉这一步操作: 即最后一轮我们只考虑非线性替换以及轮密钥加两步操作. 将 x_j 和 y_j 表示在最后一轮的第 j 个字节，分别是 S 盒的输入和输出. y_j 与上一轮密钥的第 j 个字节异或时，产生第 j 个密文 c_j. 故有 $y_j \oplus k_j = c_j$，它等效于:

$$k_j = y_j \oplus c_j \tag{4-4}$$

进一步，我们分别用 $\Pr(y_j)$和 $\Pr(c_j)$表示 y_j 和 c_j 出现的概率. 对于正确的加密，由于加密算法的雪崩效应，对于任何一个 y_i 的候选值，$\Pr(y_j)$都是接近 2^{-b} 的. 我们假设故障被注入到了 S 盒的第一个元素中，原本正确的值 $S[0] = v$ 被替换为了 $S'[0] = v^*$并且 $v \neq v^*$，如图 4-4 所示. 这个注入的故障使得 $\Pr(y_j = v)$为 0. 随着观察到的加密次数的增多，$\Pr(y_j = v^*)$ 越来越接近 2^{1-b}. 对于其他 y_j 的值，其出现的频率也收敛到 2^{-b}. 这两个概率分布的差异可以通过统计的手段区分出来，因此 PFA 需要收集多个密文的样本. 由于某一轮密钥中的字 k_j 是固定的，y_j 的概率分布是和 c_j 的概率分布有关的. 因此使用收集到的密文样本，攻击者就可以计算出 c_j 的概率分布，提取出有关 y_j 值的信息，最终实现密钥的恢复. 这个分析可以被表示为

$$\Pr\left(c_j\right) = \Pr\left(y_j \oplus k_j\right) \tag{4-5}$$

对于密文中的第 j 个字，每一个可能的 c_j 可被表示为 t, $0 \leqslant t < 2^b$. 攻击者收集 N 条密文，并计算出 t 值在密文中出现的次数 Counts(t). $\text{argmin}_t\text{Counts}(t)$ 以及 $\text{argmax}_t\text{Counts}(t)$ 是两个 Counts(t) 的函数，可以得到拥有最多出现次数和最少出现次数的值 t. 这两个值分别记为 $t_{\max}$ 和 $t_{\min}$，即

$$t_{\min} = \text{argmin}_t\text{Counts}(t) \triangleq \{t \mid \forall s : \text{Counts}(t) \leqslant \text{Counts}(s)\} \tag{4-6}$$

$$t_{\max} = \text{argmax}_t\text{Counts}(t) \triangleq \{t \mid \forall s : \text{Counts}(t) \geqslant \text{Counts}(s)\} \tag{4-7}$$

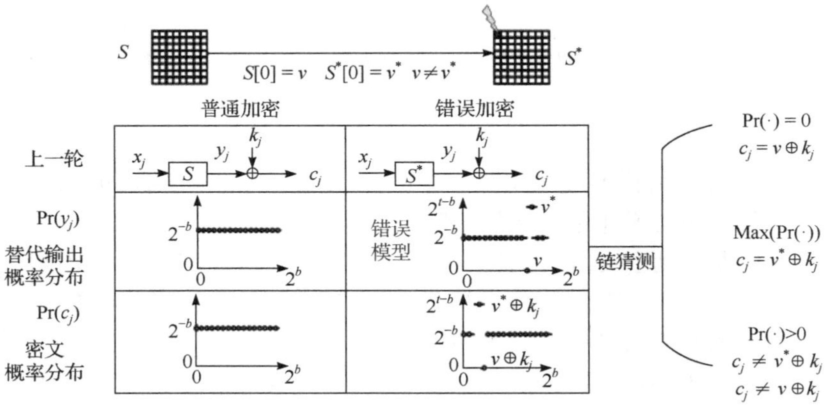

图 4-4　持久性故障分析总览(PFA)

3. 密钥恢复

实际上, 这里攻击者可以用三种策略恢复出密钥.

策略 1: 利用 $t_{\min}$. 由于攻击者可以获取到密文, 进一步计算出分布, 因此可以获得到 $t_{\min}$ 的值, 并同时也知道 S 盒正确的第一个值 v. 如果 N 足够大, k_j 可以通过如下推得:

$$k_j = v \oplus t_{\min} \tag{4-8}$$

策略 2: 利用 $t_{\min}$ 的补集. 对于 c_j 其他的可能的值 t, $t \neq t_{\min}$, 攻击者可以利用这些值来得到 k_j 的不可能的值, 并进一步得出密钥的字节.

$$k_j \neq v \oplus t \tag{4-9}$$

策略 3: 利用 $t_{\max}$. 攻击者也可以尝试找到出现频率逼近 2^{1-b} 的值 $t_{\max}$. 如果攻击者知道 v^*, 那么 k_j 可以如下计算得到:

$$k_j = v^* \oplus t_{\max} \tag{4-10}$$

尽管攻击者可以选用以上三类策略中的任意一类来进行攻击, 但是, 策略 1 与策略 2 都是精确的分析方法. 只要 t 的概率非零, $v \oplus t$ 的值就不可能是 k_j 的候选值. 这两种策略都需要知道 v 的值. 策略 3 是一种统计分析. 只有当密文总数 N 增加到足够大时, $t_{\max}$ 的概率才能和其他的值的概率明显区分出来, 进而可以恢复出 $k_j = v^* \oplus t_{\max}$. 除此之外, 策略 3 需要额外的知识, 即攻击者还需要知道置入的错误的值 v^*, 例如 S 盒中错误元素的值. 攻击从全集中消去了该密钥字节的不可能的值, 直到只有一个候选值, 即密钥字节的真实值. 在这个攻击中, 首先初始化一个二维数组, Counts$[u][t]$, $0 \leqslant u \leqslant L$, $0 \leqslant t \leqslant 2^b$ 为全零, 然后通过密文来更新 Counts$[u][t]$ 的特定元素的值. 如果 Counts$[u][t]$的总计数不为零, 那么$(t \oplus v)$可以作为 k_u 的不可能值被丢弃. 否则$(t \oplus v)$可以保留为 k_u 的可能候选者. 最终, 在 t' 中只剩下一个非零值, 它就是 $k_u = t' \oplus v$ 的真实值.

4.2.4 故障敏感性分析

4.2.4.1 方法简介

故障敏感性分析(fault sensitivity analysis, FSA)是一种新的基于故障的攻击,与大多数现有的基于故障的分析(比如 DFA)不同的是,它不使用故障密文的值.故障敏感性是故障输出开始表现出某些可检测特性的情况.例如,故障操作开始发生时的时钟频率或者当逐渐增加故障注入的强度时,攻击者可以识别出故障开始发生或故障变得稳定的临界条件.因此故障敏感性具有敏感数据依赖性,可以用来检索密钥.与大多数侧信道攻击类似,如果已知故障敏感性和已处理敏感数据之间的关系,则 FSA 攻击可以从加密设备中检索秘密信息.与 DFA 相比,FSA 假设只有几比特或字节受到干扰,因此不会将注入的故障限制在较小的子空间中.另一方面,被证明对 DFA 攻击无效的屏蔽技术[4]是对 FSA 攻击的潜在对策.

4.2.4.2 方法详述

故障敏感性分析是一种基于故障注入的错误分析,它是建立在故障注入的过程中,除了错误的密文本身,其他的特征也可以泄漏信息,并可以被攻击者所用.故障敏感性就是分析在注入时钟频率改变下错误产生的情况不同,提取出泄漏的信息.举例来说,当逐渐提高故障时钟的频率时,攻击者可以观察到在某一特定的时刻错误的出现.而这一特定的时刻,即为故障敏感性分析中的关键信息.和其他侧信道分析的基本原理一致,如果可以发现这种错误出现的敏感性和处理的数据的相关性,就可以利用故障敏感性这一泄漏的信息成功破解出密钥.

故障敏感性分析的首要步骤是收集故障敏感性信息的泄漏,如算法 4-2 所示.首先定义故障敏感性的参数 F,当 $F = 0$ 时代表没有故障注入.F 的值增加代表故障敏感性的强度在增加.可以通过改变电压值和缩小频率使 F 的值逐渐增加.根据不同的明文输入 PT 得到错误的密文输出 CT,首先就要就计算出正确的密文输出 CT,此时的故障强度 F 定义为 0.在增加故障强度 F 的情况下,得到错误的 CT,其可以通过和正确的值对比判断,这里仅需判断是否产生错误,不用记录错误的密文的具体值.使用错误恰好产生时的 F 值作为关键错误泄漏信息 F^C.这样收集不同的 PT 明文的故障敏感性信息 F^C.故障敏感性信息就是通过逐渐增加 F 并且观察是否产生错误的密文.

算法 4-2: 故障敏感性信息收集

输入: 收集数量 N

输出: 密文 $\mathrm{CT}[i]$,故障敏感度信息 $F^C[i]$(密文首次出错时的故障时钟周期)

1. for i =1 to N do:

---

2. 产生一个随机明文 $\mathrm{PT}[i]$
3. 正常加密得到正确密文 $\mathrm{CT}[i]$
4. repeat:逐渐减小故障时钟周期 $\mathrm{FuntilEnc}(\mathrm{PT}[i],F)\neq \mathrm{CT}[i]\overline{F^C[i]\leftarrow F}$
5. end for

收集完故障敏感度信息 F^C 后，下一步是进行密钥的恢复过程，如算法 4-3 所示. 攻击者在恢复密钥的过程中运用了密文 CT[i] 和密钥猜测值 k_g，推测出关键错误强度信息. 通过对比猜测关键强度信息和第一步得到的 F^C 推测出最大相关性的密钥猜测值.

算法 4-3: 密钥恢复过程

输入: $T[i],F^C[i]$，密钥长度 t(部分密钥)

输出: 密钥 key1

1. for $k_g=0$ to 2^t-1 do:
2.   for $i=1$ to N do:
3. $H_i=$ $\mathrm{HW}\left(\mathrm{InvSBox}\left(\mathrm{InvSR}\left(k_g\oplus c_i\right)\right)\right)$
4.   end for
5. 计算 $\mathrm{Cor}\left[k_g\right]=\rho\left(F^C,H_i\right)$
6. end for
7. key = 相关系数 Cor 最大的 k_g

故障敏感性攻击，相比差分故障攻击密码算法具有攻击要求低、实现简单的显著优点. FSA 攻击的基础在于数据的关联性和错误产生的客观条件. Li Yang 用此种算法成功攻击了两种 ASIC 电路实现的 AES 算法. 其中用 50 条明文攻击了 PPRM1-AES 算法硬件核；针对双轨电路实现的 WDDL-AES，此种电路实现是可以抵抗 DFA 的攻击，但是通过 FSA 的方法用 1200 条明文即可以恢复出 16 字节的密钥.

4.3 典型案例分析

4.3.1 AES 的差分故障攻击

4.3.1.1 故障模型

(1) 攻击者能够选择一个明文 P 并对其进行 AES 加密，得到正确密文 C.

(2) 攻击者选择同样一个明文 P，在 AES 加密第 9 轮或者第 8 轮列混淆之前导入单字节随机故障 f 、 f 位置和数值未知, 得到错误密文 C^* .

4.3.1.2 故障分析

1. 故障注入

假设输入明文为: 32 43 F6 A8 88 5A 30 8D 31 31 98 A2 E0 37 07 34;

密钥: 2B 7E 15 16 28 AE D2 A6 AB F7 15 88 09 CF 4F 3C;

输出密文: 39 25 84 1D 02 DC 09 FB DC 11 85 97 19 6A 0B 32;

当在第 9 轮列混淆之前注入故障后故障传播如图 4-5 所示.

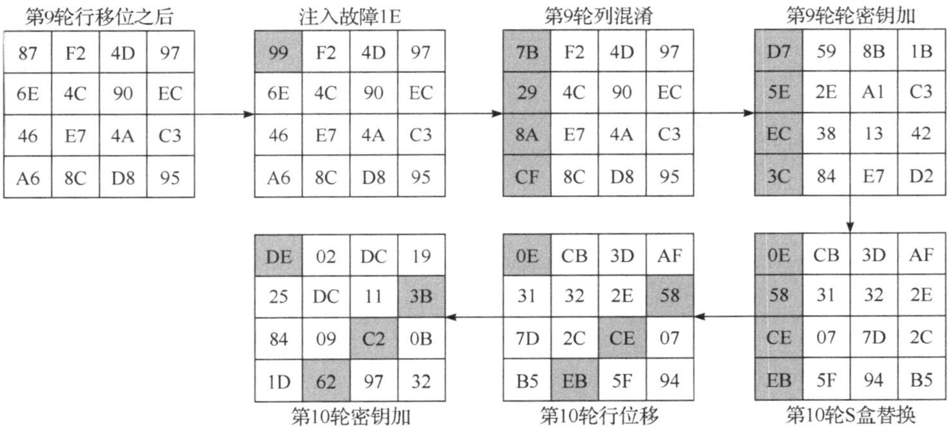

图 4-5 第 9 轮列混淆之前注入单字节故障的差分传播过程

最终状态中的四处错误如图灰色部分.

2. 推测密钥

设 F 表示故障状态, S 表示正确状态, ε 表示故障, Su 表示字节替换, Sh 表示行移位, M 表示列混淆, Ad 表示轮密钥加, 则第 9 轮行移位后的状态可表示为

$$F_{9,Sh}=S_{9,Sh}\oplus\begin{bmatrix}\varepsilon & 0 & 0 & 0\\ 0 & 0 & 0 & 0\\ 0 & 0 & 0 & 0\\ 0 & 0 & 0 & 0\end{bmatrix} \tag{4-11}$$

第 9 轮列混淆后:

$$F_{9,M}=S_{9,M}\oplus\begin{bmatrix}2\cdot\varepsilon & 0 & 0 & 0\\ \varepsilon & 0 & 0 & 0\\ \varepsilon & 0 & 0 & 0\\ 3\cdot\varepsilon & 0 & 0 & 0\end{bmatrix} \tag{4-12}$$

第 9 轮轮密钥后:

$$F_{9,Ad} = S_{9,Ad} \oplus \begin{bmatrix} 2\cdot\varepsilon & 0 & 0 & 0 \\ \varepsilon & 0 & 0 & 0 \\ \varepsilon & 0 & 0 & 0 \\ 3\cdot\varepsilon & 0 & 0 & 0 \end{bmatrix} \tag{4-13}$$

第 10 轮字节替换:

$$F_{10,Su} = S_{10,Su} \oplus \begin{bmatrix} \varepsilon_0' & 0 & 0 & 0 \\ \varepsilon_1' & 0 & 0 & 0 \\ \varepsilon_2' & 0 & 0 & 0 \\ \varepsilon_3' & 0 & 0 & 0 \end{bmatrix} \tag{4-14}$$

第 10 轮行移位:

$$F_{10,Sh} = S_{10,Sh} \oplus \begin{bmatrix} \varepsilon_0' & 0 & 0 & 0 \\ 0 & 0 & 0 & \varepsilon_2' \\ 0 & 0 & \varepsilon_2' & 0 \\ 0 & \varepsilon_3' & 0 & 0 \end{bmatrix} \tag{4-15}$$

第 10 轮轮密钥加:

$$F_{10,Ad} = S_{10,Ad} \oplus \begin{bmatrix} \varepsilon_0' & 0 & 0 & 0 \\ 0 & 0 & 0 & \varepsilon_2' \\ 0 & 0 & \varepsilon_2' & 0 \\ 0 & \varepsilon_3' & 0 & 0 \end{bmatrix} \tag{4-16}$$

$F_{10,Ad}$ 是错误的密文，$S_{10,Ad}$ 正确的密文, 那么可知 $\varepsilon_0', \varepsilon_1', \varepsilon_2', \varepsilon_3'$ 的值.

对于第 10 轮的 S 盒替换操作可以建立如下方程:

$$\begin{aligned} S(x_0 \oplus 2\cdot\varepsilon) &= S(x_0) \oplus \varepsilon_0' \\ S(x_1 \oplus \varepsilon) &= S(x_1) \oplus \varepsilon_1' \\ S(x_2 \oplus \varepsilon) &= S(x_2) \oplus \varepsilon_2' \\ S(x_3 \oplus 3\cdot\varepsilon) &= S(x_3) \oplus \varepsilon_3' \end{aligned} \tag{4-17}$$

可以归纳为

$$S(x \oplus c\cdot\varepsilon) \oplus S(x) = \varepsilon'; \quad c \in \{1,2,3\} \tag{4-18}$$

以(4-18)为例可知，$\varepsilon_0' = 0\text{xE7}, \varepsilon_1' = 0\text{x51}, \varepsilon_2' = 0\text{x47}, \varepsilon_3' = 0\text{x99}$.

因此

$$\begin{aligned} &S(x_0 \oplus 2\cdot\varepsilon) = S(x_0) \oplus 0\text{xE7} \\ &S(x_1 \oplus \varepsilon) = S(x_1) \oplus 0\text{x51} \\ &S(x_2 \oplus \varepsilon) = S(x_2) \oplus 0\text{x47} \\ &S(x_3 \oplus 3\cdot\varepsilon) = S(x_3) \oplus 0\text{x99} \end{aligned} \tag{4-19}$$

令 $S_{c,\varepsilon}$ 表示对于给定的 c 和 ε' 能够确定的 ε 的集合，满足 $\forall\varepsilon \in S_{c,\varepsilon'}, \exists x \in \mathrm{GF}(2^8), S(x \oplus c\cdot\varepsilon) \oplus S(x) = \varepsilon'$.

遍历 256 × 256 次可得 $S_{x_0,0\text{xE7}}$ 的集合，同样求出 $S_{x_1,0\text{x51}}$，$S_{x_2,0\text{x47}}$，$S_{x_3,0\text{x99}}$ 的集合，取它们的交集就是 ε 的可能值集合. 从而求出 K_0, K_1, K_2, K_3 的候选值，然后重复注入故障直到密钥候选值的集合唯一. 在不同的位置重复此实验可以求得第 10 轮完整的轮密钥，从而可以推导出完整的密钥，如果将故障注入位置提前到第 8 轮，则一次故障注入就可以获得 $K_i\,(i = 0,1,\cdots,15)$ 的可能值集合.

4.3.2 SM4 的差分故障攻击

4.3.2.1 故障模型

(1) 攻击者能够选择一个明文 X 并对其进行 SM4 加密，得到正确密文 Y.

(2) 攻击者选择同样一个明文 X，在 SM4 加密执行倒数第 4 轮轮函数时，引入随机单字节错误，得到错误密文 Y^*.

4.3.2.2 SM4 的一些性质

1. S 盒变换

性质 4.1 SM4 的 S 盒对于任何非零的输入差分，存在 127 个可能的输出差分($S[x] \oplus S[x \oplus f]$, x 为输入数据, f 为故障)，其中有一个输出差分出现的概率为 2^{-6}，其余输出差分出现的概率为 2^{-7}.

假设 $a, b \in Z_{2^8}$，则利用差分分布表求解给定输入差分 a、输出差分 b 的差分方程 $S[x] \oplus S[x \oplus a] = b$ 的复杂度由 2^8 降至 1，且其解至多有 4 个，也即下述性质 4.2.

性质 4.2 SM4 算法 S 盒的差分均匀度仅为 4.

基于性质 4.1 以及差分分布表，并给定三元组(x, x^*, y)，对于差分方程 $S(x \oplus k) \oplus S(x^* \oplus k) = y$，性质 4.3 描述了其可求解情况的性质.

性质 4.3 设 $S(\cdot)$ 为 SM4 算法的 S 盒变换，(x, x^*, y)为 Z_{X^8} 中的随机三元组，则下列事实成立:

(1) 差分方程 $S(x \oplus k) \oplus S(x^* \oplus k) = y$ 有解的概率为 0.4942.

(2) 如果上述方程有解，则解的个数平均值为 2.0236.

2. 线性变换

SM4 算法的线性变换 L 由 4 个异或操作与 5 个移位操作组成(包括移 0 位), 以下从 SM4 的线性变换表明该算法抗差分性质优良.

分支数概念由 J. Daemen 提出, 可以用于评测一个变换, 尤其是线性变换的差分扩散效率, 下面给出其定义:

定义 4.1 设 $W(\cdot)$为字节重量函数, 表示参数的非零字节个数. 线性变换 $F: Z_{2^{32}} \to Z_{2^{32}}$ 的分支数为 $\alpha(F)=\min_{a\neq 0, a\notin Z_{2^{32}}}(W(a)+W(F(a)))$.

根据定义 4.1 可知, 线性变换 F 分支数最大可以达到 5. 一般来说, 分支数越大, 线性变换的扩散性质越好. 当 F 分支数达到最大时, 我们称 F 是最佳扩散的. 而通过实验可证明, 对 SM4 的线性变换有以下性质:

性质 4.4 SM4 中线性变换 L 的分支数为 5.

若记 $F(X,k,r_1,\cdots,r_k)=\oplus(i=1,\cdots,k(X\leqslant r_i), X\in Z_{2^{32}})$, 则 L 可表示为 $L(B)=B \oplus(B\leqslant 2)\oplus(B\leqslant 10)\oplus(B\leqslant 18)\oplus(B\leqslant 24)=F(B,5,0,2,10,18,24)$.

定理 4.1 如果 $F(X,k,r_1,\cdots,r_k)$是最佳扩散的, 那么必然有 $k\geqslant 5$.

由定理 4.1 可知, SM4 算法若想达到最佳扩散性, 则移位操作必须达到 5 个, 也即 $L(B)=F(B,5,r_1,\cdots,r_5)$. 又由鸽笼原理可知 r_1 到 r_5 中必有两个落入同一字节内. 不失一般性, 可设 r_1, r_2 都落入第一字节, 即 $0\leqslant r_1<r_2\leqslant 7, 8\leqslant r_3\leqslant 15, 16\leqslant r_4\leqslant 23, 24\leqslant r_5\leqslant 31$, 那么 r_1 到 r_5 的取值将有 14336 种组合选择. 基于这一推论, 可以证明定理 4.2.

定理 4.2 在 $r_1,\cdots,r_5$ 的 14336 种取值中, 只有两种可以使得 L 达到最佳扩散性, 分别是 SM4 的线性变换 L 取值, 以及 L 循环左移 24 比特, 其本质上是一致的.

综上所述, SM4 算法的线性变换是最佳扩散的, 且是移位操作最少情况下唯一的.

性质 4.5 SM4 的线性变换 L 的逆变换为 $L^{-1}(C)=C\oplus(C\leqslant 2)\oplus(C\leqslant 4)\oplus(C\leqslant 8)\oplus(C\oplus 12)\oplus(C\leqslant 14)\oplus(C\leqslant 16)\oplus(C\leqslant 18)\oplus(C\leqslant 22)\oplus(C\leqslant 24)\oplus(C\leqslant 30)$.

4.3.2.3 故障分析

1. 基本攻击

记 SM4 的第 j 轮轮函数 $F(A_j, rk_{j-1})=T(A_j\oplus rk_{j-1})\oplus X_{j-1}$, 其中 $A_j=X_j\oplus X_{j+1}\oplus X_{j+2}$, 令 $B_j=\tau(A_j\oplus rk_{j-1})$, $C_j=L(B_j)$.

在已知$(\Delta A_j, \Delta C_j)$的情况下, 其中 $(\Delta A_j,\Delta C_j)\in Z_{2^{32}}$ 分别为第 j 轮 T 变换的输入差分和输出差分), 则对每一轮的基础攻击步骤如下:

(1) 计算$\Delta B_j = L^{-1}(\Delta C_j)$;

(2) 以 a_i 表示 ΔA_j 的第 i 个字节(i = 0, 1, 2, 3), 记为 $a_i = (\Delta A_j)_i$, 也即$\Delta A_j = a_0\|a_1\|a_2\|a_3$, 同理 $b_i = (\Delta B_j)_i$, 其中||表示拼接;

(3) 根据 SM4 的 S 盒的差分分布表, 可以求出各个字节的可能输入值 $\mathrm{IN}_j(a_i, b_i)$;

(4) 根据 $rk_{j-1} = (A_j)_i \oplus \mathrm{IN}_j(a_i, b_i)$, 可以得到密钥 rk_{j-1} 的第 i 个字节的可能集合$\langle k_i \rangle$;

(5) 如果所有的$\langle k_i \rangle$均非空, 则可以得到该轮的轮密钥可能值集合

$$\langle rk_{j-1} \rangle = \langle k_0 \rangle \| \langle k_1 \rangle \| \langle k_2 \rangle \| \langle k_3 \rangle = \{gk_0 \mid gk_1 \mid gk_2 \mid gk_3 : gk_k \in \langle k_i \rangle\}$$

(6) 如果存在$\langle k_i \rangle$为空, 则$\langle rk_{j-1} \rangle$为空集, 说明对应的上一轮轮密钥选择错误.

根据上述攻击过程以及性质 4.3, 给定二元组(ΔA, ΔC), 可以得到如下结论: ①轮密钥可能值集合$\langle rk \rangle$非空的概率为 $0.4942^4 \approx 2^{-4.0673}$;②若$\langle K \rangle$非空, 则其元素个数的期望为 $2.0236^4 \approx 2^{4.0677}$.

2. 具体过程

(1) 步骤 1: 获得正确和注入故障后的密文对 Y, Y^*.

随机选择一个明文 $\boldsymbol{X} = (X_0, X_1, X_2, X_3)$并获得正确的密文 $\boldsymbol{Y} = (Y_0, Y_1, Y_2, Y_3)$, 然后对该明文进行同样的加密, 在第 28 轮加密过程中注入随机字节故障(假设对 X_{30}), 然后获得错误密文$\boldsymbol{Y}^* = \left(Y_0^*, Y_1^*, Y_2^*, Y_3^*\right)$, 差分传播路径如图 4-6 所示.

(2) 步骤 2: 推测$\langle rk_{31}, rk_{30}, rk_{29}, rk_{28} \rangle$.

令 $E = \left\{(\varepsilon,0,0,0),(0,\varepsilon,0,0),(0,0,\varepsilon,0),(0,0,0,\varepsilon) : \delta \in F_{2^8}\right\}$, 故障发生的位置为 X_{30}, 使得 $X_{30}^* = X_{30} \oplus E$.

由于故障发生在 X_{30}, 可以得出

$$\Delta X_{27} = \Delta X_{28} = \Delta X_{29} = 0, \quad \Delta X_{30} \in E \tag{4-20}$$

因此第 28 轮的输入差分为

$$A_{28} = \Delta X_{28} \oplus \Delta X_{29} \oplus \Delta X_{30} \in E \tag{4-21}$$

然后经过 S 盒变换后得到

$$\Delta B_{28} \in E \tag{4-22}$$

$$\Delta X_{31} = \Delta X_{27} \oplus \Delta C_{28} = L\left(\Delta B_{28}\right) \tag{4-23}$$

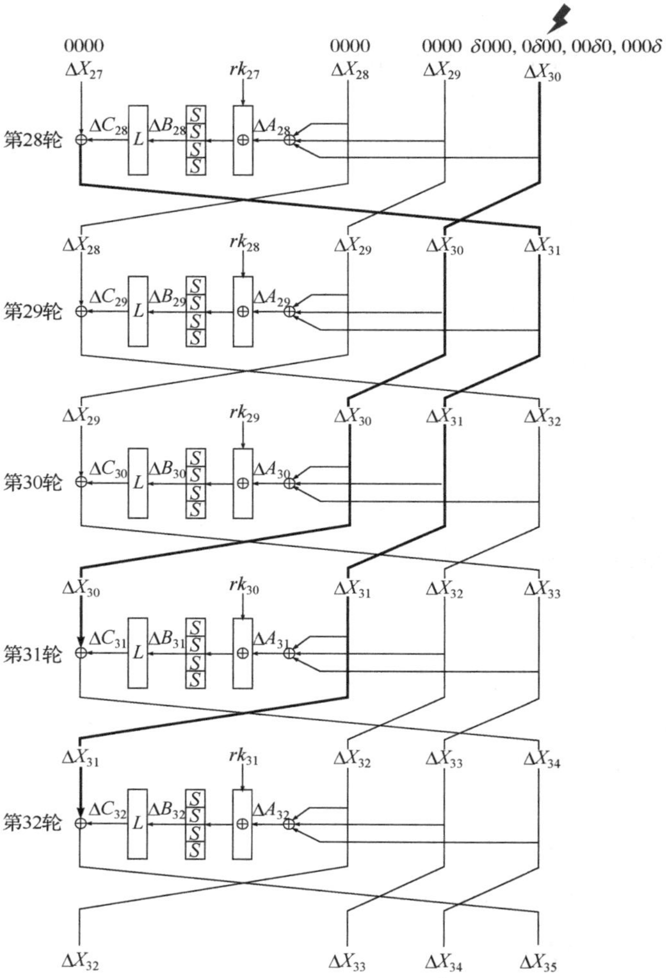

图　4-6　最后四轮差分传播

(a) 推断 $\langle rk_{31} \rangle$.

计算 $A_{32} = X_{32} \oplus X_{33} \oplus X_{34} \oplus rk_{31}$ 以及 $A_{32}^{*} = X_{32}^{*} \oplus X_{33}^{*} \oplus X_{34}^{*}$，则对于第 32 轮 T 变换，其输入差分和输出差分分别为

$$
\begin{aligned}
\Delta A_{32} &= A_{32} \oplus A_{32}^{*} \\
\Delta C_{32} &= \Delta X_{32} \oplus \Delta X_{35}
\end{aligned}
\tag{4-24}
$$

使用所有可能的三元组 $\left(A_{32}, A_{32}^{*}, \Delta C_{32}\right)$ 对第 32 轮函数进行基本攻击，获得候选集 $\langle rk_{31} \rangle$.

(b) 推断 $\langle rk_{31}, rk_{30}\rangle$.

利用(a)中得到密钥集合 $\langle rk_{31}\rangle$，通过 $gk_{31}\in\langle rk_{31}\rangle$ 对正确和错误的密文进行一轮解密操作可以得到

$$\begin{aligned} X_{31} &= X_{35}\oplus F\left(X_{32}\oplus X_{33}\oplus X_{34}, gk_{31}\right)\\ X_{31}^{*} &= X_{35}^{*}\oplus F\left(X_{32}^{*}\oplus X_{33}^{*}\oplus X_{34}^{*}, gk_{31}\right)\end{aligned}\tag{4-25}$$

然后计算

$$\begin{aligned} A_{31} &= X_{31}\oplus X_{32}\oplus X_{33}\\ A_{31}^{*} &= X_{31}^{*}\oplus X_{32}^{*}\oplus X_{33}^{*}\\ \Delta C_{31} &= \Delta X_{30}\oplus X_{34}\end{aligned}\tag{4-26}$$

利用所有可能的三元组 $\left(A_{31}, A^{*}{}_{31}, \Delta C_{31}\right)$ 对 31 轮函数进行基础攻击，可以得到候选集 $\langle rk_{31}, rk_{30}\rangle$.

(c) 推断 $\langle rk_{31}, rk_{30}, rk_{29}\rangle$.

同样地，对于(b)中得到的每一个候选值 $(gk_{31}, gk_{30})\in\langle rk_{31}, rk_{30}\rangle$，对正确和错误密文进行两轮的解密可以得到

$$\begin{aligned} X_{31} &= X_{35}\oplus F\left(X_{32}\oplus X_{33}\oplus X_{34}, gk_{31}\right)\\ X_{31}^{*} &= X_{35}^{*}\oplus F\left(X_{32}^{*}\oplus X_{33}^{*}\oplus X_{34}^{*}, gk_{31}\right)\\ X_{30} &= X_{34}\oplus F\left(X_{31}\oplus X_{32}\oplus X_{33}, gk_{30}\right)\\ X_{30}^{*} &= X_{34}^{*}\oplus F\left(X_{31}^{*}\oplus X_{32}^{*}\oplus X_{33}^{*}, gk_{30}\right)\end{aligned}\tag{4-27}$$

考虑第 30 轮的轮函数，可以计算:

$$\begin{aligned} A_{30} &= X_{30}\oplus X_{31}\oplus X_{32}\\ A_{30}^{*} &= X_{30}^{*}\oplus X_{31}^{*}\oplus X_{32}^{*}\\ \Delta C_{30} &= \Delta X_{29}\oplus \Delta X_{33}\oplus X_{33}\end{aligned}\tag{4-28}$$

利用其对第 30 轮进行基本攻击，由每组 $\left(A_{30}, A_{30}^{*}, \Delta C_{30}\right)$ 求得后三轮密钥候选值集合 $\langle rk_{31}, rk_{30}, rk_{29}\rangle$.

(d) 推断 $\langle rk_{31}, rk_{30}, rk_{29}, rk_{28}\rangle$.

对于每一个候选值 $(gk_{31}, gk_{30}, gk_{29})\in\langle rk_{31}, rk_{30}, rk_{29}\rangle$，对正确和错误密文进行三轮的解密可以得到

$$
\begin{aligned}
X_{31} &= X_{35} \oplus F\left(X_{32} \oplus X_{33} \oplus X_{34}, gk_{31}\right) \\
X_{31}^* &= X_{35}^* \oplus F\left(X_{32}^* \oplus X_{33}^* \oplus X_{34}^*, gk_{31}\right) \\
X_{30} &= X_{34} \oplus F\left(X_{31} \oplus X_{32} \oplus X_{33}, gk_{30}\right) \\
X_{30}^* &= X_{34}^* \oplus F\left(X_{31}^* \oplus X_{32}^* \oplus X_{33}^*, gk_{30}\right) \\
X_{29} &= X_{33} \oplus F\left(X_{30} \oplus X_{31} \oplus X_{32}, gk_{29}\right) \\
X_{29}^* &= X_{33}^* \oplus F\left(X_{30}^* \oplus X_{31}^* \oplus X_{32}^*, gk_{29}\right)
\end{aligned}
\tag{4-29}
$$

同样地计算

$$
\begin{aligned}
A_{29} &= X_{29} \oplus X_{30} \oplus X_{31} \\
A_{29}^* &= X_{29}^* \oplus X_{30}^* \oplus X_{31}^* \\
\Delta C_{29} &= \Delta X_{28} \oplus \Delta X_{32}
\end{aligned}
\tag{4-30}
$$

利用其对第 29 轮进行基本攻击，由每组 $\left(A_{29}, A_{29}^*, \Delta C_{29}\right)$ 求得密钥候选值集合 $\langle rk_{31}, rk_{30}, rk_{29}, rk_{28} \rangle$.

(3) 步骤 3：恢复密钥.

利用密钥扩展方案的逆，对步骤 2 中得到的所有密钥可能值求逆，得到初始密钥候选值集合 $\langle MK \rangle$. 用 $\langle MK \rangle$ 中所有初始密钥候选值对正确密文解密，并判断是否与明文相同. 由于密钥固定时，密码算法都是明文集合到密文集合的双射，所以最终仅可能有一个密钥通过判断.

4.3.3　SM4 的碰撞故障分析

4.3.3.1　故障模型

故障采用的是面向字节的模型，基本假设攻击者可以在算法加密过程的前几轮在输入数据中引发单字节故障，而无需知道故障字节的具体位置和数值. 同时攻击者可以选择明文，用相同的密钥加密不同的明文.

4.3.3.2　故障分析

1. 第一轮故障注入

首先对明文 M 在密钥 MK 的作用下加密得到正确密文 C. 对于相同的明文 M 在第二轮加密之前，将单字节故障随机注入存储单元 x_1, x_2 或者 x_3 之中，从而获得错误密文 C^*.

搜索明文，找到明文 M' 满足在密钥 MK 加密的情况下得到的密文 $C' = \mathrm{En}(M') = C^*$. 那么符合条件的明文 (M, M') 一定满足 $\left(x_1', x_2', x_3', x_4'\right) = \left(x_1 \oplus \varepsilon, x_2, x_3, x_4\right)$,

$(x_1', x_2', x_3', x_4') = (x_1, x_2 \oplus \varepsilon, x_3, x_4)$ 或者 $(x_1', x_2', x_3', x_4') = (x_1, x_2, x_3 \oplus \varepsilon, x_4)$ 这三个等式中的一个. 这三个等式分别对应于注入的存储单元 x_1, x_2, x_3, 因此

$$C' = O_{i=2}^{32} T_{rk_{i-1}} (A_1 \oplus \varepsilon, x_4) = C^* \tag{4-31}$$

其中, $O_{i=2}^{32}$ 表示从 $i = 2$ 到 32 分别进行操作. 从而在故障 ε 和故障注入位置未知的情况下, 为了找到明文 M' 使得 (M, M') 满足条件, 攻击者加密 $M' = M \oplus \delta_{\hat{\varepsilon}} = (x_0 \oplus \hat{\varepsilon}, A_1 \oplus \varepsilon)$. 然后可以找到明文 M' 使得其密文与 C^* 相等. 当故障注入的位置为 x_1 时, 差分路径如图 4-7 所示, 故障注入 x_2 或者 x_3 时与此类似.

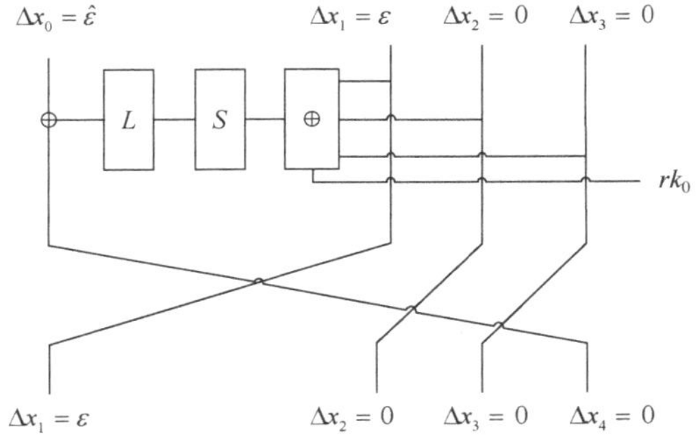

图 4-7 x_1 位置故障注入差分路径

2. 确定 $\delta_{\hat{\varepsilon}}$

首先确定 ε 的值, ε 是一个未知位置的单字节故障, 因此 ε 的备选值可能为 $(0, 0, 0, \theta)$, $(0, 0, \theta, 0)$, $(0, \theta, 0, 0)$或者$(\theta, 0, 0, 0)$. 所有的可能值都为 32 比特数据, 因为 θ 的可能值有 255 种可能, 所以 ε 有 4×255 种可能. 由于故障可能被注入到 x_1, x_2 或者 x_3 中, 因此明文 M' 中的 (x_1', x_2', x_3') 有 $3 \times 4 \times 255$ 种可能.

之后确定 $\hat{\varepsilon}$ 的值. 在第一轮加密过程中, 非线性变换 S 的输入为 $A_1' \oplus A_1 = \varepsilon$, 并且只有一个 S 盒变为活跃状态. 那么 ε 的可能取值可以分为 4 种情形. 对于 ε 的每一种情形, 非线性变换 S 的输出差分有 255 种可能结果, 在线性变换 L 之后, 仍然有 255 种可能结果, 因此, 总共拥有 4×255 种可能结果.

SM4 中 S 盒的差分特性满足对于任何非零输入差分总共有 127 种可能的非零输出差分. 通过将 255 个可能的输入差值代入 S 盒进行计算, 可以为每个输入差值得到 127 个可能的输出差值. 因此, 共有 3×4×255×127 个可能的值, 大约等于 $2^{18.56}$.

3. 恢复第一轮子密钥的部分字节

在得到符合条件的明文对 (M, M') 后, 通过计算 M 与 M' 的差分值 ε 可以来确定活跃 S 盒的位置. 正确的明文对应该满足等式(4-32).

$$S\left(A_{1,i} \oplus rk_{0,i}\right) \oplus S\left(A'_{1,i} \oplus rk_{0,i}\right) = L_i^{-1}\left(x_0 \oplus x'_0\right) \tag{4-32}$$

其中, i 的值对应于活跃 S 盒的位置. $A_{1,i}$ 和 $A'_{1,i}$ 分别是明文 M 和 M' 对应位置的 8 比特数据异或值. $rk_{0,i}$ 是一个 8 比特的密钥, 对应子密钥 rk_0 的位置. 一次故障注入可以在第一轮恢复子密钥的 8 比特数据.

在明文 M 加密的第二轮中, 多次注入随机单字节故障. 按照上述步骤, 恢复了部分 rk_0 的子密钥. 这样, 在多次故障注入后, 就可以恢复第一轮完整的 rk_0. 需要注意的是, 不同的故障可能会使同一个 S 盒变为活跃状态. 在注入故障并搜索明文对后, 如果已经获得了与活跃 S 盒位置对应的部分子密钥, 则无需对该密钥进行过滤.

4. 第二轮故障注入

在确定 rk_0 后, 对明文 M 进行第一轮加密, 得到第一轮的输出值 (x_1, x_2, x_3, x_4).

原始明文用密钥 MK 进行加密, 在第三轮加密之前, 将单字节随机故障注入其存储单元 x_2, x_3 或者 x_4 中获得错误密文.

使用相似的方法搜索符合条件的正确密文, 第二轮正确明文的加密输出符合 $\left(x'_2, x'_3, x'_4, x'_5\right) = \left(x_2 \oplus \varepsilon, x_3, x_4, x_5\right)$, $\left(x'_2, x'_3, x'_4, x'_5\right) = \left(x_2, x_3 \oplus \varepsilon, x_4, x_5\right)$ 或者 $\left(x'_2, x'_3, x'_4, x'_5\right) = \left(x_2, x_3, x_4 \oplus \varepsilon, x_5\right)$, 因此

$$C' = O_{i=2}^{32} T_{rk_{i-1}}\left(A_2 \oplus \varepsilon, x_5\right) = C^* \tag{4-33}$$

之后采用类似的步骤可以在第二轮恢复 rk_1 的部分字节.

重复上述过程, 可以完全恢复 rk_1 信息. 之后就采用类似方式恢复 rk_2 以及 rk_3, 那么就可以恢复初始密钥 MK.

4.3.4 AES 的持久性故障攻击

4.3.4.1 故障模型

攻击者在进行加密前在 S 盒中注入单字节随机故障, 并运用错误的 S 盒进行加密运算生成错误密文.

4.3.4.2 故障分析

假设 S 盒 u 位置的原始的值为 s_0 (即 $S[u] = s_0$), 当攻击者对 S 盒 u 位置注入一个持久性的单字节故障后, 该值变为 s_0. 由于 S 盒本身是一一映射的, 这一故障将导致在第 10 轮原本输出为 s_0 的字节全部变为 s_0, 即 S 盒的直接输出矩阵中不可能出现 s_0 这一字节.

AES 第 10 轮加密过程如图 4-8 所示, 在之后的操作中, ShiftRows 将这个矩阵以字节为单位重排, 而 AddRoundKey 操作将这些字节与第 10 轮的轮密钥字节进

行异或. 由于对于同一个主密钥, 第 10 轮所使用的轮密钥是相同的, 因此后续操作将继续造成一个最终的字节 c_i 中会出现一个不可能字节.

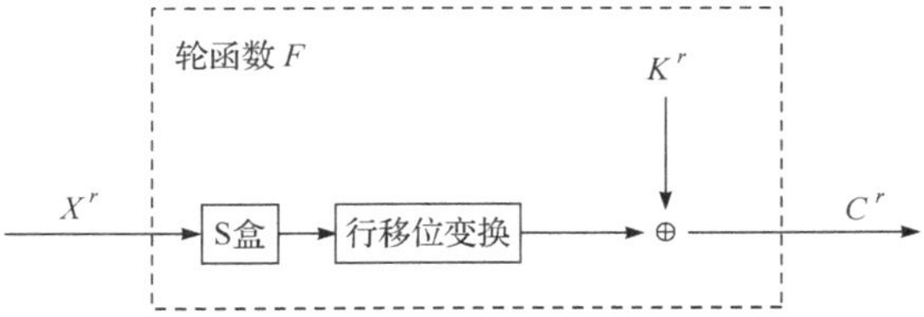

图 4-8 AES 最后一轮运算

假设原本的密钥字节为 k_i, 最终密文为 c_i, 在异或前的矩阵对应的字节是 x_i, 则有 $c_i = k_i \oplus x_i$, 又由于 $x_i \neq s_0, k_i = c_i \oplus x_i$, 则可以推导出 $k_i \neq c_i \oplus s_0$.

可以看到, 通过使用一个输出密文, 可以将原本 k_i 的 128 个候选值缩减到 127 个. 因此, 重复这一过程, 收集足够多的密文, 即可以将这一轮密钥字节唯一确定. 最后通过最后一轮的轮密钥就可以推测出主密钥的值.

参 考 文 献

[1] Korkikian R. Side-channel and fault analysis in the presence of countermeasures: Tools, theory, and practice[D]. Université Paris Sciences et Lettres, 2016.

[2] Zhang F, Lou X X, Zhao X J, et al. Persistent fault analysis on block ciphers[J]. IACR Transactions on Cryptographic Hardware and Embedded Systems, 2018: 150-172.

[3] Piret G, Quisquater J J. A differential fault attack technique against SPN structures, with application to the AES and KHAZAD[C]. Cryptographic Hardware and Embedded Systems-CHES 2003: 5th International Workshop, Cologne, Germany, September 8-10, 2003. Proceedings 5. Berlin, Heidelberg: Springer, 2003: 77-88.

[4] Boscher A, Handschuh H. Masking does not protect against differential fault attacks[C]. 2008 5th Workshop on Fault Diagnosis and Tolerance in Cryptography. IEEE, 2008: 35-40.

第 5 章　其他侧信道分析方法

本章将介绍除功耗、电磁、时间等传统侧信道攻击外，其他类型的侧信道分析方法，包括泄漏的产生原因、分析方法原理和现有研究进展等.

5.1　声 音 攻 击

5.1.1　声音泄漏

5.1.1.1　声音泄漏原理

相同的机器在进行不同的操作时，会因为使用不同部件使同一部件的不同操作而产生不同的声音. 这使得攻击者可以通过收集一个机器发出的声音来还原出机器进行的操作. 例如，计算机中的电子元件会根据计算机运行的指令发出不同的声音，如图 5-1 所示，这使得攻击者可以通过采集 CPU 发出的声音来还原出 CPU 正在运行的指令.

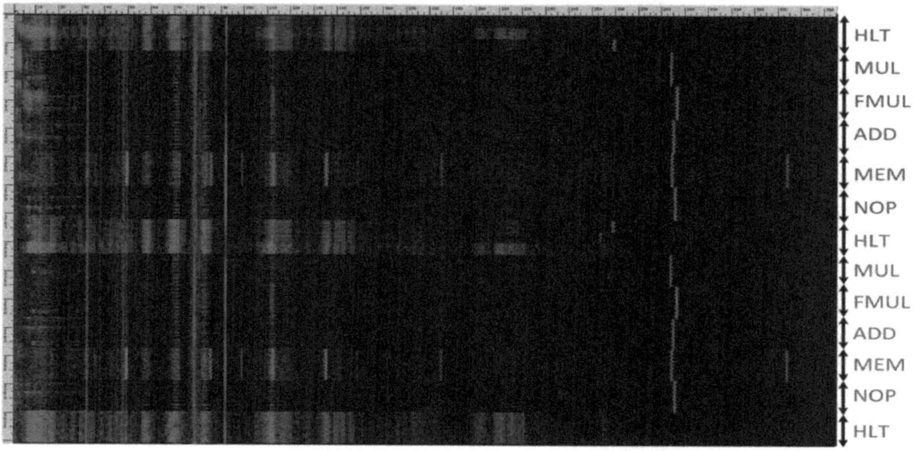

图 5-1　[1]中采集的不同指令对应的声音谱，横轴为频率(0—350 kHz)，纵轴为时间(3.7 s)，亮度与对应频率上的瞬时能量成正比

5.1.1.2 声音泄漏的发现

为了发现相同机器在进行不同操作时是否会发出不同的声音，需要对目标设备进行声音采集和分析. 其中，声音采集可以利用麦克风、手机等声音采集设备来进行，如图 5-2 所示. 而采集到声音后，需要分析声音的特征来判断是否存在声音泄漏，这可以通过 Baudline 进行分析[1].

(a) (b)

图 5-2 声音采集的一些采集设备. (a) 麦克风; (b) 手机

Baudline 是一款时频浏览器，专为频谱领域的科学可视化而设计. 该软件的信号分析是通过傅里叶变换、相关变换和光栅变换来完成的，这些变换可以创建具有鲜明细节的彩色频谱图. Baudline 信号分析器结合了快速数字信号处理、多功能高速显示器和连续捕获工具，可用于搜寻和研究难以捉摸的信号特性. Baudline 的主界面如图 5-3 所示.

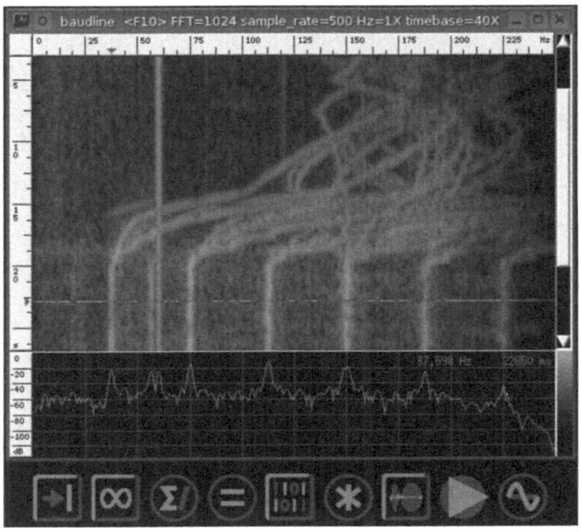

图 5-3 Baudline 的主界面

研究人员可以利用 Baudline 打开已有的音频进行分析，也可以实时采集声音进行分析，采集时采样率可以设置为 4000—192000Hz，采集的其他相关信息也可以在 Baudline 中进行设置. 对于采集好的声音，研究人员可以在 Baudline 用频谱图、频谱和平均值等形式来显示声音信号，如图 5-4 所示. 此外，研究人员还可以利用 Baudline 对声音进一步处理，从而将声音中被噪声掩盖的弱信号也显示出来.

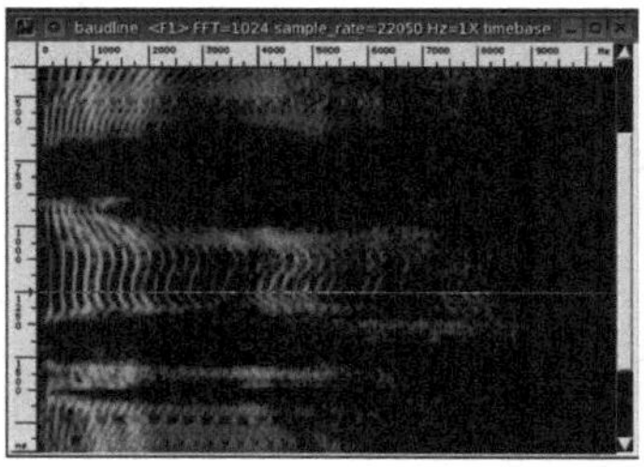

(a)

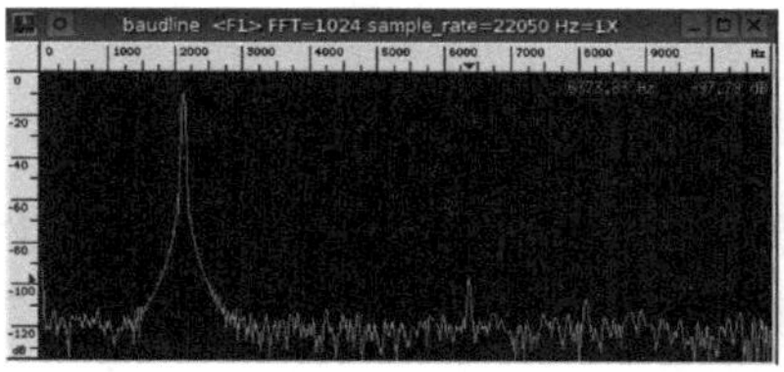

(b)

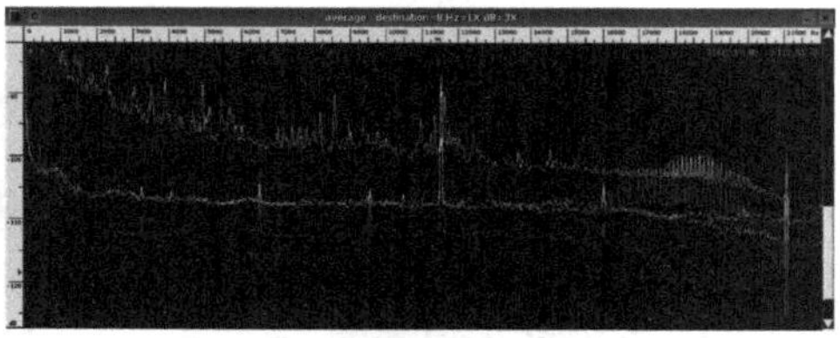

(c)

图 5-4　在 Baudline 中用各种形式显示声音. (a) 用频谱图显示声音，横轴为频率，纵轴为时间，亮度代表该频率的能量大小；(b) 用频谱显示声音，横轴为频率，纵轴为该频率的能量大小；(c) 用平均值显示声音，横轴为频率，纵轴为该频率能量大小的平均值

通过 Baudline 对声音进行分析，研究者可以很清楚地发现同一机器在进行不同操作时发出的声音是否不同，从而判断出该机器是否在声音信道上存在泄漏.

5.1.2　声音攻击方法

5.1.2.1　声音攻击过程

声音攻击的场景如图 5-5 所示[1]，图中的声音采集设备为麦克风(也可以利用手机等采集设备代替)，目标设备为一台电脑(也可以为其他机器，例如键盘、打印机等). 声音攻击主要包括两个步骤：建立模板和攻击目标.

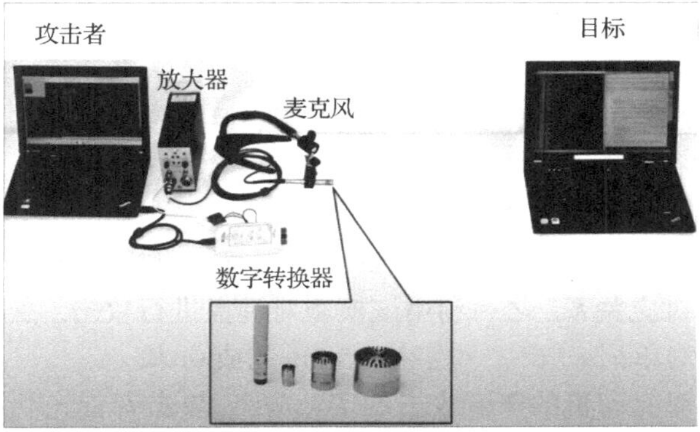

图 5-5 [1]中声音攻击的场景

建立模板是攻击前的准备工作, 具体的流程如下: ①攻击者设定目标设备的操作并利用采集设备进行采样, 获取目标设备运行不同操作时发出的声音, 其中, 采集设备采集到的声音会被存入攻击者的电脑; ②攻击者在攻击电脑上预处理不同操作的声音, 从而突出声音中与目标设备操作相关的信号, 该步骤可以通过 Baudline 完成, 也可以通过其他程序的滤波等功能完成, 甚至在声音信号与目标设备操作关联性较强的情况下可以不进行预处理; ③攻击者将预处理后的声音信号作为输入, 按操作分类建立模板.

攻击目标是指利用建立好的模板来对目标设备进行攻击, 具体流程如下: ①攻击者利用采集设备对目标设备进行声音采集, 采集结果会存入攻击电脑中; ②攻击者利用滑动窗口等算法将声音按时间分片, 并根据一定的特征过滤出需要分析的时间片, 例如, 当目标设备为键盘时, 只有一片声音在某个频率上的强度高于某个阈值, 攻击者才会认为该时间片包含一次键盘敲击的声音, 需要被分析; ③攻击者利用建立好的模板对需要分析的时间片进行分析, 获得目标设备执行的操作.

5.1.2.2 现有声音攻击方法

声音攻击需要采集目标机器的声音来还原出目标机器的操作, 但因为用麦克风采集的声音带宽不够, 通常只有几十到几百 kHz, 这使得声音侧信道无法对计算机计算的单个操作进行攻击, 因为单个操作的时钟频率往往能达到 GHz. 所以声音侧信道在过去常常用于泄漏键盘[2, 3]和打印机[4]的相关信息. 直到 2014 年, Genkin 等提出了一种通过计算机处理器在运行过程中由于某些电子组件的振动而产生的声音, 从而泄漏密码操作中使用的密钥的方法[1], 成功地将声音侧信道应用到了计算机上, 并在一小时内从 GnuPG 运行中提取完整的 4096 比特 RSA 密钥.

在针对键盘的攻击中，有两种攻击方法. 其中一种方法为攻击者对一个键盘的所有键的按压声音都进行了采集，并在之后利用该声音训练神经网络并进行攻击[2]. 该方法有 79% 的概率还原出正确的按键，但是该方法训练出的神经网络只能对一个键盘进行攻击. 若用训练得到的神经网络攻击其他键盘，则攻击失败. 第二种为采集一段时间的攻击者的敲击键盘的声音，敲击的内容为英文文本，利用无监督训练以及语言模型修正来得到一个训练模型以及该训练模型中不同分类与相应按键的对应关系. 之后利用该模型对键盘进行攻击，在语言修正模型的帮助下可以达到对单词 87.6%，对字符 95.7% 的成功率.

在现有的针对打印机的声音攻击的实验中[4]，攻击者首先利用事先采集的打印机的数据来训练模型，之后利用训练好的模型攻击目标打印机. 在使用基于字典的方法下，可以还原出 72% 的打印的英文单词.

而针对电脑端的攻击[1]根据 RSA 使用不同密钥时发出的声音不同来建立模板，可以在 1 个小时内还原出 GnuPG 实现的 RSA 算法的整个 4096 比特的 RSA 密钥.

5.2 广义侧信道分析方法

与传统侧信道攻击主要目标集中在密码专用芯片上不同，广义侧信道分析方法以通用处理器为主要研究对象.

5.2.1 暂态攻击

5.2.1.1 暂态攻击原理

CPU 具有顺序执行和乱序执行两种执行方式. 顺序执行是指 CPU 按序一条一条地处理指令. 在这种方式下，如果某条指令需要等待资源，CPU 就会发生阻塞直到这条指令得到它需要的资源. 而为了减少这种阻塞，出现了乱序执行的执行方式. 在乱序执行下，CPU 并行化执行指令，如在流水线中，取指、解码、执行和回写阶段等需要同时处理多条指令. 这种并行化允许 CPU 在指令需要的资源都满足时按序执行指令，如果当前指令需要等待资源，就先执行之后无需等待的指令. 在指令执行完成后，指令需要等待前面的指令执行完成后才能提交，修改永久寄存器等架构的状态，以确保正确的架构状态.

CPU 为了进一步减少阻塞时间，提高执行效率，使用了分支预测器和存储转发旁路功能. 其中，分支预测器是为了提高分支预测的命中率，减少因为分支跳转而导致的阻塞时间. 分支预测器会根据以往的分支跳转情况来更新自身的状态，在发生跳转时，分支预测器根据自身状态预测跳转方向来执行，从而提高在分支阻塞时执行正确路径的成功率, 以此来减少阻塞时间. 存储转发旁路功能是为了减少当指令需要的数据在内存中时的阻塞时间. 当指令所需的数据在内存中时, 指令需要阻塞来等待数据从内存中取出. 而存储转发会根据以往向内存中写入的数据, 来预测从内存中取出的数据, 用在这个预测的数据先进行之后的指令. 如果后面发现取出的数据与预测的数据不等, 就会进行回退. 这样如果预测正确, 就会消除等待内存数据而产生的阻塞.

暂态执行指已经执行完成但没有提交到架构状态的指令的执行, 当 CPU 发现预测错误后, 就会将暂态执行中的指令回退. 而暂态攻击利用暂态执行中执行了本不该执行的指令或者在错误的数据上执行正确的指令的情况, 将本不该得到的私密数据存入到隐蔽信道中, 在正常的执行中从隐蔽信道中取出这些私密数据. 暂态攻击的基本原理是暂态执行在执行过程中会改变一些微架构的状态, 而当 CPU 发现预测错误后进行回退时, 并没有把微架构的状态一起回退. 这使得暂态执行中取出的一些本不该取出的数据可以被编码到微架构的状态中, 而攻击者根据微架构的状态就可以还原出这些不该被取出的私密信息.

图 5-6 是暂态攻击原理的一个举例, 图中 T 表中只有三个数据, 并在表边界之外存放着一些攻击者无法访问的私密信息. 当 x 为 4 时, 正常执行不会执行 if 语句中的内容, 但如果攻击者训练了分支预测器, 使得 CPU 预测错误, 则 if 语句中的内容会被暂态执行, array[22 * 256]被存入 Cache 中. 之后 CPU 在发现预测错误后会进行回退, 但不会修改 Cache 的内容. 因此, 攻击者可以通过逐行访问 array 数组对应的 Cache 行来还原出私密信息.

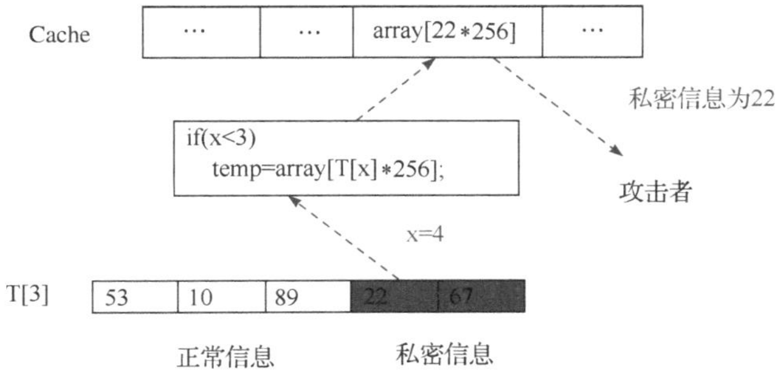

图 5-6 暂态攻击的攻击原理

5.2.1.2 暂态攻击流程

暂态攻击主要可以分为 6 个阶段[5], 如图 5-7 所示, 每个阶段的工作如下.

(1) 第一阶段是攻击的准备阶段, 由两部分组成. 首先, 攻击者准备可以进入暂态执行的微架构, 在暂态执行中私密信息可以被访问到. 这包括确保暂态窗口足够大, 即在暂态执行中的第一个暂态指令和最后一个暂态指令之间的时间足够长,以确保私密信息可以被编码到隐蔽信道，即微架构的状态中. 其次，攻击者需要准备隐蔽信道，以便恢复数据，即需要将用作隐蔽信道的微架构恢复到一定状态.

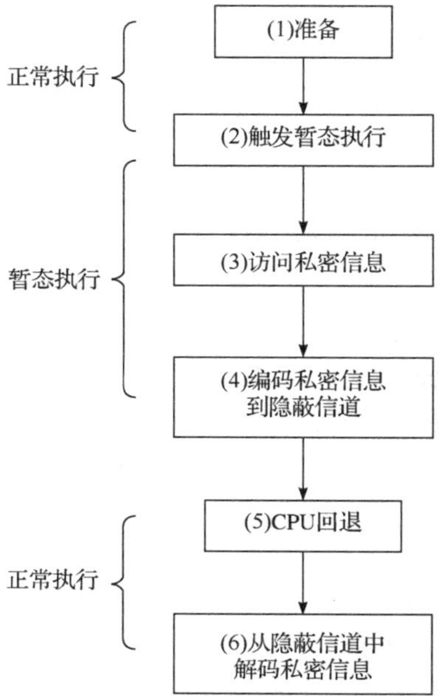

图 5-7　暂态攻击的整体流程

(2) 在第二阶段，攻击者使用触发暂态执行的指令触发暂态执行. 对于幽灵(Spectre)类型的攻击，这可能是受害者代码中的任何分支. 对于熔断(Meltdown)类型或加载值注入(load value injection, LVI)类型的攻击，这可以是任何形式的中止指令，即触发故障、协助(预测读取的数据)或中断的指令. 在 Spectre 类型和 LVI 类型攻击中，触发指令位于受害者的代码中. 对于 Meltdown 类型的攻击，它位于攻击者的代码中.

(3) 在第三阶段中，暂态指令可以在受害者或攻击者域中执行. 通常，这些指令会访问攻击者感兴趣的数据，即私密信息，如密码等. 作为该阶段的最后一步，攻击者准备通过缓存等微架构隐蔽信息进行传输私密信息.

(4) 第四阶段是暂态执行中的最后一个阶段. 在此阶段，攻击者会在微架构隐蔽信道中编码先前准备的数据，即私密信息. 到目前为止，主要使用的隐蔽信道是 Cache 隐蔽信道.

(5) 第五阶段中，CPU 意识到执行错误，即错误预测或出现异常. 将恢复体系结构的更改，并刷新流水线. 然后，CPU 继续执行正确的指令. 在 Spectre 的情况下，CPU 执行分支的正确一侧；在 Meltdown 中，CPU 执行异常处理程序. 然而，在此阶段，攻击者想要获得的信息已经被编码在微架构隐蔽信道中，而这些隐蔽信道的修改不会被 CPU 恢复.

(6) 在第六阶段, 攻击者从隐蔽信道中恢复私密信息. 例如, 当私密信息在 Cache 隐蔽信道中编码时, 攻击者可以使用 Flush+Reload 的方法[6]来恢复私密信息.

现有的暂态攻击可以根据该攻击进入暂态执行的方式不同而分为 Spectre 类攻击、Meltdown 类攻击和 LVI 类攻击. 其中, Spectre 类攻击是利用 CPU 在执行跳转指令时使用的分支预测功能来进入暂态执行; Meltdown 类攻击是利用 CPU 在处理故障时的数据缺失引发阻塞而导致的乱序执行来进入暂态执行; LVI 类攻击是利用 CPU 在数据缺失时的预测读数据的功能来进入暂态执行. Spectre 类攻击包括利用模式历史表(pattern history table, PHT)的 Spectre v1, 利用分支目标缓冲区(Branch Target Buffer, BTB)的 Spectre v2, 利用返回堆栈缓冲区(return stack buffer, RSB)的 Spectre v5 等; Meltdown 类攻击包括利用 PF-US(利用 user/supervisor 标志引发的缺页)的 Meltdown, 利用 PF-P(将页表项的 present 位设为无效引发缺页)的 Foreshadow 等; LVI 类攻击可以利用行填充缓冲区(line fill buffers, LFB), 存储到加载(store to load, STL)等微架构. 暂态攻击的最终目的都是越权读取私密信息.

5.2.1.3 Spectre 分析方法介绍

Spectre v1 是在 2018 年由 Paul Kocher 等[7]提出的第一个暂态攻击. 该攻击事先训练分支预测器, 使得受害者在执行到分支指令时发生错误预测, 预测执行攻击者想要受害者执行的分支, 从而在错误的分支中读取私密信息并把私密信息编码到 Cache 隐蔽信道中.

代码 5-1 是 Spectre V1 的一个例子, 用于取出私密信息 secret, 并将其编码到 array2 对应的 Cache 中. 其中 array1 是一个基础数据, 用于作为基址访问私密信息; x 为攻击者所控制的变量, 在正常执行中小于 array-size 训练分支预测器, 在最后一次错误预测中为 array1 到 secret 的距离, 使得 array1[x]读取 secret 的值; array1_size 作为 array1 的大小, 初始时不在 Cache 中, 使得 if 条件语句在判断时进入阻塞, if 中的语句进入暂态执行中运行, 从而将私密信息编码到 Cache 中; array2 作为一个大数组, 用作将私密信息编码到 Cache 的隐蔽信道.

Spectre V1 的攻击流程如下, 以代码 5-1 为例:

(a) 准备阶段. 攻击者在准备阶段首先训练分支预测器, 使得分支预测器在遇到代码 5-1 中的 if 语句时, 会预测该 if 语句中 x < array1_size 成立, 从而预测执行 y = array2[array1[x] * 256]来编码私密信息到 Cache 中. 训练方法为多次调用代码 5-1 中的 if 语句, 并在调用时使 x < array1_size 成立. 此外, 攻击者还要在准备阶段刷新 array2 对应的 Cache, 以在之后使用 Flush+Reload 方法可以从 array2

对应的 Cache 中正确还原出私密信息 secret.

代码 5-1: Spectre V1 的一个例子

```
if(x < array1_size)
y = array2[array1[x] * 256];
```

(b) 攻击阶段. 在该阶段中, 受害者执行代码 5-1 中的代码, 此时 x 是一个大于 array1_size 的值, 为 secret 到 array1 的距离, 由攻击者控制. 受害者在运行该段代码时, 在执行到 if 条件时发生错误预测, 从而将 secret 编码到 Cache 隐蔽信道中.

(c) 恢复阶段. 在受害者将私密信息编码到 Cache 中之后, 攻击者将从 Cache 隐蔽信道中还原出私密信息 secret. 攻击者利用 Flush + Reload 方法中的 Reload, 逐步访问 array2 数组, 根据 array2 数组中哪部分数据在 Cache 中, 来还原出私密信息 secret 的值.

除了 Spectre V1 以外, 在近几年来, 根据进入暂态执行和泄漏私密信息的方式的不同, 还出现了其他的 Spectre 类型的攻击. 包括 Spectre V2, Spectre V4 和 Spectre V5.

其中, Spectre V2[7, 8] 利用 BTB 来使受害者进入错误的预测. BTB 为预测间接跳转的地址的微架构, 会根据以往间接跳转的历史记录来预测下次间接跳转可能的位置来进行暂态执行, 以减少因为等待跳转指令计算的结果或地址而产生的阻塞. 攻击者可以事先训练 BTB, 使得受害者在执行跳转指令时暂态执行攻击者预设的代码, 从而将私密信息编码到隐蔽信道中, 之后再从隐蔽信道中还原出私密信息. Spectre V2 的攻击流程与 Spectre V1 相似, 攻击流程如下, 以代码 5-2 为例:

(a) 准备阶段. 攻击者首先训练 BTB, 使得 BTB 的下次地址预测为攻击者想要的地址, 即 Attack 位置.

(b) 攻击阶段. 受害者运行自己的代码, 当运行到跳转指令时, 若跳转指令所需地址不在 Cache 中时, 就会产生阻塞来等待该地址的获取, 此时 BTB 就会发挥作用来使受害者跳转到 Attack 位置进行暂态执行. 在暂态执行中, 受害者会根据随机数据交织(random delay interleaving, RDI)寄存器的值, 即私密信息, 取内存数据, 将私密信息编码到 Cache 中. 当 CPU 发现预测错误后, 会回退架构状态, 但不会回退 Cache.

(c) 恢复阶段. 攻击者根据私密信息的编码方式从隐蔽信道中用特定的方式来还原出私密信息, 即用 Flush+Reload 来恢复私密信息.

代码 5-2: Spectre V2 的一个例子

```
load rdi, (secret)
load rax, (pointer)
jmp [rax]
Attack:
load rax, [rdi]
```

Spectre V4 是利用存储转发旁路来进入暂态执行的. 该微架构会在读指令读取的数据未在 Cache 中时, 根据存储缓冲区预测该读指令读出的数据, 之后利用该数据进行后续计算, 从而进入暂态执行. 攻击者可以利用该特性来训练受害者预测读出的数据的值, 从而利用该预测值来将私密信息编码到隐蔽信道中. 该类攻击的攻击流程如下, 以代码 5-3 为例:

(a) 准备阶段. 攻击者修改存储缓冲区, 使得之后的读指令会产生错误的预测, 并预测的值为私密信息在内存中的地址.

(b) 攻击阶段. 受害者的读指令的地址不在 Cache 中, CPU 产生阻塞, 受害者根据存储缓冲区预测出读数据, 即私密信息的地址, 并进行预测执行. 之后受害者根据私密信息的地址预测读取私密信息, 并根据私密信息将特定的 Cache 行存入 Cache 中. 当 CPU 发现预测错误后进行回退, 但不会回退 Cache 的内容. 在代码 5-3 中, 在该阶段 pointer 将被预测为私密信息的地址, value 将读出私密信息, 对 temp 的赋值将把私密信息编码到 Cache 中.

(c) 恢复阶段. 攻击者根据私密信息的编码方式从隐蔽信道中用特定的方式来还原出私密信息, 即用 Flush+Reload 来恢复私密信息.

代码 5-3: Spectre V4 的一个例子

```
value = *pointer;
temp = array[value];
```

Spectre V5[9]与 Spectre V2 相似, 不过 Spectre V5 是利用 RSB 进入暂态执行. RSB 为预测返回指令的返回地址的微架构, 当返回指令因为等待返回地址阻塞时, RSB 就会根据以往的历史预测出返回地址来进入暂态执行, 以减少阻塞时间. 攻击者可以事先训练 RSB, 使得受害者在执行返回指令时暂态执行攻击者预设的代码, 从而将私密信息编码到隐蔽信道中, 之后再从隐蔽信道中还原出私密信息. Spectre V5 的攻击流程与 Spectre V2 相似, 攻击流程如下, 以代码 5-4 为例:

(a) 准备阶段. 攻击者首先训练 RSB, 使得 RSB 的下次地址预测为攻击者想要的地址，即 Attack 位置.

(b) 攻击阶段. 受害者运行自己的代码，当运行到返回指令时，RSB 会预测跳转地址的位置，并进行暂态执行. 在暂态执行中，受害者会根据 RDI 寄存器的值，即私密信息，取内存数据，使得特定的 Cache 行存入 Cache. 当 CPU 发现预测错误后，会回退架构状态，但不会回退 Cache.

(c) 恢复阶段. 攻击者根据私密信息的编码方式从隐蔽信道中用特定的方式来还原出私密信息，即用 Flush+Reload 来恢复私密信息.

代码 5-4: Spectre V5 的一个例子

```
load rdi, (secret)
load rax, (pointer)
ret
Attack:
load rax, [rdi]
```

对于现有的 Spectre 攻击，有多种隐蔽信道可以传输私密信息，包括 Cache 隐蔽信道、高级向量扩展指令集(advanced vector extensions，AVX)隐蔽信道和端口隐蔽信道等等. 其中，Cache 隐蔽信道为最常用的隐蔽信道，其原理是当数据在 Cache 和不在 Cache 中时，读取数据的时间会有一个时间差; AVX 隐蔽信道已用于 Spectre V1[10]，其原理是 AVX 指令有专门的 AVX 单元进行处理，但 AVX 单元为了节能会在 1ms 没处理 AVX 指令后休眠，而 AVX 指令的执行时间在 AVX 单元休眠和不休眠时有所不同，从而产生了一个时间差; 端口隐蔽信道已用于 Spectre V2[8]，其原理是执行指令需要相应的执行单元，但若同时有其他指令争用该执行单元时，就可能会使该指令阻塞，而延长指令的执行时间，即一条指令的执行时间因有没有和它竞争端口的指令在执行而产生时间差.

5.2.1.4　Meltdown 分析方法介绍

Meltdown 类型的攻击是为了得到更高权限的数据或者其他用户的数据. Meltdown[11]是第一个 Meltdown 类型的攻击. 该攻击利用在暂态执行中可以访问高权限数据的特点，触发异常以进入暂态执行，在暂态执行中将高权限数据编码到隐蔽信道中，之后再从隐蔽信道中还原出高权限数据.

代码 5-5 是 Meltdown 攻击的例子，第一行是触发异常，第二行是将高权限数据 data 编码到 Cache 隐蔽信道中; data 是高权限数据; probe_array 是用于将 data 编码到 Cache 隐蔽信道中的编码数组.

代码 5-5: Meltdown 的一个例子

```
raise_exception();
access(probe_array[data * 4096]);
```

Meltdown 的攻击流程如下, 以代码 5-5 为例:

(a) 触发异常. 攻击者访问更高权限的数据或者无效数据, 触发异常处理程序. 此时 CPU 将会执行异常处理程序, 但在异常处理程序之前, CPU 会暂态执行原程序中的后续指令.

(b) 编码更高权限数据. 攻击者在暂态执行中读取更高权限的数据 data 并将该数据编码到 probe_array 数组对应的 Cache 中.

(c) 还原私密信息. 攻击者利用 Flush+Reload 等方法从 Cache 隐蔽信道中还原出私密信息 data.

除了 Meltdown 攻击之外, 后来的研究者还提出了其他类型的 Meltdown 攻击, 如 ZombieLoad[12]和 Fallout[13]等等.

其中, ZombieLoad 攻击是利用 LFB 这个微架构进行攻击的. 该微架构在读取的数据不在 Cache 时, 可以从该微架构读取数据作为预测的读取数据进行暂态执行, 预测的数据为之前读取相似地址的数据. 攻击者利用该微架构的预测功能, 来获取其他使用该微架构的进程的数据. Fallout 攻击与 ZombieLoad 攻击类似, 但使用的是存储转发旁路 STL 来获取其他进程或更高权限的数据.

在 Meltdown 类型的攻击的基础上, 研究者还提出了 LVI 类型[14]的攻击. LVI 类型的攻击利用一些微架构预测读的功能, 如 STL 和 LFB, 事先将一些数据注入这些微架构中, 使得受害者在使用这些微架构时, 取出攻击者注入的数据来进行暂态执行, 从而泄漏攻击者想要的私密信息或者跳转到攻击者控制的代码处进行暂态执行. 此外, LVI 类攻击也可以像 ZombieLoad 攻击等一样, 利用这些微架构来获取其他进程或更高权限的数据, 只要这些微架构在多个进程间共享.

5.2.2 隐蔽信道攻击

为了保障用户的隐私安全, 计算机使用强制安全策略阻止私密信息流向不受信任的用户. 这使得计算机中即使存在木马, 木马也无法将私密信息传递给攻击者. 而隐蔽信道攻击可以绕过强制安全策略, 使木马将私密信息传递给不受信任的用户, 即攻击者, 如图 5-8 所示. 在隐蔽信道攻击中, 基于微架构的隐蔽信道攻击因为只会改变微架构的状态, 不会改变架构的状态, 所以很难被检测. 本节将介绍基于微架构的隐蔽信道, 后面的隐蔽信道都指基于微架构的隐蔽信道.

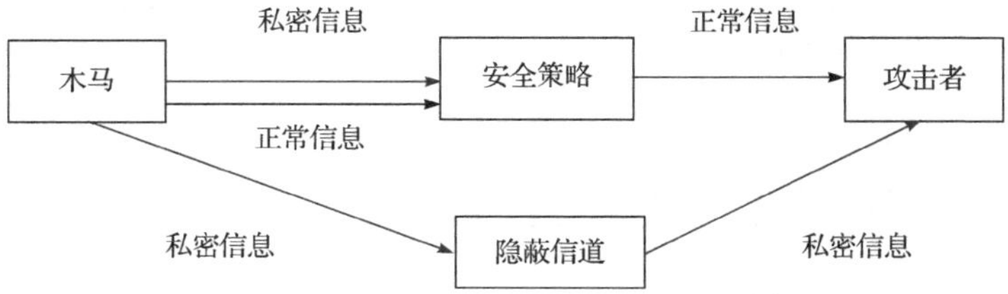

图 5-8　木马通过隐蔽信道绕过安全策略，将私密信息发送给攻击者

5.2.2.1　泄漏原理

为了提高 CPU 的性能，现代微架构具备多种优化策略和共享策略. 优化策略利用微架构资源提高 CPU 的执行效率. 但优化策略无法优化所有的指令，这使得相同的指令在微架构资源处于不同的状态时的执行时间不同. 该时间差异可以被用来创建隐蔽信道. 例如，Cache 是一种优化策略，可以加快 CPU 读取数据的速度，但 Cache 容量有限，只能存储部分数据. 这使得同一条读指令会因为 Cache 是否存储读取的数据而产生不同的执行时间. 此时，木马就可以通过使 Cache 包含特定的数据来传输特定的信息，而攻击者可以通过测量读取这些特定数据的时间来判断这些数据是否在 Cache 中，从而获得木马传输的私密信息[6]. 该类隐蔽信道通过修改优化策略对应的微架构资源的状态来传递信息，而微架构资源的状态可以保持一段时间，因此隐蔽信道传递的信息也可以保存一段时间，该类隐蔽信道也被称为持续隐蔽信道.

共享策略通过使同一个微架构资源在多个内核之间共享来提高微架构资源的利用效率. 然而同一个微架构资源在同一时间只能服务于一个内核，这使得其他使用该资源的内核阻塞. 该竞争可被用于创建隐蔽信道. 例如，CPU 的执行端口在同一物理内核的两个逻辑内核之间共享. 对于端口 0，一次只能服务于一个逻辑内核. 当两个逻辑内核都执行使用端口 0 的指令时，两条指令会争用端口 0，其中一条指令会被阻塞. 因此，木马和攻击者可以通过在两个逻辑内核上争用端口 0 传递信息. 木马通过执行使用端口 0 的指令传输 1，通过执行使用其他端口的指令传输 0，而攻击者通过测量使用端口 0 的指令的执行时间接收信息[8]. 该类隐蔽信道通过竞争共享资源来传递信息，因为竞争是实时的，所以隐蔽信道传递的信息也是实时的，该类隐蔽信道也被称为瞬时隐蔽信道.

5.2.2.2　隐蔽信道攻击流程

持续隐蔽信道的攻击流程如下:

(1) 攻击者初始化微架构资源.

(2) 木马根据所传输的私密信息修改微架构资源.

(3) 攻击者根据接收指令的执行时间获取该微架构资源的状态，并接收所传输的私密信息.

步骤(1)使得在传输前微架构资源的状态相同, 以便于将私密信息存入微架构状态以及从微架构状态还原私密信息. 对于 Cache 隐蔽信道, 该步骤往往通过刷新 Cache 完成. 步骤(2)是指木马通过一系列指令来根据私密信息修改微架构资源的状态. 例如根据私密信息用读指令读取特定的数据, 将特定的 Cache 行存入 Cache 中. 步骤(3)是指攻击者利用接收指令来还原出私密信息. 例如攻击者利用读取指令逐行读取数据, 根据指令的执行时间来判断木马访问过哪些 Cache 行, 从而获取私密信息.

瞬时隐蔽信道的攻击流程如下:

(1) 木马通过使用或不使用一个共享的微架构资源传输私密信息.

(2) 攻击者通过测量使用该微架构资源的指令的执行时间接收私密信息.

其中, 步骤(1)和(2)同时进行. 对于执行端口隐蔽信道, 步骤(1)即木马根据私密信息选择是否执行使用端口 0 的指令, 步骤(2)即攻击者测量使用端口 0 的指令的执行时间来获取私密信息.

5.2.2.3 隐蔽信道攻击效果

根据传输时所选用的微架构资源的不同, 隐蔽信道具有不同的性能. 而隐蔽信道的性能主要通过传输带宽以及错误率评估. 在现有的持续隐蔽信道中, Cache 隐蔽信道具有最高的传输带宽, 可以达到每个 Cache 行 1MB/s 的带宽[15], 而且可以达到 0%的错误率[16]. 除了 Cache 隐蔽信道之外, 持续隐蔽信道还包括 AVX、LRU(最近最少使用算法)状态、分支预测器、TLB、Cache 一致性[15]、DSB[17]以及 Cache 预取器[18]等等. 其中除了 AVX, 都可以达到 5 KB/s 以上的传输带宽, 且最小错误率小于 0.5%. 而在现有的瞬时隐蔽信道中, 除法单元隐蔽信道具有最高的传输带宽, 即最高 105KB/s, 且错误率小于 0.5%[19]. 除了执行端口隐蔽信道之外, 瞬时隐蔽信道还包括执行端口、内存总线[15]以及 Cache 存储体[20]等等. 其中, 执行端口可以以 2%的错误率达到 3KB/s 的带宽[8], 内存总线可以以 0.09%的错误率达到 93.35 B/s 的带宽[21], 而 Cache 存储体的带宽未给出.

参 考 文 献

[1] Genkin D, Shamir A, Tromer E. RSA key extraction via low-bandwidth acoustic cryptanalysis[M]// Garay J A, Gennaro R. CRYPTO 2014, Part I. LNCS, vol. 8616. Heidelberg: Springer, 2014: 444-461.

[2] Asonov D, Agrawal R. Keyboard acoustic emanations[C]. IEEE Symposium on Security and Privacy, 2004. Proceedings, 2004: 3-11.

[3] Zhuang L, Zhou F, Tygar J D. Keyboard acoustic emanations revisited[J]. ACM Transactions on Information and System Security(TISSEC), 2009, 13(1): 1-26.

[4] Backes M, Dürmuth M, Gerling S, et al. Acoustic {Side-Channel} attacks on printers[C]. 19th

USENIX Security Symposium(USENIX Security 10), 2010.

[5] Canella C, Khasawneh K N, Gruss D. The evolution of transient-execution attacks[C]. Proceedings of the 2020 on Great Lakes Symposium on VLSI, 2020: 163-168.

[6] Yarom Y, Falkner K. Flush+Reload: A high resolution, low noise, L3 Cache side-channel attack[C]. USENIX Security Symposium, 2014.

[7] Kocher P, Genkin D, Gruss D, et al. Spectre attacks: Exploiting speculative execution[C]. IEEE Symposium on Security and Privacy, 2018.

[8] Bhattacharyya A, Sandulescu A, Neugschwandtner M, et al. SMoTherSpectre: Exploiting speculative execution through port contention[C]. 2019 ACM SIGSAC Conference on Computer & Communications Security(CCS '19), London, United Kingdom. ACM, New York, NY, USA, 2019, 16 pages. https://doi.org/10.1145/3319535.3363194.

[9] Maisuradze G, Rossow C. Ret2spec: Speculative execution using return stack buffers[J]. ACM, 2018.

[10] Schwarz M, Schwarzl M, Lipp M, et al. Netspectre: Read arbitrary memory over network[C]//Computer Security–ESORICS 2019: 24th European Symposium on Research in Computer Security, Luxembourg, September 23-27, 2019, Proceedings, Part I 24. Springer International Publishing, 2019: 279-299.

[11] Lipp M, Schwarz M, Gruss D, et al. Meltdown: Reading kernel memory from user space[C]. USENIX Security, 2018.

[12] Schwarz M, Lipp M, Moghimi D, et al. ZombieLoad: Cross-privilege-boundary data sampling[C]. Proceedings of the 2019 ACM SIGSAC Conference on Computer and Communications Security. 2019: 753-768.

[13] Minkin M, Moghimi D, Lipp M, et al. Fallout: Reading kernel writes from user space[J]. arXiv preprint arXiv:1905.12701, 2019.

[14] van Bulck J, Moghimi D, Schwarz M, et al. LVI: Hijacking transient execution through microarchitectural load value injection[C]. IEEE Symposium on Security and Privacy, 2020.

[15] Xiong W J, Szefer J. Survey of transient execution attacks. 2020. https://arxiv.org/abs/2005.13435.

[16] Gruss D, Maurice C, Wagner K, et al. Flush+Flush: A fast and stealthy cache attack[C]. International Conference on Detection of Intrusions and Malware, and Vulnerability Assessment. Springer, 2016: 279-299.

[17] Deng S W, Huang B W, Szefer J. Leaky frontends: Micro-op cache and processor frontend vulnerabilities. arXiv preprint arXiv: 2105.12224, 2021.

[18] Cronin P, Yang C. A fetching tale: Covert communication with the hardware prefetcher[C]. Intl. Symp. on Hardware Oriented Security and Trust, 2019: 101-110.

[19] Fustos J, Yun H. SpectreRewind: A framework for leaking secrets to past instructions[J]. ArXiv e-prints, 2020.

[20] Yarom Y, Genkin D, Heninger N. CacheBleed: A timing attack on OpenSSL constant-time RSA[J]. Journal of Cryptographic Engineering, 2017, 7(2): 99-112.

[21] Wu Z Y, Xu Z, Wang H N. 2014. Whispers in the hyper-space: high-bandwidth and reliable covert channel attacks inside the cloud[J]. IEEE/ACM Transactions on Networking, 2014, 23(2): 603-615.

第 6 章　随机扰动防护方法

6.1　随机扰动防护原理

随机扰动是现有侧信道防护方法中最常使用且防护设计成本较低的一种策略，提出后就被广泛用于现有密码芯片安全设计. 防护原理是在密码算法执行过程中插入随机时间片或无效操作打乱原有执行顺序，使攻击者无法确定目标操作和目标中间值，从而增加攻击复杂度. 下面将以 AES 加密算法为例，进行随机扰动防护方案的设计举例.

6.1.1　针对 AES 的随机扰动防护

AES 算法中，有些操作可以随机执行，例如，轮密钥加将明文的每个字节添加到原密钥的相应字节中，由于状态的 16 个字节是独立处理的，16 个字节的轮密钥加可以随机执行. 同理，列混淆与行变换也可以按字节或 4 字节为单位随机执行.

在图 6-1 中，描述了一个扰动后的 AES 加密的程序流程. 两个随机区域被称为随机区 1 和随机区 2. 在这两个区域内，轮密钥加和列混淆的随机化方法被应用. 具体而言，第 1 轮加密的顺序变为：轮密钥加、字节替换、列混淆、行移位和轮密钥加. 需要注意的是，第 2—9 轮行移位和列混淆的顺序被改变. 因此，必须改变状态矩阵中一列的定义，见图 6-2.

如前所述，包含在随机区 1 中的操作可随机化执行. 图 6-2 中的列表示 AES 的一个操作块，可以随机地选择列的顺序；在每一列中，可以选择行的执行顺序. 共有 4×4 种不同的执行顺序. 除了这种内部随机化，还可以增加一定数量的伪指令块，例如用 MaxOps 变量定义额外增加指令块的数量. 如果添加 n 个伪指令块，那么随机区 1 有 $(16+4\times n)$ 种不同执行顺序.

随机区 2 包括第 9 轮的列混淆操作、两个轮密钥和字节替换，其中轮密钥加和行移位的顺序被改变；第 10 轮的执行顺序改为字节替换、轮密钥加和行移位，为了配合调整后的加密执行顺序，密钥扩展过程添加逆行变换.

随机扰动防护方案通过对加密算法执行顺序随机化，将加密运算的原始中间结果由固定时刻产生，调整为分布在一段时间区域. 经过乱序处理后，任一加密中间结果在某个特定时间点以一定概率出现，这个概率越低，则侧信道分析(side channel analysis, SCA)时某个时刻功耗曲线与中间结果取值的关联性越低，分析成功率越低. 由于随机扰动防护机制简单而被芯片安全设计工业界普遍采纳[1].

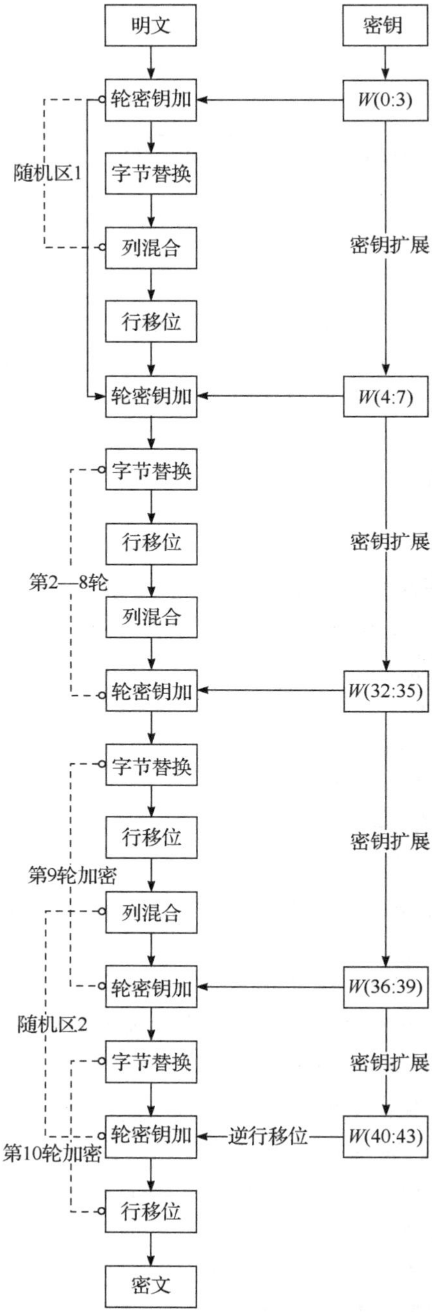

图 6-1　AES 加密扰动后的执行流程

W: AES 加密过程中的绝密钥

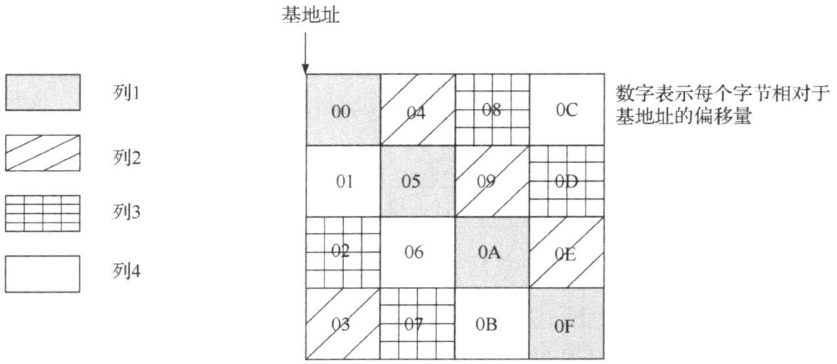

图 6-2 状态列的定义考虑到列混淆是在行移位之前进行的

6.1.2 随机扰动防护分类

现有随机扰动防护主要分为两类: RDI 防护与 shuffle(洗牌)防护. RDI 防护出现时间较早, 其原理是将加密算法的代码执行与空指令或伪指令执行交织在一起, 从而使特定操作的执行时间存在不确定性, 增加功耗分析的样本量. shuffle 防护将敏感变量 X 信息的信号分散到 t 个不同时刻泄漏, 记为: $S_1,\cdots,S_t$. 如果这些信号分布是均匀的, 那么 X 出现在任一时刻的概率是 $1/t$ [2].

以上两种防护方案的设计目标均为改变加密运算的执行顺序, 从而增加攻击者进行有效分析的样本量. 相比较而言, RDI 防护以插入空时间片为主, 更容易实现且防护添加的电路有限, 工业界普遍采用. 但另一方面, RDI 防护设计的执行时间会受插入时间片数量影响, 过多的空时间片会产生执行效率的极大降低. 而 shuffle 防护则是通过随机调整加密操作执行顺序, 无需引入空时间片从而避免 RDI 的性能随时间片数量增加而递减的问题. 当然, shuffle 方案对任一加密操作能随机控制的执行时间范围受加密算法、设计实现结构、芯片资源等影响, 存在扰动范围有限且设计难度高于 RDI 防护的局限[3].

6.2 随机扰动典型方案

6.1 节中介绍了 AES 第一轮的 shuffle 方案举例, 本节将介绍随机开始索引(random start index, RSI)技术及其两个变种[4].

6.2.1 RSI 方案介绍

RSI 防护方案将 AES 状态表示为 16 个元素的向量. S 盒从一个随机选择的索引(0 到 15 之间)开始, 逐一应用于 16 个字节. 由 4 比特随机数决定 16 个可能的起始索引, 图 6-3 展示了开始索引为 4 的 RSI 示例.

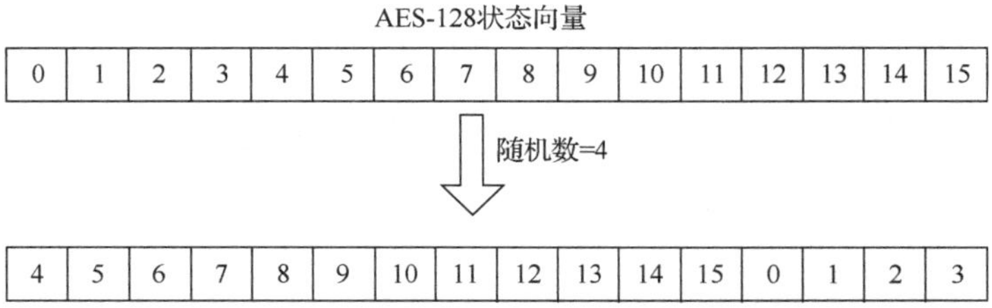

图 6-3　RSI 随机数为 4

基本的 RSI 技术如上所述, 在此基础上还存在两个 RSI 变体技术——矢量 RSI 和矩阵 RSI, 分别将 AES 状态用矢量或矩阵表示.

(1) 矢量随机开始索引(vector-random start index, V-RSI).

V-RSI 用矢量表示 AES 状态, AES-128 算法的每个状态包括 16 字节, 需要 4 比特随机数对 16 字节进行随机选取. 随机数的生成如图 6-4 所示.

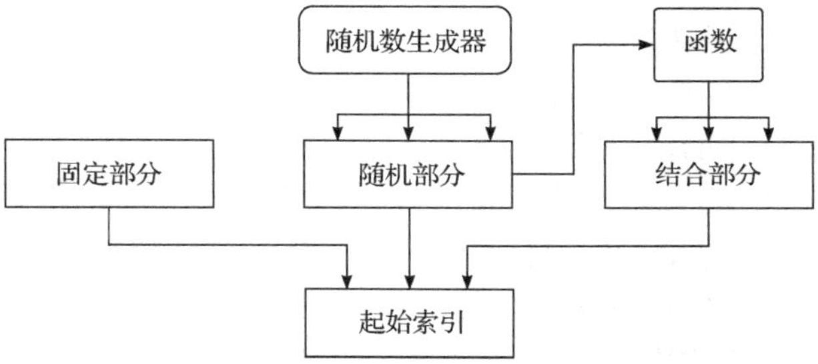

图 6-4　V-RSI 随机数生成的结构图

如果随机数少于 4 比特, 可以用如图 6-5 所示的流程进行补足. 例如, 如果给出的 RSI 只有 3 比特, 可以将最低有效位补(LSB) 0; 又或者给出的 RSI 只有 2 个随机位, 可以将这两比特作为索引的最低两位, 将索引的最高有效位(MSB)置为 1, 将次高位 S-MSB 置为最低两比特的异或值. 使用这种算法来生成起始索引, 将能够生成 4 种不同的 shuffle, 索引值从 8, 11, 13 或 14 开始.

(2) 矩阵 RSI(matrix-random start index, M-RSI).

矩阵 RSI 将 AES 的内部状态用矩阵表示, 并逐行处理. 由于状态是逐行处理的, 可以对每一行运用 V-RSI. 由于所有的行都是单独处理的, 也可以从任何一行开始.

举例而言, 如果是 2 比特随机数控制的 M-RSI 方案, 如图 6-6 所示, 左右两张图分别对应 AES 加密算法中状态矩阵的序号排列和根据 2 比特随机数控制下的乱序后的状态矩阵序号排列. 对应表 6-1, 该表的结构为: 所有行显示如何处理所有的行, 行内单元格显示如何处理一行中的所有单元格. 表中符号的含义分别是, 固定: 使用正常的、非随机的算法(例如, 0, 1, 2, 3); 随机(n): 使用 n 个随机位选择起始索引.

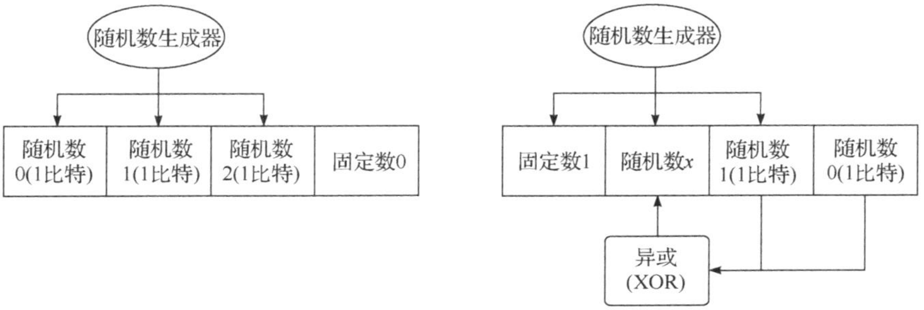

图 6-5 V-RSI 使用 2 和 3 个可用随机位的例子

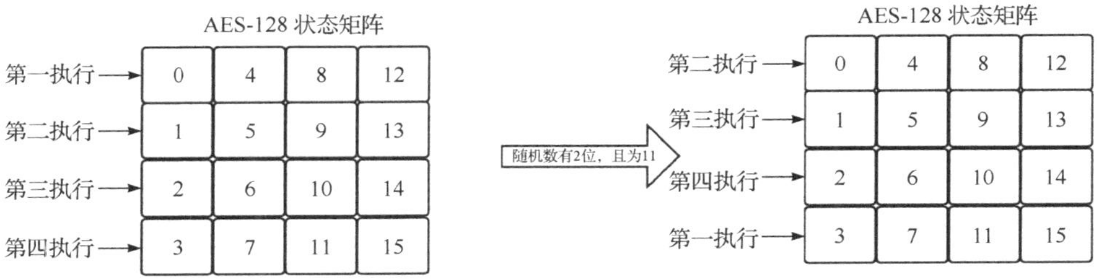

图 6-6 2 比特随机数控制的 M-RSI

表 6-1 只是使用 M-RSI 的举例, 存在更多组合的情况, 例如, 如果有 4 个可用的随机位, 也可以先使用 2 位来选择起始行, 再使用 2 个随机位来选择随机起始单元.

表 6-1 针对 AES-128 的 M-RSI 方案

可用随机位数	所有行		行内单元格		shuffle 次数
	位数	处理方式	位数	处理方式	
1	1	随机(1)	0	固定	2
2	2	随机(2)	0	固定	4
3	2	随机(2)	1	随机(2)	8
4	0	固定	4	随机(1)	16
4*	2	随机(2)	2	随机(2)	16
5	1	随机(1)	4	随机(1)	32
6	2	随机(2)	4	随机(1)	64
8	0	固定	8	随机(2)	256
9	1	随机(1)	8	随机(2)	512
10	2	随机(2)	8	随机(2)	1024

注:上标*表示随机数重复.

6.2.2 RSI 方案分析

本节将从随机化范围、shuffle 次数、使用的资源三个方面对 RSI 技术进行分析.

6.2.2.1 随机化范围

shuffle 防护的随机化可能是针对一个操作(例如轮密钥加)、一个轮次(或一个回合的几个操作)、几个轮次或整个算法. 随机化范围指 shuffle 防护的最大区间. 如果 shuffle 防护应用于 AES 所有轮次的字节替换操作, 那么随机化间隔仍然是一个字节替换, 因为不同的字节替换之间的指令没有被重新排序. 本节介绍的 shuffle 防护以加密算法中一个操作为单位.

如果shuffle技术随机化范围内的所有操作都可随机执行, 那么该防护属于完全随机化. 如果至少有一条指令未被随机化, 那么该shuffle防护属于部分随机化. 应用于字节替换的 RSI 原始设计版本是完全随机的, 但是如果使用较少随机位(如在 V-RSI 中), 就是部分随机. 不同版本的M-RSI属于完全随机或部分随机, 取决于实现过程的随机位数量的选择.

6.2.2.2 shuffle 次数

最佳 shuffle 算法使用 n 个随机比特生成 2^n 种不同 shuffle 方案[5]. RSI 及扩展防护方法均由 n 比特产生 2^n 次 shuffle, 因此这些方案是最优的.

6.2.2.3 使用的资源

RSI 及扩展方案仅需存储几个变量(一般为用于重新计算和保存新的索引), 内存开销复杂度是 $O(1)$. shuffle 防护的时间开销依赖具体实现方式. ATMega 328P 8 比特微控制器上的实验表明, 当微控制器采用 16MHz 时钟, 随机选取 10000 组明文, 在 AES-128 的第一轮和最后一轮的字节替换操作上应用两种 shuffle 防护, 表 6-2 显示 shuffle 方案所需的时间开销. 可以看到, 大部分的时间开销来自随机数生成器(random number generator, RNG).

表 6-2　不同 shuffle 方案的时间开销

算法	RNG 位	包括 RNG		不包括 RNG	
		时间	开销	时间	开销
无 shuffle 防护	0	13197	0	13197	0
V-RSI	1	14426	9.3	13473	2.1
	2	14426	9.3	13473	2.1
	3	14424	9.3	13473	2.1
	4	14423	9.3	13472	2.1

续表

算法	RNG 位	包括 RNG		不包括 RNG	
		时间	开销	时间	开销
M-RSI	1	14186	7.5	13232	0.3
	2	14185	7.5	13232	0.3
	3	14322	8.5	13369	1.3
	4	14323	8.5	13372	1.3
	5	14425	9.3	13474	1.3
	6	14423	9.3	13475	1.3
	8	14319	8.5	13373	1.3
	9	14397	9.1	13452	1.9
	10	14398	9.1	13452	1.9

注: 表 6-2 第 2 列表示随机比特数, 第 3 列和第 4 列表示包括 RNG 生成 shuffle 所需随机数的时间. 第 5 列和第 6 列表示不包括 RNG 生成 shuffle 所需随机数的时间.

以上不同防护技术存在略微不同的时间开销, 可通过具体设计实现或防护变种进一步提高执行性能.

6.3 随机扰动安全性分析

6.3.1 安全评价指标介绍

6.3.1.1 成功率

在介绍成功率这个指标之前, 我们先引入几个变量及其定义. 规定, $E_K=\{E_k(\cdot)\}_{k\in\kappa}$ 是一个以可变密钥 K 为索引、抽象的加密计算集合, 而 (E_K,L) 是对应着 E_K 与泄漏函数 L 间的联系实际计算. 通常, 侧信道攻击会定义一个函数 $\gamma:\kappa\to S$, 将每个密钥 k 映射到一个对应密钥类 $s=\gamma(k)$, 并且有 $|S|\ll|\kappa|$. 因此, 可以将使用侧信道手段的密钥恢复定义为算法 $A_{E_K,L}$, 其时间复杂度为 τ、内存复杂度为 m, 并使目标设备进行了 q 次加密. 目标是通过利用所收集信息(黑盒条件下的物理信息)猜测得出一个密钥类 $s=\gamma(k)$, 且该类的猜测概率较其他类别有显著差异. 为此, 我们可以假设 $A_{E_K,L}$ 的算法输出是一个猜测向量 $\boldsymbol{g}=\left[g_1,g_2,\cdots,g_{|S|}\right]$, 这是由不同的候选密钥值根据攻击结果排序得到的, 最有可能的候选值被排在 g_1 位置. 最后, 我们可以定义一次 o 阶侧信道密钥恢复实验为

$$\text{Experiment}\quad \mathbf{Exp}_{A_{E_K,L}}^{\text{sc-kr-}o}$$

$$[\,g\leftarrow A_{E_k,L};s=\gamma(k);k\leftarrow\kappa;\,]$$

$$\textbf{if}\quad s \in [g_1,\cdots,g_o] \quad \textbf{then}\ \text{return } 1;$$

$$\textbf{else}\ \text{return } 0;$$

其中 sc – kr – o 意为 o 阶的侧信道(side channel, sc)密钥恢复(key recovery, kr). 当对密钥值 k 执行算法 $A_{E_K,L}$ 时, 若对应密钥类 $s=\gamma(k)$ 位于算法 $A_{E_k,L}$ 输出向量 $\boldsymbol{g}$ 的前 o 维时, 实验返回值为 1, 否则返回 0. 于是, $A_{E_K,L}$ 攻击密钥类变量 S 的 o 阶成功率可以这样定义:

$$\mathbf{Succ}_{A_{E_K,L}}^{\text{sc-kr-}o,S}(\tau, m, q) = \Pr[\,\mathbf{Exp}_{A_{E_K,L}}^{\text{sc-kr-}o} = 1\,]$$

由上式可以看出, 一阶成功率指的是正确密钥经过排序位列第一的概率, 二阶成功率则是正确密钥在排序后位于前两位的概率, 以此类推. 没有特殊说明时, 成功率指标一般指的是一阶成功率.

6.3.1.2 猜测熵

类似地, 先对运用侧信道手段的密钥猜测实验作如下定义:

$$\text{Experiment } \mathbf{Exp}_{A_{E_K,L}}^{\text{sc-kg}}$$

$$[\,g \leftarrow A_{E_k,L}; s=\gamma(k); k \leftarrow \kappa;\,]$$

$$\text{return } i \text{ such that } g_i = s;$$

其中 sc – kg 意为侧信道(side channel, sc)密钥猜测(key guessing, kg). 当对密钥值 k 执行算法 $A_{E_K,L}$ 时, 若对应密钥类 $s=\gamma(k)$ 对应算法 $A_{E_k,L}$ 输出向量 g 的第 i 维, 则实验返回值为 i. 因此, $A_{E_K,L}$ 攻击密钥类变量 S 的猜测熵可以这样定义:

$$\boldsymbol{GE}_{A_{E_K,L}}^{\text{sc-kr-}S}(\tau, m, q) = \mathbf{E}(\mathbf{Exp}_{A_{E_K,L}}^{\text{sc-kg}})$$

6.3.2 不同分类随机扰动方法的安全性分析

首先, 假定算法 $A_{E_K,L}$ 是相关性能量分析(correlation power analysis, CPA)方法, 并且先考虑 (E_K, L) 中不含随机扰动防护下的攻击, 则此时 $A_{E_K,L}$ 将由目标中间值处理时刻 t_c 处的实测功耗 P_{t_c} 和基于唯一正确猜测密钥的假设功耗 H 计算的最大相关性 $\rho_{\max}$. 同时, t_c 处的实测功耗 P_{t_c} 由目标中间值引起的功耗 Q 和额外的噪声功耗 N 两部分组成. 该处的信噪比(signal-to-noise ratio, SNR)可以这样定义:

$$\text{SNR} = \frac{\text{Var}(Q)}{\text{Var}(N)}$$

将 SNR 引入 $\rho_{\max}$ 的计算就可以得到如下推导

$$\begin{aligned}\rho(H,Q+N)&=\frac{E(H(Q+N))-E(H)E(Q+N)}{\sqrt{\operatorname{Var}(H)(\operatorname{Var}(Q)+\operatorname{Var}(N))}}\\&=\frac{E(HQ+HN)-E(H)(E(Q)+E(N))}{\sqrt{\operatorname{Var}(H)\operatorname{Var}(Q)}\sqrt{1+\frac{\operatorname{Var}(N)}{\operatorname{Var}(Q)}}}\\&=\frac{\rho(H,Q)}{\sqrt{1+\frac{1}{\mathrm{SNR}}}}\end{aligned}$$

接下来，考虑引入了随机扰动方法的情况. 此时，t_c 被随机排列在某一范围 l 中(对于 RDI 方案 l 等价于插入的空操作时间片数量，而对于 shuffle 方案则对应敏感操作的执行范围)，$\rho_{\max}$ 将在正确密钥对应的假设功耗 H 和时刻 $\hat{t}_c$ 处的功耗 $\hat{P}$ 之间计算得到. 此时，$\hat{t}_c$ 处功耗由处理目标中间值而引起的概率为 $\hat{p}=1/l$，则该处功耗由非敏感操作引起的概率为 $(1-\hat{p})$. 结合处理目标中间值引起的功耗 P 和非敏感操作引起的功耗 O (O 独立于假设功耗 H，$\operatorname{Cov}(H,O)=0$)，$\rho_{\max}$ 可作如下定义:

$$\begin{aligned}\rho(H,\hat{P})&=\frac{\hat{p}*\operatorname{Cov}(H,P)+(1-\hat{p})*\operatorname{Cov}(H,O)}{\sqrt{\operatorname{Var}(H)\operatorname{Var}(\hat{P})}}\\&=\frac{\hat{p}*\operatorname{Cov}(H,P)}{\sqrt{\operatorname{Var}(H)\operatorname{Var}(\hat{P})}}\\&=\rho(H,P)*\hat{p}*\sqrt{\frac{\operatorname{Var}(P)}{\operatorname{Var}(\hat{P})}}\end{aligned}$$

两式融合可以得到推导

$$\rho_{\max}=\frac{\rho(H,Q)}{\sqrt{1+\frac{1}{\mathrm{SNR}}}}*\hat{p}*\sqrt{\frac{\operatorname{Var}(P)}{\operatorname{Var}(\hat{P})}}$$

在上式中，$\rho(H,Q)$ 与攻击者对设备功耗特征的掌握与刻画情况有关，SNR 对于当前方案下某处观测一定. 故考察随机扰动方法对 $\rho_{\max}$ 的影响时，$\hat{p}*\sqrt{\frac{\operatorname{Var}(P)}{\operatorname{Var}(\hat{P})}}$ 是一个有影响的变化量. 因为 $\hat{t}_c$ 处的功耗满足二项分布 $X\sim B(n,\hat{p})$，所以随机变

量 $\hat{P}$ 满足如下分布律:

$\hat{P}$	P	O
p	$\hat{p}$	$1-\hat{p}$

可由方差的数学定义求得

$$\operatorname{Var}\left(\hat{P}\right)=\left(P-O\right)^2\left(1-\hat{p}\right)\hat{p}$$

代入 $\rho_{\max}$ 公式可得到

$$\begin{aligned}\rho_{\max}&=\frac{\rho\left(H,Q\right)}{\sqrt{1+\dfrac{1}{\text{SNR}}}}*\hat{p}*\sqrt{\frac{\operatorname{Var}\left(P\right)}{\operatorname{Var}\left(\hat{P}\right)}}\\&=\frac{\rho\left(H,Q\right)}{\sqrt{1+\dfrac{1}{\text{SNR}}}}*\sqrt{\frac{\operatorname{Var}\left(P\right)\hat{p}}{\left(P-O\right)^2\left(1-\hat{p}\right)}}\\&=\frac{\rho\left(H,Q\right)}{\sqrt{1+\dfrac{1}{\text{SNR}}}}*\sqrt{\frac{\operatorname{Var}\left(P\right)}{\left(P-O\right)^2\left(l-1\right)}}\end{aligned}$$

由上式可知, 当随机扰动方法使敏感操作及其对应时刻 t_c 分布范围 l 越大, 将使得 $\rho_{\max}$ 越小, 进而导致 1 阶成功率(success rate, SR)降低和猜测熵(guess entropy, GE)上升.

6.4 针对随机扰动防护的分析方法

针对随机扰动防护的分析方法包括两类: 非训练类(non-profiled)分析方法和基于样本训练的训练类(profiling)分析方法. 其中最具代表性的 non-profiled 分析方法是利用时间轴上的窗口将目标操作所在范围内的所有样本点累加后, 进行差分功耗分析/相关性功耗分析(DPA/CPA), 由于随机扰动分析方法的对目标操作控制在一定范围内, 只要分析窗口包含目标操作, 那么累加后的样本一定包含与目标操作相关的泄漏, 只是信噪比降低. 而针对随机扰动防护的 profiling 分析方法又包括传统模板攻击与以卷积神经网络(convolutional neural networks, CNN)算法为代表的深度学习(deep learning)分析方法. 其中模板分析方法需要对随机扰动防护的生数据进行预处理, 主要解决目标操作未对齐的问题, 而卷积神经网络分析方法由于包括卷积层, 在面对随机扰动防护后的泄漏数据可以不进行任何预处理, 我们将分别对模板攻击与卷积神经网络类 profiling 分析方法进行介绍.

6.4.1 non-profiled 分析

本节选取相关功耗分析(CPA)作为非建模攻击方法的代表. 在 CPA 攻击过程中, 选择攻击的中间值是第一轮的字节替换操作, 即 SBox($k \oplus p$), 其中 k 是 16 字节的固定密钥, p 是 16 字节的明文, SBox 即 S 盒, 在 AES 实现过程中会使用 16 个 S 盒, 每个 S 盒有 8 比特的输入和 8 比特的输出. 如果使用基本 RSI 作为防护措施的话, 则会产生 16 种可能的状态矩阵. 以下是使用 RSI 的 2 个变体防护抗 CPA 分析的结果.

图 6-7 的横轴是在固定时刻可能使用的字节数(AES-128 最多有 16 字节), 纵轴是攻击所需的曲线量. 图 6-8 的横轴是所用曲线量的对数, 纵轴是使用 CPA 进行攻击的成功率. 这两幅图显示了在使用不同 shuffle 方案对抗 CPA 攻击时所需的能量迹数量随着同一时间内可能处理的不同字节的数量(由于 shuffle)的增加而增加.

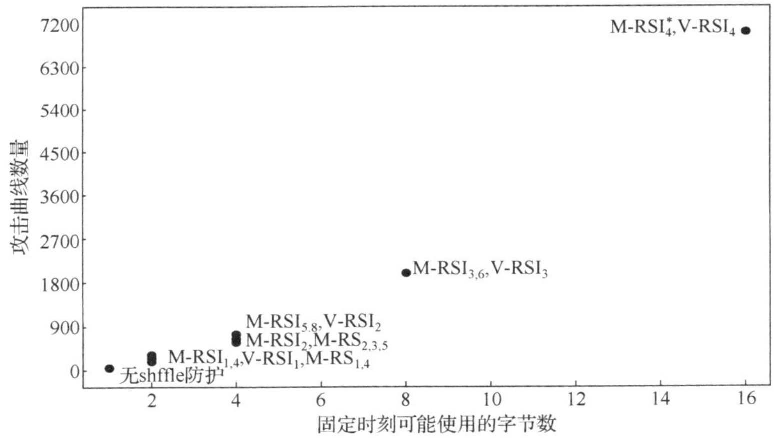

图 6-7 针对不同防护 CPA 所需的能量迹数量

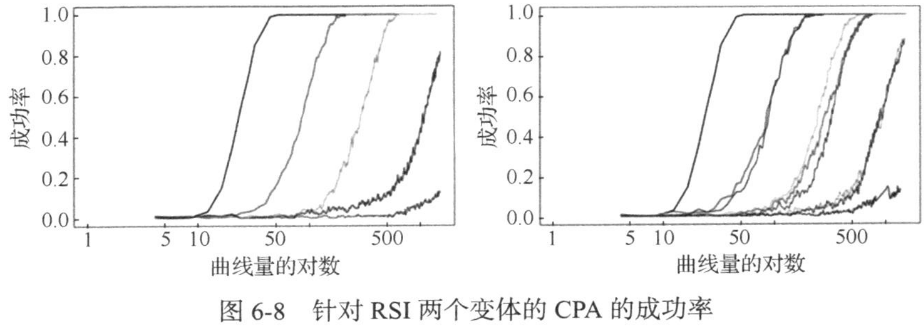

图 6-8 针对 RSI 两个变体的 CPA 的成功率

6.4.2 profiling 分析

6.4.2.1 模板攻击(template attack, TA)

首先, 攻击者有建模能力, 并且掌握shuffle防护方案设计细节[6]. 同时, 攻击者在建模过程中不控制 shuffle 方案中的随机数, 符合真实攻击条件(加密操作的随机性是在设备内部产生的), 因此攻击者不知道完整的排列组合(单个执行过程中的字节顺序).

对于每个目标值(被攻击的字节), 模板对应的是一个平均值和一个协方差矩阵. 每个模板参数估计的复杂度取决于攻击过程中考虑的特征点数量, 特征点为一个字节可能被处理的时间点数量. 下面的实验对每个目标值使用了 5000 个能量迹, 用于模板建立.

图 6-9 的横轴是在固定时刻可能使用的字节数(AES-128 最多有 16 字节), 纵轴是攻击所需的曲线量. 图 6-10 的横轴是所用曲线量的对数, 纵轴是使用 TA 进行攻击的成功率. 这两幅图片同样显示了攻击所需的能量迹的数量(或攻击的成功率)取决于在同一时刻可能处理的字节数. 可以看出 shuffle 方案随机控制的操作数量越高, 对特定攻击的防御能力越强.

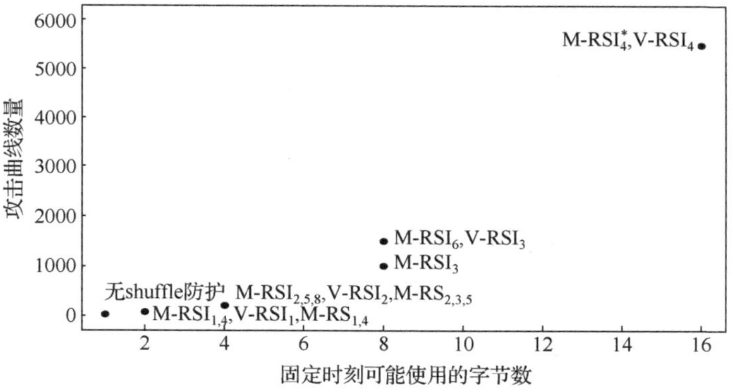

图 6-9　在不同的实现方式下, 使用 TA 提取密钥所需的能量迹数量

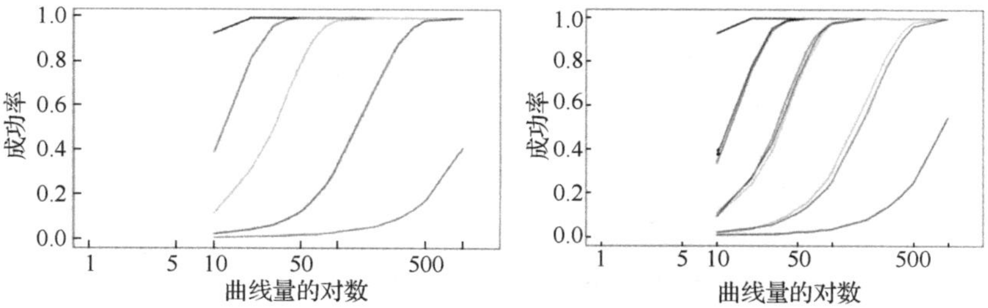

图 6-10　针对 RSI 两个变体的模板攻击的成功率

6.4.2.2 卷积神经网络类 profiling 分析方法

目前有很多工作表明, 使用卷积神经网络(convolutional neural networks, CNN)可有效攻击一些 SCA 的防护措施, 如 shuffle. 与模板攻击相比, 深度学习技术可以处理错位的能量迹和高维度的数据. 模板攻击往往需要对能量迹进行预处理操作, 这样才能获得较好的攻击效果, 而基于深度学习的建模攻击不需要对能量迹进行预处理操作, 并且攻击效果往往比预处理过的模板攻击效果更好.

卷积神经网络结合了三种结构理念, 以确保一定程度的移位和失真不变性: 局部接受域、共享权重或权重复制, 有时还进行空间或时间子采样.

卷积神经网络通过限制隐藏单元的接受域来强制提取局部特征. 当输入对象中同一特征的位置发生变化时, 原则上, 一个具有足够规模的全连接网络学习并产生对这种变化不变的输出, 但是学习过程可能会导致: 多个具有相同权重模式的单元被放置在输入的不同位置; 学习这些权重组合需要大量的训练实例来覆盖可能的变化空间. 而在卷积神经网络中, 可以通过强制权重集合在空间上的复制, 自动获得位移不变性.

改变卷积层的输入会改变输出, 但其他的会保持不变, 一旦检测到一个特征, 其确切位置就变得不那么重要了, 只要保留其相对于其他特征的大致位置即可. 因此, 每个卷积层后面都有一个附加层, 该层执行局部平均和子采样, 降低了特征图的分辨率, 并增加了输出对偏移和扭曲的鲁棒性.

图 6-11 是将卷积应用于输入的能量迹, 卷积核由 4 个长度为 2 的列向量组成, 每个列向量形成一个窗口, 它定义了跟踪的 2 个连续点的线性转换. 每个窗口的坐标(被看作是一个矩阵)是可训练的权重之一, 并被约束为对每个输入的数据, 窗口的坐标都是不变的, 这样做可以使卷积层能学习到移位不变的特征[7].

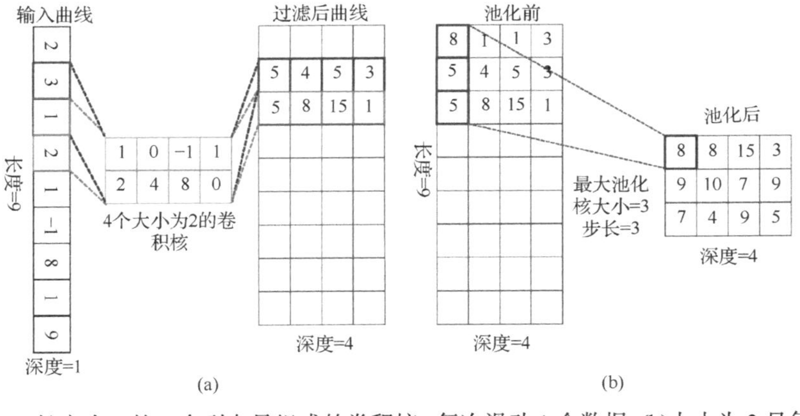

图 6-11 (a)长度为 2 的 4 个列向量组成的卷积核, 每次滑动 1 个数据; (b)大小为 3 且每次滑动 3 个数据的最大池化层

应用多个列向量的原因是，希望每个列向量能从输入的数据中提取不同的特征. 随着卷积核沿着输入数据移动，更高层次的抽象特征有望被提取出来. 这些特征在一个额外的数据维度上并排排列，即所谓的深度，正是这种几何特性使 CNN 对时间性变形具有鲁棒性.

下面分析 CNN 对错位数据的攻击结果，CNN 已经被训练成根据 S 盒输出的汉明权重对能量迹进行分类. 也就是说，标签是由 $Z = \mathrm{HW}\left(\mathrm{SBox}\left(P \oplus K\right)\right)$ 取的 9 个值.

基于 Keras 库(1.2.1 版)，选择以下 CNN 架构:

$$s \circ [\lambda]^1 \circ \left[\delta \circ [\sigma \circ \gamma]^1\right]^4$$

其中 s 表示归一化函数，λ 表示全连接层，σ 表示激活层，γ 表示卷积层，δ 表示池化层. 为了加快训练速度，在每次池化后都引入了一个批量归一化层.

实验在数字信号(digital signal, dS)低抖动和 DS 高抖动两个数据集上进行，每一个数据集都包含 10000 个标记的能量迹，用于训练/验证阶段(更确切地说，9000 个用于训练,1000 个用于验证)，以及 100000 条用于攻击的能量迹. 这些能量迹由 1860 个时间样本组成. 这两个数据集是通过在一些同步的原始能量迹上人为地添加模拟的抖动效应获得的，原始能量迹是从一台 Atmega 328P 微处理器上采集的.

为了模拟抖动效应，每个时钟图案都被变形，如果 $r>0$，则增加 r 个新点(如果 $r<0$，则删除 r 个点)，$r \sim N(0, \sigma^2)$. 对于 DS 低抖动数据集，$\sigma^2 = 4$，对于 DS 高抖动数据集，$\sigma^2 = 36$. 作为一个例子，图 6-12(a)描述了 DS 低抖动的能量迹. 图 6-12(b)描述了 DS 高抖动的能量迹.

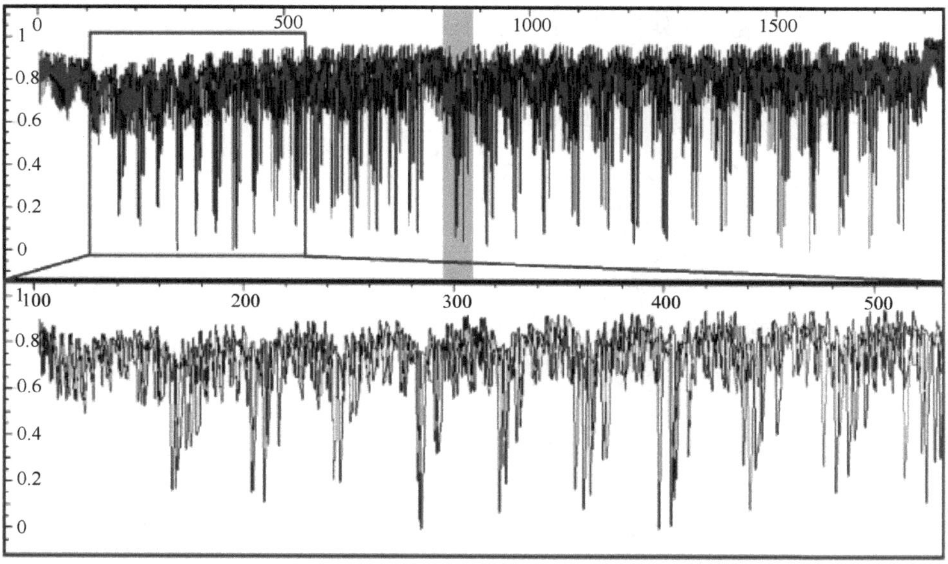

(a)

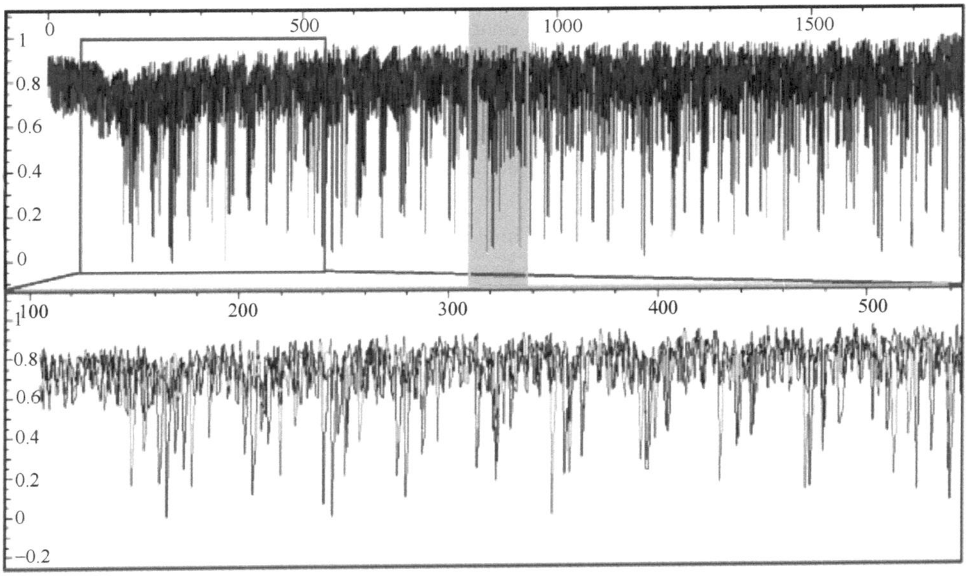

(b)

图 6-12 (a) DS 低抖动数据集的能量迹; (b) DS 高抖动数据集的能量迹

图 6-13 的横轴表示用于攻击的能量迹数量, 纵轴是猜测熵, 一种常用的衡量标准, 它定义了正确密钥在所有密钥假设中的平均排名. 图 6-13 的结果表明, CNN 方法的性能远高于高斯模板攻击, 无论模板攻击有无重新对齐的预处理. 这证实了 CNN 方法在抖动效应方面的鲁棒性.

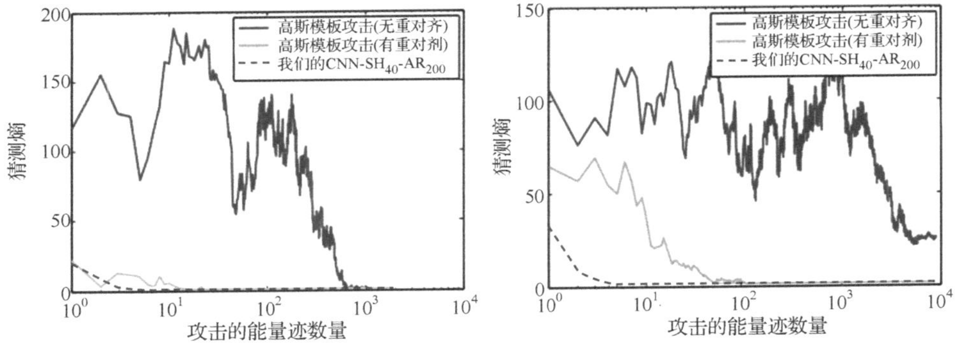

图 6-13 在 DS 低抖动数据集和 DS 高抖动数据集下, 模板攻击和 CNN 分析的比较

参 考 文 献

[1] Clavier C, Coron J S, Dabbous N. Differential power analysis in the presence of hardware countermeasures[C]. International Workshop on Cryptographic Hardware and Embedded Systems. Berlin, Heidelberg: Springer, 2000: 252-263.

[2] Herbst C, Oswald E, Mangard S. An AES smart card implementation resistant to power analysis attacks[C]. International conference on applied cryptography and network security. Berlin, Heidelberg: Springer, 2006: 239-252.

[3] Rivain M, Prouff E, Doget J. Higher-order masking and shuffling for software implementations of block ciphers[C]. International Workshop on Cryptographic Hardware and Embedded Systems. Berlin, Heidelberg: Springer, 2009: 171-188.

[4] Lu Y, O'Neill M P, McCanny J V. FPGA implementation and analysis of random delay insertion countermeasure against DPA[C]. 2008 International Conference on Field-Programmable Technology. IEEE, 2008: 201-208.

[5] Veshchikov N, Medeiros S F, Lerman L. Variety of scalable shuffling countermeasures against side channel attacks[J]. Journal of Cyber Security and Mobility, 2016, 5(3): 195-232.

[6] https://di.ulb.ac.be/dpalab/download.html,2011.

[7] Cagli E, Dumas C, Prouff E. Convolutional neural networks with data augmentation against jitter-based countermeasures[C]. International Conference on Cryptographic Hardware and Embedded Systems. Cham: Springer, 2017: 45-68.

第 7 章　掩码防护方法

现有大量研究工作表明，未加任何防护措施的密码芯片实现无法抵抗侧信道攻击. 那么，针对侧信道攻击的威胁，研究相应的防护对策得到广泛关注.

7.1　掩码防护原理

掩码防护的目标是使设备的能量消耗与密码算法的中间值之间无依赖关系. 在掩码实施掩码方案中，每一个中间值 v 都基于一个称为“掩码”的随机数 m 进行变换处理，对于攻击者而言，该随机数 m 未知，

$$v_m = v * m \tag{7-1}$$

(7-1)式中，v_m 表示掩码后的中间值，“*”代表某种运算操作. 运算“*”通常根据密码算法所使用的操作进行定义，多为布尔异或运算“⊕”、模加运算“+”或模乘运算“×”.

掩码技术使用随机数对中间敏感数据进行掩码，使算法所有的中间数据随机分布，这样就去除了算法中间数据与能量泄漏之间的相关性.

7.2　掩码防护分类

7.2.1　布尔掩码与算术掩码

布尔掩码与算术掩码的区别，在布尔掩码中，中间值与掩码进行异或运算，即 $v_m = v \oplus m$. 在算术掩码中，中间值与掩码进行加法或乘法算术运算. 模加运算，即 $v_m = v + m \bmod n$，模乘运算，即 $v_m = v \times m \bmod n$，其中，模 n 的选取取决于具体密码算法. 有些密码算法中包括基于布尔运算和算术运算，此时需要采用两种类型的掩码技术.

密码算法中包括线性和非线性函数. 线性函数 f 满足如下性质：$f(x*y) = f(x)*f(y)$. 例如，如果运算 * 为异或运算 ⊕，则线性函数具有如下特性：$f(x \oplus y) = f(x) \oplus f(y)$. 这意味着很容易对线性运算采用布尔掩码. 而非线性运算，如 AES 的 S 盒则不满足上述性质，即 $S(x \oplus y) \neq S(x) \oplus S(y)$. 需专门

为非线性运算设计掩码方案.

应用于非对称密码方案中的算术掩码称为“盲化”. 例如, 在 RSA 的解密过程中, 将乘法掩码应用于输入消息 v, 即 $v_m = v \times m^e$. 由于 $(v_m)^d \equiv (v^d \times m) \bmod n$, 在算法的最后, 可以很容易地恢复出结果 v^d, 这种方案称为“消息盲化”. 另外一种稍有差异的掩码技术可被应用于指数 d, 即 $d_m = d + m \times \phi(n)$. 由于 $v^{d_m} \equiv v^d \bmod n$, 最终掩码可以自动消除, 这种方案称为“指数盲化”, 相当于对指数实施了加法掩码.

掩码技术的基本实现方式是使随机数对原始中间值进行掩盖, 从而使功耗服从随机分布, 起到抗攻击的作用. 掩码技术实施过程如图 7-1 所示. 和未加入掩码的加密过程相比, 掩码技术的每一步操作都需要随机数参与运算, 每个中间值都要被掩码, 在加密结束时还需要去除掩码, 恢复出原始运算结果. RNG(random number generator)是随机数发生器, 在运算开始时给密码运算提供随机数掩码值, 在运算结束时去除随机数能正确恢复出原始密文.

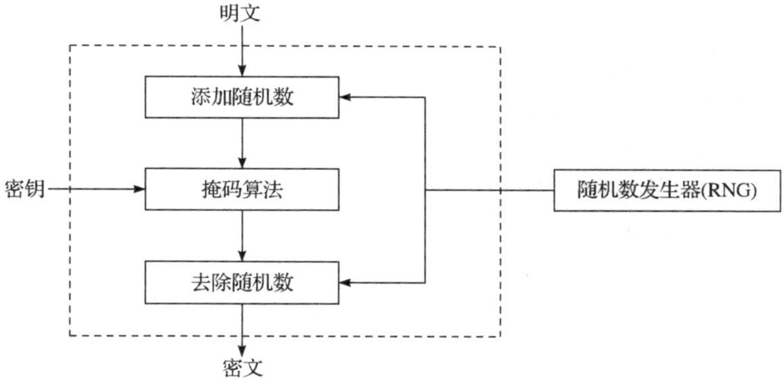

图 7-1　掩码技术的实施过程

运算过程的每一步都需要随机数参与, 通常的做法是: 在新的掩码值参与运算前, 去除已有的掩码效果. 这样可以使随机数的分配和调度变得简单而清晰, 在运算结束时, 只需要与上一次的掩码值进行异或就可以得到原始密文.

掩码技术的安全性通常基于以下假设: 若 v_m 与 v 不相关, 则 v_m 导致的泄漏与 v 也没有相关性. 然而, 这个假设并不总是成立的, 密码芯片的瞬时功耗不是仅仅依赖于一个中间值, 而是和两个或多个中间值都有关系, 比如汉明距离模型就是利用两个中间值刻画功耗. 假设密码芯片对寄存器上连续存储的两个中间值使用同一个随机数掩码, 则此寄存器的汉明距离与未掩码时相同, 利用侧信道攻击技术仍然可以破解密钥. 因此, 如果寄存器上连续存储两个中间值, 则不能使用同一个掩码防护该寄存器.

7.2.2 秘密共享

掩码防护技术采用了秘密共享的思想，在布尔掩码中，掩码型中间值 $v_m = v \oplus m$，给定 v_m 和 m，可以计算出中间值 v. 也就是说，可以用两个共享因子(v_m, m)表示中间值 v. 只给定共享因子中的任何一个，不会泄漏关于 v 的任何信息；只有同时获得两个共享因子，才能确定出 v. 因此，掩码技术相当于采用两个共享因子的秘密共享方案. 将多个掩码应用于同一个中间值，相当于采用多个共享因子的秘密共享方案，可以抵抗高阶侧信道攻击.

7.2.3 AES 的掩码实现

现在讨论 AES 算法的布尔掩码方案. AES 算法轮变换的四种操作分别为轮密钥加 AddRoundKey、S 盒替换 SubBytes、行移位 ShiftRows 和列混淆 MixColumns，掩码实现是对这四种操作过程进行掩码处理.

掩码 AES 算法的初始轮中，需要首先对密钥进行掩码处理，以抵抗对轮密钥加 AddRoundKey 模块实施的攻击. 密钥值与 128 比特随机值 $M(m, m, m, m)$进行异或操作，每个 m 是 32 比特随机值数据，如图 7-2 所示，128 比特原始中间结果(State)被随机值 $M(m, m, m, m)$掩盖.

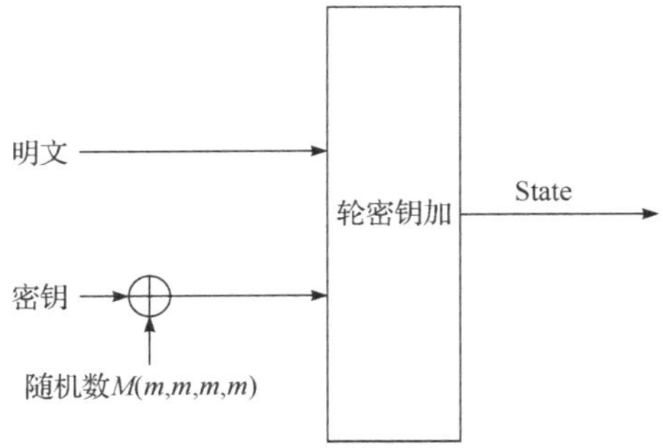

图 7-2 掩码型 AES 初始轮密钥加运算

AES 算法的前 9 轮运算过程都相同，对它们实施的掩码方案也相同，图 7-3 为掩码 AES 前 9 轮中某 1 轮运算的步骤，图中右侧虚线框内为相应操作结束后的掩码状态. 在轮函数开始前，中间值 State 被随机数 $M(m, m, m, m)$掩码.

S 盒替换 SubBytes 是 AES 中唯一的非线性操作，AES 的掩码型 S 盒也需要重新生成，用查找表的方式实现. 因此，用一个掩码型 S 盒来实现这一操作.

行移位 ShiftRows 是将状态中的各个字节移到不同的位置，此处算法状态的所有字节均使用同一个掩码. 所以，这个操作对掩码方案没有影响.

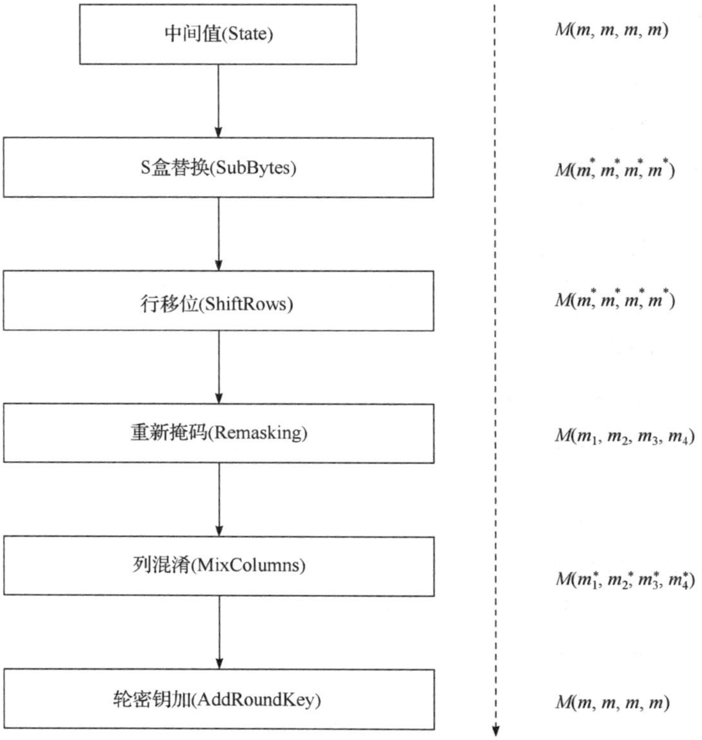

图 7-3　掩码型 AES 某 1 轮运算过程

列混淆 MixColumns 是对同一列中不同的字节进行混淆，所以，MixColumns 操作至少需要两个掩码. 如果一列中只用两个掩码，为了确保所有的中间值都被掩码，需要更加小心地处理 MixColumns 操作，这会导致实现很低效. 取而代之，最好在此处算法状态的每一行都采用一个单独的掩码. 既然如此，每一轮都用相同的一组掩码是有益的. 于是，各轮 MixColumns 操作输出状态的掩码也相同. 所以，只需要确定一次掩码.

该方案使用了 6 个相互独立的掩码. 前两个掩码 m 和 m^*分别为掩码型 SubBytes 操作输入和输出的掩码，剩下的 4 个掩码 m_1, m_2, m_3 和 m_4 则为 MixColumns 操作的输入掩码. 每一次 AES 加密开始时，需要进行两个预计算. 首先，计算一个满足 $\text{SubByte\_updates}(A\oplus m)=\text{SubBytes}(A)\oplus m^*$ 的掩码型 S 盒；而后，将 m_1, m_2, m_3 和 m_4 应用于 MixColumns 操作，计算 MixColumns 操作输出的掩码. 则 m_1^*，m_2^*，m_3^* 和 m_4^* 表示 MixColumns 操作输出结果的掩码.

一轮掩码型 AES 的工作方式如下：当每一轮操作开始时，用 m_1^*，m_2^*，m_3^* 和 m_4^* 对明文进行掩码. 然后，执行 AddRoundKey 操作. 子密钥是掩码型的，并且会

使得状态掩码从 m_1^*，m_2^*，m_3^* 和 m_4^* 变为 m. 最后，执行与 S 盒对应的查找表. 这样，掩码改变为 m^*. ShiftRows 操作对掩码没有影响，因为此处状态的所有字节都使用 m^* 进行掩码. 在 MixColumns 操作之前，第一行的掩码 m^* 变为 m_1，第二行的掩码变为 m_2，第三行的掩码变为 m_3，第四行的掩码变为 m_4. MixColumns 操作把掩码从 m_i 变为 m_i^*，其中 i=1, 2, 3, 4. 注意，在各轮操作开始就获知了这些掩码. 因此，通过这种方式，可以对任意轮操作进行掩码. 当最后一轮加密结束时，通过最后的 AddRoundKey 操作消除掩码.

每一轮运算的结果都被保存到寄存器中，汉明距离模型就是利用此寄存器不同时刻的值刻画假设功耗. 由于每一轮运算的结果都被不同的随机值掩码，理论上一阶差分功耗分析无法成功攻击本文的掩码型 AES 实现. 然而，掩码处理在计算时间上的开销是很高的[1]. 增加的开销并非来自每一轮增加的操作，而是来自对掩码型 S 盒查找表的预计算. 上述 AES 掩码方案在 8 比特微处理器上实现总共需要 8240 个时钟周期. 同样的平台上的原始 AES 实现则需要 4427 个时钟周期. 也就是说，掩码 AES 实现大约需要两倍的耗时. 在 8240 个时钟周期中，大约 2800 个时钟周期，即 1/3 的运行时间用于预计算，包括：掩码型 S 盒、掩码型 MixColumns 输出以及掩码的预置.

由于对 AES 算法的功耗分析攻击，多是从第一轮发起，因此认为只对前几轮进行掩码，而去掉中间几轮的掩码，可以很大地改善掩码 AES 算法实现的性能. 但实验表明：这种观点是错误的. 在实现方案中，去掉 AES 中间六轮的掩码仅仅减少了大约 468 个时钟周期，性能只提高了 5.6%.

7.3 可证明安全任意阶掩码防护

7.3.1 探测攻击安全

任意阶探测攻击安全这一概念首先是在 Ishai 等的研究工作中提出的，发表在 2003 的 Crypto 会议上. 这一概念被用来证明当时若干种掩码方案的安全性，而这一概念天然地保证了掩码方案在算法层面上抗侧信道攻击的安全性.

定义 7.1(d 阶探测攻击安全) 令 n 为掩码阶数，d 是一个整数，$d \in [1;n]$. 一个算法被称为 d 阶探测攻击安全，当且仅当，算法中任意不超过 d 个中间变量构成的集合都与秘密信息相互独立.

在该模型中，假设攻击者可以探测某一个安全实现方案中至多 d 个中间计算过程的结果. 也就是说攻击者可以在任意一个或多个组件中的基本操作输出位置放置至多 d 个探针. 由于组件中的基本操作都是由共享因子参与的运算，因此攻击者可以根据其结果获取到一个或两个共享因子参与运算的相关信息. 这一过程可以看成是探测一条软件指令, 一次探测或者可以恢复出指令的来源(即一个或两个操作数), 或者可以恢复出指令的去向(也就是指令的输出). 随后攻击者根据获取到的信息, 尝试找出与秘密信息相关的某些信息. 如果不存在这些相关信息, 那么该安全实现方案就被称作是满足 d 阶探测安全的. 该模型一个很大的优势在于它可以进行优雅且简单的证明来保证安全实现方案的安全性.

该模型有一点很重要的实际意义和应用价值, 那就是它所定义的攻击者能力涵盖了一个任意阶侧信道攻击者的能力, 因此可以很自然地应用于任意阶侧信道安全的安全性证明中. 在实际的任意阶侧信道分析中, 攻击者首先尝试寻找泄漏曲线中存在的一些与掩码变量相关的特征点, 然后尝试组合这些特征样本点数据来寻找一个与秘密变量相关的统计量, 从而尝试恢复出秘密变量的信息. 因此这些特征点就可以看成是攻击者在安全实现方案的物理泄漏数据中放置的探针.

7.3.2　一阶门限防护实现

门限实现(threshold implementations, TI)[2, 3]是基于安全多方计算和秘密共享的思想. 相比如其他的掩码方案, TI 不仅能够抵抗差分功耗攻击, 而且能够抵抗毛刺攻击, 具有很强的安全属性, 门限实现掩码防护方案的基本思想可用图 7-4 表示.

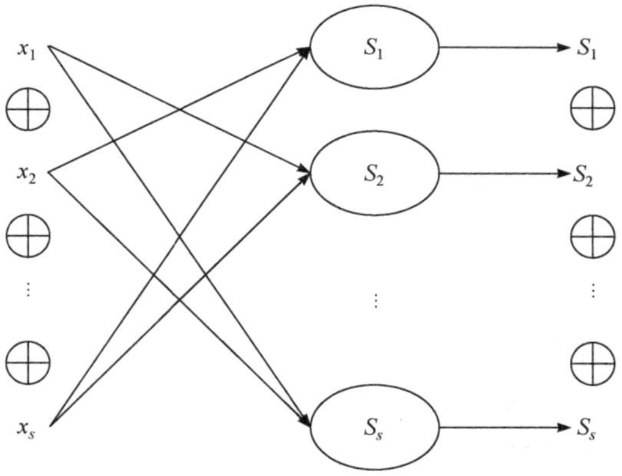

图 7-4　门限实现的基本思想图

如图 7-4 所示, 在构造门限实现函数时, 为了达到抵抗功耗攻击的目的, 在构建时要求构建的门限实现表达式满足三个基本性质, 即正确性、不完全性和均匀性. 下面以 3 输入共享因子一阶防护密码算法线性操作异或运算、非线性 S 盒操作以及非线性与运算操作的一阶门限实现为例, 具体介绍门限实现的 3 个基本属性，其中非线性部分是重点部分.

线性部分：对于线性部分，直接在对应位异或共享因子，使用和明文密钥对应长的两组随机数. 例如线性函数为 $z = x \oplus y$，设 $x = x_1 \oplus x_2 \oplus x_3$，$y = y_1 \oplus y_2 \oplus y_3$. 那么门限掩码表达式可表示为

$$z = x \oplus y = x_1 \oplus x_2 \oplus x_3 \oplus y_1 \oplus y_2 \oplus y_3 \tag{7-2}$$

非线性部分：非线性 S 盒操作.

(1) 正确性.

设 $x = x_1 \oplus x_2 \oplus x_3$，即每个输入 x 被拆分成 3 个分量，则 S 盒(S 表示)可以表示为

$$S(x_1 \oplus x_2 \oplus x_3) = S_1(x_2 \oplus x_3) \oplus S_2(x_1 \oplus x_3) \oplus S_3(x_1 \oplus x_2) \tag{7-3}$$

若满足正确性，即要求 $S = S_1 \oplus S_2 \oplus S_3$. 显然，秘密共享并不改变函数本身的输出结果，在具体函数的构造过程中就能满足正确性的要求. 门限实现方案只是在函数的输入、输出端对输入、输出变量进行分解，并不对加密算法原有的内部结构产生影响.

(2) 不完全性.

大多数掩码方案在出现毛刺时，无法抵抗侧信道攻击的重要原因在于它们至少在一个组件函数中处理了所有输入变量的相关数据，因此，攻击其相应线路的攻击者可以由此分析出密钥的所有信息. 门限实现技术的目的是攻击者探测 d 条线路只能检测到最多 $s-1$ 份秘密共享的信息，这 $s-1$ 分量信息与密钥信息无关，从而可以成功抵抗侧信道攻击.

如果构造的是一阶门限实现方案，那么只要满足 S_i 函数中没有 x_i 变量即可，即在每个掩码子函数中至少有一个输入分量是独立的.

从这个不完全性的定义，可以推出每个输出分量必须与至少 1 个输入分量无关. 该性质就保证了即使在出现毛刺的硬件上，检测到 1 个掩码子函数的泄漏信息也无法分析出关于密钥的任何信息，从而验证了门限实现方案是可以抵抗一阶侧信道攻击的. 对于 d 阶侧信道攻击，检测到 d 个掩码子函数的泄漏信息也只能检测到最多 $s-1$ 份的信息，无法获得相关密钥信息，保障了其安全性.

如果秘密共享函数的输入掩码是均匀的，实现 d 阶门限，即使在输入发生延迟或电路中出现毛刺的情况下，对该门限实现方案的共享函数进行 d 阶侧信道攻击去分析所得到的电路功耗也不会计算出原始的输入变量. 秘密共享函数 d 阶门限实现所需要的最小独立输入分量数为大于等于 $d+1$.

(3) 均匀性.

对于固定值的 x，所有满足 $x_1 \oplus x_2 \oplus x_3 = x$ 的输入 x_1，x_2 和 x_3，每一个掩码

子函数的输出 $S_1(x_2 \oplus x_3)$，$S_2(x_1 \oplus x_3)$ 和 $S_3(x_1 \oplus x_2)$ 都服从均匀分布，均匀性是门限实现掩码函数的关键.

门限实现采用的是类似于(n, t)秘密共享方案，其核心思想是不完全性. 假设一个输入值被拆分成 n 份掩码分量，那么只有在知道全部掩码分量的情况下才能够恢复出原来的输入值，即 $x = x_1 \oplus x_2 \oplus x_3 \oplus \cdots \oplus x_n$. 在具体构建门限实现掩码表达式的过程中，为了避免被掩码的值与各掩码分量在同一个组合电路中，则要求将每一个被掩码的布尔函数分解成多个子函数. 如果要求抵抗一阶差分功耗攻击，即一阶门限实现，则每个模块至少要与其中一个掩码分量独立. 同理，可以通过增加独立掩码分量的个数，进而构建高阶的门限实现函数以达到抵抗高阶侧信道攻击的目的.

S 盒分组密码算法中的主要非线性部件，其安全性对于整个算法起到核心的作用，因此它是攻击者重点针对的对象，需要重点保护. 一个 4 比特 S 盒可以看成是一个 $\mathbb{F}_2^4 \to \mathbb{F}_2^4$ 的布尔函数. 如果将 S 盒进行门限实现，S 盒能够抵抗侧信道攻击，从而整个算法的安全性也得到保障. 实现 d 阶门限防护，在 d 阶差分功耗攻击(differential power analysis)当中，攻击者从电路联合泄漏获得 d 共享因子(d-sharing)是不能够恢复秘密数据的. d 阶门限实现所需要的最小独立输入共享因子(share)数，在线性组件当中需要输入共享因子大于等于 d+1，在非线性组件当中需要 $t \times d$+1 份共享因子(t 为代数次数).

目前 S 盒一阶门限实现方案有直接型拆分共享因子与分解型拆分共享因子[4].

直接型拆分共享因子(4 阶共享因子)　一般而言，出于安全性的考虑，轻量级分组密码算法使用的 4 比特 S 盒的代数次数都是 3 次的，从而直接进行共享因子实现，需要 4 个共享因子. 以 GIFT 算法①为例，首先需要求 GIFT 算法 S 盒的代数正规范式(ANF)，如下给出 S 盒 $S(X)$ 代数正规范式:

$$S(d,c,b,a) = (s_3, s_2, s_1, s_0)$$

$$s_0 = 1 \oplus a \oplus b \oplus ab \oplus c \oplus d$$

$$s_1 = a \oplus ab \oplus c \oplus ac \oplus d$$

$$s_2 = b \oplus c \oplus ad \oplus bd \oplus bcd$$

$$s_3 = a \oplus bd \oplus acd$$

直接型拆分共享因子实现 4 个共享因子一阶门限方案图如图 7-5 所示.

① GIFT 算法为基于 SPN 结构设计的轻量级分组密码算法.

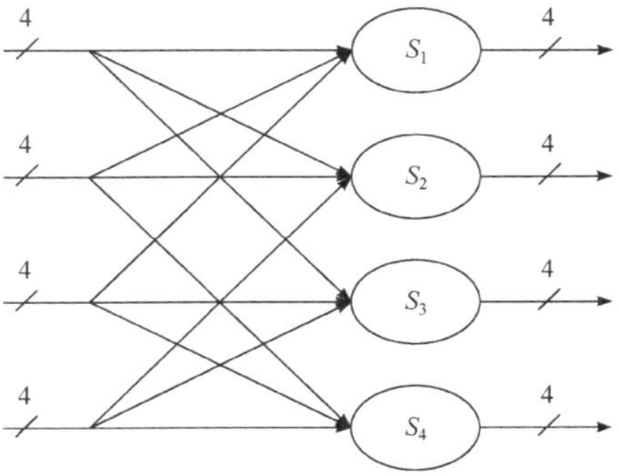

图 7-5 4 阶共享因子门限方案

4 个共享因子代数正规表达式:

$$S_1(d_4,c_4,b_4,a_4,d_3,c_3,b_3,a_3,d_2,c_2,b_2,a_2)=(s_{13},s_{12},s_{11},s_{10})$$

$$\begin{aligned}s_{13}=&a_2\oplus b_2d_2\oplus b_2d_3\oplus b_2d_4\oplus b_4d_3\oplus a_2c_2d_2\oplus a_2c_3d_2\\&\oplus a_2c_4d_2\oplus a_3c_4d_2\oplus a_4c_3d_2\oplus a_2c_2d_3\oplus a_2c_3d_3\\&\oplus a_2c_4d_3\oplus a_4c_2d_3\oplus a_4c_3d_3\oplus a_4c_4d_3\oplus a_2c_2d_4\\&\oplus a_2c_3d_4\oplus a_2c_4d_4\oplus a_3c_2d_4\oplus a_4c_3d_4\end{aligned}$$

$$\begin{aligned}s_{12}=&b_2\oplus c_2\oplus a_2d_2\oplus a_2d_3\oplus a_2d_4\oplus b_2d_2\oplus b_2d_3\oplus b_2d_4\\&\oplus a_4d_3\oplus b_4d_3\oplus b_2c_2d_2\oplus b_2c_3d_2\oplus b_2c_4d_2\oplus b_3c_4d_2\\&\oplus b_4c_3d_2\oplus b_2c_2d_3\oplus b_2c_3d_3\oplus b_2c_4d_3\oplus b_4c_2d_3\\&\oplus b_4c_3d_3\oplus b_4c_4d_3\oplus b_2c_2d_4\oplus b_2c_3d_4\oplus b_2c_4d_4\\&\oplus b_3c_2d_4\oplus b_4c_3d_4\end{aligned}$$

$$\begin{aligned}s_{11}=&a_2\oplus c_2\oplus d_2\oplus a_2b_2\oplus a_2b_3\oplus a_2b_4\oplus a_4b_3\oplus a_2c_2\\&\oplus a_2c_3\oplus a_2c_4\oplus a_4c_3\end{aligned}$$

$$s_{10}=1\oplus a_2\oplus b_2\oplus c_2\oplus d_2\oplus a_2b_2\oplus a_2b_3\oplus a_2b_4\oplus a_4b_3$$

$$S_2(d_4,c_4,b_4,a_4,d_3,c_3,b_3,a_3,d_1,c_1,b_1,a_1)=(s_{23},s_{22},s_{21},s_{20})$$

$$\begin{aligned}s_{23}=&a_3\oplus b_3d_3\oplus b_3d_4\oplus b_3d_1\oplus b_1d_4\oplus a_3c_3d_3\oplus a_3c_4d_3\\&\oplus a_3c_1d_3\oplus a_4c_1d_3\oplus a_1c_4d_3\oplus a_3c_3d_4\oplus a_3c_4d_4\\&\oplus a_3c_1d_4\oplus a_1c_3d_4\oplus a_1c_4d_4\oplus a_1c_1d_4\oplus a_3c_3d_1\\&\oplus a_3c_4d_1\oplus a_3c_1d_1\oplus a_4c_3d_1\oplus a_1c_4d_1\end{aligned}$$

$$\begin{aligned}s_{22}=&b_3\oplus c_3\oplus a_3d_3\oplus a_3d_4\oplus a_3d_1\oplus b_3d_3\oplus b_3d_4\oplus b_3d_1\\&\oplus a_1d_4\oplus b_1d_4\oplus b_3c_3d_3\oplus b_3c_4d_3\oplus b_3c_1d_3\oplus b_4c_1d_3\\&\oplus b_1c_4d_3\oplus b_3c_3d_4\oplus b_3c_4d_4\oplus b_3c_1d_4\oplus b_1c_3d_4\\&\oplus b_1c_4d_4\oplus b_1c_1d_4\oplus b_3c_3d_1\oplus b_3c_4d_1\oplus b_3c_1d_1\\&\oplus b_4c_3d_1\oplus b_1c_4d_1\end{aligned}$$

$$s_{21}=a_3\oplus c_3\oplus d_3\oplus a_3b_3\oplus a_3b_4\oplus a_3b_1\oplus a_1b_4\oplus a_3c_3\oplus a_3c_4\oplus a_3c_1\oplus a_1c_4$$

$$s_{20}=a_3\oplus b_3\oplus c_3\oplus d_3\oplus a_3b_3\oplus a_3b_4\oplus a_3b_1\oplus a_1b_4$$

$$S_3(d_4,c_4,b_4,a_4,d_2,c_2,b_2,a_2,d_1,c_1,b_1,a_1)=(s_{33},s_{32},s_{31},s_{30})$$

$$s_{33}=a_4\oplus b_4d_4\oplus b_4d_1\oplus b_4d_2\oplus b_2d_1\oplus a_4c_4d_4\oplus a_4c_1d_4\oplus a_4c_2d_4\oplus a_1c_2d_4\oplus a_2c_1d_4\oplus a_4c_4d_1\oplus a_4c_1d_1\oplus a_4c_2d_1\oplus a_2c_4d_1\oplus a_2c_1d_1\oplus a_2c_2d_1\oplus a_4c_4d_2\oplus a_4c_1d_2\oplus a_4c_2d_2\oplus a_1c_4d_2\oplus a_2c_1d_2$$

$$s_{22}=b_4\oplus c_4\oplus a_4d_4\oplus a_4d_1\oplus a_4d_2\oplus b_4d_4\oplus b_4d_1\oplus b_4d_2\oplus a_2d_1\oplus b_2d_1\oplus b_4c_4d_4\oplus b_4c_1d_4\oplus b_4c_2d_4\oplus b_1c_2d_4\oplus b_2c_1d_4\oplus b_4c_4d_1\oplus b_4c_1d_1\oplus b_4c_2d_1\oplus b_2c_4d_1\oplus b_2c_1d_1\oplus b_2c_2d_1\oplus b_4c_4d_2\oplus b_4c_1d_2\oplus b_4c_2d_2\oplus b_1c_4d_2\oplus b_2c_1d_2$$

$$s_{31}=a_4\oplus c_4\oplus d_4\oplus a_4b_4\oplus a_4b_1\oplus a_4b_2\oplus a_2b_1\oplus a_4c_4\oplus a_4c_1\oplus a_4c_2\oplus a_2c_1$$

$$s_{30}=a_4\oplus b_4\oplus c_4\oplus d_4\oplus a_4b_4\oplus a_4b_1\oplus a_4b_2\oplus a_2b_1$$

$$S_4(d_3,c_3,b_3,a_3,d_2,c_2,b_2,a_2,d_1,c_1,b_1,a_1)=(s_{43},s_{42},s_{41},s_{40})$$

$$s_{43}=a_1\oplus b_1d_1\oplus b_1d_2\oplus b_1d_3\oplus b_3d_2\oplus a_1c_1d_1\oplus a_1c_2d_1\oplus a_1c_3d_1\oplus a_2c_3d_1\oplus a_3c_2d_1\oplus a_1c_1d_2\oplus a_1c_2d_2\oplus a_1c_3d_2\oplus a_3c_1d_2\oplus a_3c_2d_2\oplus a_3c_3d_2\oplus a_1c_1d_3\oplus a_1c_2d_3\oplus a_1c_3d_3\oplus a_2c_1d_3\oplus a_3c_2d_3$$

$$s_{42}=b_1\oplus c_1\oplus a_1d_1\oplus a_1d_2\oplus a_1d_3\oplus b_1d_1\oplus b_1d_2\oplus b_1d_3\oplus a_3d_2\oplus b_3d_2\oplus b_1c_1d_1\oplus b_1c_2d_1\oplus b_1c_3d_1\oplus b_2c_3d_1\oplus b_3c_2d_1\oplus b_1c_1d_2\oplus b_1c_2d_2\oplus b_1c_3d_2\oplus b_3c_1d_2\oplus b_3c_2d_2\oplus b_3c_3d_2\oplus b_1c_1d_3\oplus b_1c_2d_3\oplus b_1c_3d_3\oplus b_2c_1d_3\oplus b_3c_2d_3$$

$$s_{41}=a_1\oplus c_1\oplus d_1\oplus a_1b_1\oplus a_1b_2\oplus a_1b_3\oplus a_3b_2\oplus a_1c_1\oplus a_1c_2\oplus a_1c_3\oplus a_3c_2$$

$$s_{40}=a_1\oplus b_1\oplus c_1\oplus d_1\oplus a_1b_1\oplus a_1b_2\oplus a_1b_3\oplus a_3b_2$$

直接型拆分共享因子实现电路的复杂度和成本非常高，无法进行实际应用.

分解型拆分共享因子(3 阶共享因子)　一般而言，由于效率的问题，3 次函数的门限实现需要分解成多个低次函数，低次函数之间用寄存器进行数据存储，结合流水线技术来实现，这样可以减少共享因子的数量. 但重点需要考虑S盒的分解问题.

给定两个S盒F和G，将第一个S盒G函数的输出作为第二个S盒F函数的输入，可以合成一个新的S盒S: $F(G(X))=S$，相反地，给定一个S盒S，找出一对S盒F和G函数，使其满足这种结合，称为对S盒的一种分解. 这种情况是将一个S盒分解成两个S盒. 进一步地，如果将S盒G再进行分解，那么S可以分解成三个S盒.

分解型拆分共享因子实现3个共享因子一阶门限方案图如图7-6，其中Reg_1，Reg_2及Reg_3是寄存器:

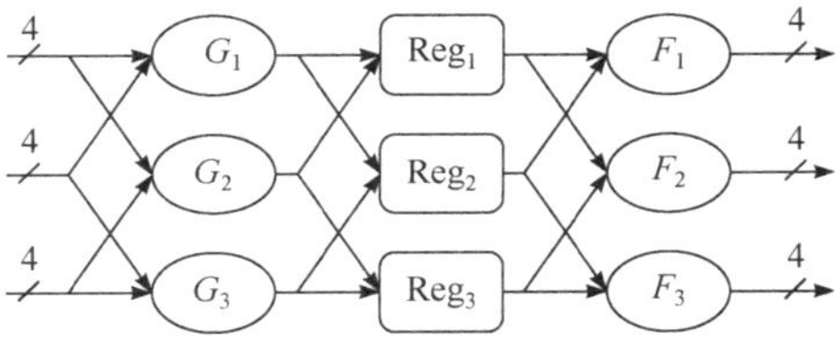

图7-6　3阶共享因子门限方案

实现3个共享因子一阶门限方案，首先进行分解后得到的$G(X)$和$F(X)$对应的代数正规表达式分别如下:

$$G(d,c,b,a)=(g_3,g_2,g_1,g_0)$$

$$g_0=a\oplus b\oplus ab\oplus c\oplus d$$

$$g_1=b\oplus ac$$

$$g_2=1\oplus c$$

$$g_3=a\oplus b\oplus cb$$

$$F(d,c,b,a)=(f_3,f_2,f_1,f_0)$$

$$f_0=1\oplus a$$

$$f_1=a\oplus b$$

$$f_2=1\oplus b\oplus c\oplus d\oplus ad$$

$$f_3=ab\oplus d$$

3个共享因子代数正规表达式:

$$G_1(d_3,c_3,b_3,a_3,d_2,c_2,b_2,a_2)=(g_{13},g_{12},g_{11},g_{10})$$

$$g_{13}=a_3\oplus b_3\oplus b_2c_2\oplus b_2c_3\oplus b_3c_2$$

$$g_{12} = 1 \oplus c_3$$

$$g_{11} = b_3 \oplus a_2c_2 \oplus a_2c_3 \oplus a_3c_2$$

$$g_{10} = a_3 \oplus b_3 \oplus c_3 \oplus d_3 \oplus a_2b_2 \oplus a_2b_3 \oplus a_3b_2$$

$$G_2(d_3, c_3, b_3, a_3, d_1, c_1, b_1, a_1) = (g_{23}, g_{22}, g_{21}, g_{20})$$

$$g_{23} = a_1 \oplus b_1 \oplus b_1c_3 \oplus b_3c_1 \oplus b_3c_3$$

$$g_{22} = c_1$$

$$g_{21} = b_1 \oplus a_1c_3 \oplus a_3c_1 \oplus a_3c_3$$

$$g_{20} = a_1 \oplus b_1 \oplus c_1 \oplus d_1 \oplus a_1b_3 \oplus a_3b_1 \oplus a_3b_3$$

$$G_3(d_2, c_2, b_2, a_2, d_1, c_1, b_1, a_1) = (g_{33}, g_{32}, g_{31}, g_{30})$$

$$g_{33} = a_2 \oplus b_2 \oplus b_1c_1 \oplus b_1c_2 \oplus b_2c_1$$

$$g_{32} = c_2$$

$$g_{31} = b_2 \oplus a_1c_1 \oplus a_1c_2 \oplus a_2c_1$$

$$g_{30} = a_2 \oplus b_2 \oplus c_2 \oplus d_2 \oplus a_1b_1 \oplus a_1b_2 \oplus a_2b_1$$

$$F_1(d_3, c_3, b_3, a_3, d_2, c_2, b_2, a_2) = (f_{13}, f_{12}, f_{11}, f_{10})$$

$$f_{13} = d_3 \oplus a_2b_2 \oplus a_2b_3 \oplus a_3b_2$$

$$f_{12} = 1 \oplus b_3 \oplus c_3 \oplus d_3 \oplus a_2d_2 \oplus a_2d_3 \oplus a_3d_2$$

$$f_{11} = a_3 \oplus b_3$$

$$f_{10} = 1 \oplus a_3$$

$$F_2(d_3, c_3, b_3, a_3, d_1, c_1, b_1, a_1) = (f_{23}, f_{22}, f_{21}, f_{20})$$

$$f_{23} = d_1 \oplus a_1b_3 \oplus a_3b_1 \oplus a_3b_3$$

$$f_{22} = b_1 \oplus c_1 \oplus d_1 \oplus a_1d_3 \oplus a_3d_1 \oplus a_3d_3$$

$$f_{21} = a_1 \oplus b_1$$

$$f_{20} = a_1$$

$$F_3(d_2, c_2, b_2, a_2, d_1, c_1, b_1, a_1) = (f_{33}, f_{32}, f_{31}, f_{30})$$

$$f_{33} = d_2 \oplus a_1b_1 \oplus a_1b_2 \oplus a_2b_1$$

$$f_{32} = b_2 \oplus c_2 \oplus d_2 \oplus a_1d_1 \oplus a_1d_2 \oplus a_2d_1$$

$$f_{31} = a_2 \oplus b_2$$

$$f_{30} = a_2$$

对非线性部件的性能开销，进行量化分析，为衡量硬件实现面积，本章以异或门(XOR)和与门(AND)逻辑单元的数量作为评价指标，如表 7-1 所示.

表 7-1 非线性部件 TI 防护实现资源分析

方案设计	异或门(XOR)	与门(AND)	寄存器
无防护的 S 盒	15	10	0
3 阶共享因子的 S 盒	69	45	12
4 阶共享因子的 S 盒	249	352	0

7.3.3 高阶掩码防护方案

随着高阶分析方法的提出，掩码防护方案也从一阶掩码逐渐发展到高阶掩码方案. 目前重点关注满足任意给定阶数可证明安全的高阶掩码方案，已有的方案按照分组密码非线性操作的实施方式可分成两类：基于多项式运算的高阶掩码方案和基于查找表重计算的高阶掩码方案[5, 6].

基于多项式运算的高阶掩码方案主要针对那些使用某些函数来定义 S 盒的分组密码，例如 AES 的 S 盒中主要的非线性操作是有限域上求逆元操作. 这类掩码方案中主要定义了若干种基于掩码的安全多项式运算(包括模乘、模平方、多项式求值等操作)，然后通过这些多项式运算来安全地实现 S 盒的运算. 这类方案最初并不是针对 S 盒设计的，是 Ishai 等针对基本布尔运算(非线性运算为与运算)提出的方案，称为 ISW(Ishai, Sahai, Wagner)方案[7]. Rivain 和 Prouff 在文献[8]中首次将 ISW 方案中的与运算推广到了 8 比特变量的有限域乘法，应用于 AES 算法中 x^{254} 的计算过程. 该方案被称为 RP10 方案. 文献[9]中提出了求解任意函数 $y=f(x)$ 的完全计算过程，并给出了多项式求解任意 S 盒的方案，从而将基于多项式运算的高阶掩码方案推广到了使用未知布尔函数 S 盒的分组密码算法中(如 DES 算法). 该方案被称为 CGP+12 方案[10]. 随后，这类掩码方案的研究主要集中在对 RP10 方案与 CGP+12 方案在安全性和实现效率上的改进.

基于查找表重计算的高阶掩码方案主要针对通过查找表实现非线性运算的分组密码算法. 由于现有的分组密码算法通常都可以使用查找表的方式来实现 S 盒操作，因此这类高阶掩码方案具有普遍适用性. 文献[9]首次提出了满足任意给定阶数可证明安全的防护方案，可以在满足 $n>2d$ 的条件下对抗 d 阶攻击.

7.3.3.1 ISW 秘密共享

在现有各种高阶掩码防护策略中，将算法实现过程中的秘密信息通过秘密共享技术进行拆分是最为常用的一种策略. 这一防护策略能够达到探测安全模型和噪声泄漏模型等安全模型下的可证明安全.

高阶掩码方案将原算法中每一个与秘密信息有关的中间变量 x 拆分成 n 个随机变量 $x_1,\cdots,x_n$, 这些随机变量称为共享因子, 并且满足

$$x_1 + x_2 + \cdots + x_n = x \tag{7-4}$$

其中 + 代表某些域运算, 任意 $n-1$ 个共享因子都是随机分布且独立于 x 的. 目前比较流行的是布尔掩码方案, 这类方案使用的域运算为异或($\oplus$). 目前已经可以形式化地论证, 在噪声泄漏模型下, 攻击者在得到每一个共享因子包含噪声的泄漏信息后, 恢复出 x 的信息所需的复杂度随共享因子的数量 n 呈指数级增长. 因此通常将该数量 n 作为衡量一个掩码方案效率的必要参数, 并将其称为掩码阶数.

值得注意的是, 在最初掩码思想提出时, 通常认为一阶掩码方案是可以对抗一阶侧信道攻击的. 而在这类基于秘密共享的高阶掩码方案中, n 阶方案只能对抗不超过 $d<n$ 阶的侧信道攻击. 但通常 n 和 d 之间差距很小(两者为线性关系). 在目前已有掩码方案中, n 出现的最大取值为 $n=4d+1$. 而近些年来, 多数新型高阶掩码方案的设计目标都是 $n=d+1$. 因此为方便起见, 在掩码方案都在 $n=d+1$ 条件下满足 d 阶安全的前提下, 可以直接用 n 来表示掩码阶数, 从而直观地对比不同方案的计算复杂度. 如果要严格地说, 那么 n 是与掩码实现复杂度有关的阶数, d 为掩码安全性阶数.

当使用 n 阶掩码技术来保护一个分组密码算法时, 需要设计对应的 n 阶掩码方案来实现在共享因子上的计算过程. 通常一个健全的 n 阶掩码方案需要满足以下两个性质:

(1) 正确性. 在 n 阶掩码方案加密或解密完成后, 其输出的 n 个共享因子的和必须等于原始算法的输出.

(2) 探测安全性. 在 n 阶掩码方案中, 任意 $n-1$ 或更少的中间变量集合必须与任意敏感变量的取值相互独立.

大多数的分组密码结构都包含了一系列的线性变换和一个非线性函数(称为 S 盒). 在布尔掩码中, 计算一个线性变换 $x \mapsto \ell(x)$ 可以很容易地以线性时间复杂度完成, 只需依次对每一个共享因子分别计算 $x_i \mapsto \ell(x_i)$ 即可. 根据线性变换的性质可以得到 $\ell(x_1) \oplus \cdots \oplus \ell(x_n) = \ell(x)$, 这显然可以同时满足探测安全性和正确性. 然而, 对于非线性函数, 由于 $S(x_1) \oplus \cdots \oplus S(x_n) \neq S(x)$, 因此就需要专门来设计对应的计算过程来满足正确性和探测安全性了.

在目前的研究中, 安全计算非线性函数包括两种不同的基本思想. 一种是查找表重计算, 另一种是多项式运算. 基于查找表重计算的高阶掩码方案适用于原本使用查找表实现非线性运算的密码算法. 这类方案利用输入共享因子 x_i 对经过

掩码后的查找表进行重新计算，最后查询得到输出共享因子序列. 由于现有分组密码算法中的非线性部件几乎都可以通过查找表进行实现，因此这种方案非常通用化，甚至可以适用于未知 S 盒或可变 S 盒的密码算法. Schramm 与 Paar 首次提出了一种通用方案. 该方案成功应用于 AES 算法，并且可以应用于任意算法的非线性运算部件. 不幸的是，文献[10]中证明了该方案中存在 3 阶泄漏. Coron 在文献[9]中首次真正意义上提出了一种基于该思想的高阶掩码方案，满足任意给定阶数的可证明安全性. 这个方案为目前唯一已经证明安全性的基于查找表重计算的高阶掩码方案. 该方案最初提出时，需要共享因子数量 $n \geqslant 2d+1$ 才能有效对抗 d 阶攻击，但在后来的文献[11]中提到，如果将掩码刷新算法进行修改，可以降低掩码阶数到 $n=d+1$.

而基于多项式运算的高阶掩码方案主要以计算两个被掩码保护的变量 x 和 y 之间的有限域乘积为基础，其具体过程为：

(1) 计算 n^2 个交叉乘积 x_iy_j，其中 $1 \leqslant i, j \leqslant n$.

(2) 将交叉乘积合并得到 n 个输出共享因子(以满足结果正确性).

(3) 在上述计算和合并过程中交替插入全新的随机数(以保证其探测安全性).

现有文献中各种解决方案的主要区别就在于如何具体实现这三个不同的阶段.

接下来描述一个分组密码实现方案转换成一个安全的高阶掩码实现方案. 首先需要了解的是，如何将分组密码的每一个输入编码成掩码变量. 令 n 为掩码阶数. 一个元素 $x \in \mathbb{F}_{2^k}$ 对应的随机 n 阶共享因子(n-sharing)定义如下.

定义 7.2 令 $x \in \mathbb{F}_{2^k}$ 且 $n \in \mathbb{N}$. 元素 x 对应的一个 n 阶共享因子是由 n 个变量 $(x_i)_{1 \leqslant i \leqslant n} \in \mathbb{F}_{2^k}$ 构成的元组，满足 $\sum_{i=1}^{n} x_i = x$.

如果对于一个给定的 x 来说，其对应 n 阶共享因子中任意子集都服从均匀分布，那么称该 n 阶共享因子是均匀的. 也就是说，x 对应的一个均匀 n 阶共享因子中任意 $d \leqslant n$ 个共享因子构成的元组在有限域 $\mathbb{F}_{2^k}^d$ 中都是服从均匀分布的. 使用 Enc 来表示将一个元素 $x \in \mathbb{F}_{2^k}$ 映射成一个随机均匀 n 阶共享因子的编码概率算法：

$$\operatorname{Enc}(x) \mapsto (x_1, x_2, \cdots, x_n) \tag{7-5}$$

对应地，有解码算法 Dec 定义如下：

$$\operatorname{Dec}(x_1, x_2, \cdots, x_n) := \sum_{i=1}^{n} x_i = x \tag{7-6}$$

可以很容易地得到，对于所有的 $x \in \mathbb{F}_{2^k}$，都有 $\Pr\left(\operatorname{Dec}\left(\operatorname{Enc}(x)\right) = x\right) = 1$.

7.3.3.2　组件

为了实现对掩码变量的运算操作，文献[12]中定义了一种称为组件(gadget)的模块来进行构造高阶掩码防护. 具体来说，一个组件需要对输入的共享因子进行若干次基本运算，然后得到与期望输出对应的共享因子. 下面是现有高阶掩码方案中常见的一些组件实例.

(1) 模加组件. 令 $(x_i)_{i=1}^n$ 是 x 对应的 n 阶共享因子，$(y_i)_{i=1}^n$ 是 y 对应的 n 阶共享因子，为了计算 $z=x+y$ 对应的 n 阶共享因子 $(z_i)_{i=1}^n$，需要使用模加组件:

$$(z_1,z_2,\cdots,z_n)\leftarrow(x_1+y_1,x_2+y_2,\cdots,x_n+y_n) \tag{7-7}$$

(2) 模平方组件. 令 $(x_i)_{i=1}^n$ 是 x 对应的 n 阶共享因子，为了计算 $z=x^2$ 对应的 n 阶共享因子 $(z_i)_{i=1}^n$，需要使用模平方组件:

$$(z_1,z_2,\cdots,z_n)\leftarrow\left(x_1^2,x_2^2,\cdots,x_n^2\right) \tag{7-8}$$

(3) 模乘组件. 令 $(x_i)_{i=1}^n$ 是 x 对应的 n 阶共享因子，$(y_i)_{i=1}^n$ 是 y 对应的 n 阶共享因子，为了计算 $z=x\cdot y$ 对应的 n 阶共享因子 $(z_i)_{i=1}^n$，需要使用模乘组件:

$$(z_1,z_2,\cdots,z_n)\leftarrow \mathrm{IswMult}((x_1,x_2,\cdots,x_n),(y_1,y_2,\cdots,y_n)) \tag{7-9}$$

其中 IswMult 表示文献[7]中提到的安全乘法运算. 目前有很多文献都提出过相同功能的模乘组件.

最后，还有一种非常常用的组件，称为掩码刷新组件. 这种组件并不是对一个 n 阶共享因子进行某种运算而改变其对应的值，而是对于一个 x 对应的 n 阶共享因子，产生是一个全新的随机均匀 n 阶共享因子，依然对应于 x. 掩码刷新组件过程如下:

(4) 掩码刷新组件. 令 $(x_i)_{i=1}^n$ 是 x 对应的 n 阶共享因子，为了计算 $z=x$ 对应的 n 阶共享因子 $(z_i)_{i=1}^n$，需要使用掩码刷新组件:

$$(z_1,z_2,\cdots,z_n)\leftarrow \mathrm{Refresh}(x_1,x_2,\cdots,x_n) \tag{7-10}$$

简单来说，其主要思想可以看成是将变量 x 对应的 n 阶共享因子和常数 1 对应的 n 阶共享因子(即 n 阶共享因子(1, 0, ⋯, 0))进行一次安全的乘法运算.

显然，要保证高阶掩码方案的效率，设计分组密码的安全实现时需要尽可能减少模乘、二次函数求值和掩码刷新等组件的数量，因为它们的复杂度是掩码阶数的二次方.

现在已经完成了敏感变量编码和组件的定义，接下来对一个分组密码实现转换成高阶掩码安全实现的过程进行介绍. 为了达到这一目标, 原分组密码实现中任意一个基本操作都要依次转换成 n 阶共享因子上的安全组件. 因此, 一个高阶掩码安全实现方案首先对原始输入利用 Enc 函数进行编码得到 n 阶共享因子, 最后完成加密后, 其输出 n 阶共享因子又可以利用 Dec 函数进行解码, 得到应有输出. 在加密过程中特意选择的若干位置, 需要添加掩码刷新组件来保证整个设计实现的安全性. 这些位置的选择需要在实际设计过程中重点考虑, 并在安全性证明过程中严格检查.

7.3.3.3 安全非线性操作

对于一个两操作数的非线性操作组件, 其输入分别为 $x, y \in \mathbb{F}_{2^k}$, 组件的输入分别表示为随机 n 阶共享因子$(x_1, x_2,\cdots, x_n)$和$(y_1, y_2,\cdots, y_n)$. 特别地, 重点介绍用于计算安全乘法的 ISW 方案和安全求解二次函数的 CPRR(Coron, Prouff, Rivain, Roche)方案.

1. ISW 安全乘法方案

对于两个 n 阶共享因子$(x_1, x_2,\cdots, x_n)$和$(y_1, y_2,\cdots, y_n)$, ISW 安全乘法方案按照如下步骤计算一个 n 阶共享因子$(z_1, z_2,\cdots, z_n)$:

(1) 对于所有$1 \leqslant i < j \leqslant n$, 在有限域 $\mathbb{F}_{2^k}$ 上取一个随机值 $r_{i,j}$;

(2) 对于所有$1 \leqslant i < j \leqslant n$, 计算 $r_{j,i} = \left(r_{i,j} \oplus x_i \cdot y_j\right) \oplus x_j \cdot y_i$;

(3) 对于所有$1 \leqslant i \leqslant n$, 计算 $z_i = x_i \cdot y_i \oplus \sum_{j \neq i} r_{i,j}$.

根据上述过程, 在计算 $\sum_i z_i$ 时, 由于每个随机变量 $r_{i,j}$ 都恰好出现了两次, 模加后刚好抵消, 因此可以得到 $\sum_i z_i = \sum_{i,j} x_i \cdot y_j = \left(\sum_i x_i\right)\left(\sum_j y_j\right)$. 也就是说, 输出 n 阶共享因子$(z_1, z_2,\cdots, z_n)$正是 $z = x \cdot y$ 对应的一个 n 阶共享因子.

2. 掩码刷新方案

最初在 ISW 方案提出的时候, 该方案被证明是满足抗 $t = \lfloor (n-1)/2 \rfloor$ 阶探测攻击的可证明安全性的(而不是通常认为的 n 个共享因子满足 n–1 阶安全). 后来, 在对乘法组件的两个输入 n 阶共享因子的独立随机性进行额外约束后, 这一安全界限被进一步提高到了 n–1 阶. 在某些情况下, 这一独立特性常常是无法满足的. 例如, 密码算法中某些步骤需要计算两个变量 x 和 y 的乘积, 而这两个变量之间满足 $y = \ell(x)$ 的关系, 其中 $\ell(\cdot)$ 为某个线性操作. 在这种情况下, y 对应的共享因子通常由 $y_i = \ell(x_i)$ 计算所得, 这显然破坏了输入共享因子序列相互独立的条件, 从而无法压缩所需共享因子数量. 为了解决这一问题, 需要在得到$(y_1, y_2, \cdots, y_n)$以后对其进行掩码刷新操作. 然而, 掩码刷新操作的添加也需要经过慎重考虑, 因为如果添加不当, 反而有可能引入新的安全漏洞. 一种健全的掩码刷新操作是根据 ISW 安全乘法，计算变量 x 对应的共享因子序列和常量 $c=1$ 对应的共享因子序列(1, 0, ⋯, 0)的乘积. 其详细过程如下:

(1) 对于所有 $1\leqslant i<j\leqslant n$，在有限域 $\mathbb{F}_{2^k}$ 上取一个随机值 $r_{i,j}$，并令 $r_{j,i}=r_{i,j}$；

(2) 对于所有 $1\leqslant i\leqslant n$，计算 $z_i=x_i\oplus\sum_{j\neq i}r_{i,j}$.

可以很容易地验证，该过程的输出 n 阶共享因子($z_1, z_2, \cdots, z_n$)在经过解码后能够还原出 x. 虽然进行这一过程看起来非常消耗时间(相当于执行了两次乘法)，但仍然要比共享因子总数翻倍要高效(如果共享因子总数翻倍，算法中的乘法总数大约要增加 4 倍). 另外，从后续实现过程中可以看出，掩码刷新过程实际上要比 ISW 乘法要高效得多.

3. CPRR 安全求解方案

CPRR 安全求解方案最初是作为 ISW 安全乘法方案的变体提出的，用于在不需要掩码刷新的条件下安全计算类似 $x\mapsto x\cdot\ell(x)$ 的乘法操作，其中 $\ell(\cdot)$ 是线性的. 后来文献[13]指出该方案(略微修改的版本)实际上可被用于安全地求解 $\mathbb{F}_{2^k}$ 上的任意二次函数 f. 该方案基于如下等式:

$$f(x_1\oplus\cdots\oplus x_n)=\sum_{1\leqslant i<j\leqslant n}f(x_i\oplus x_j\oplus s_{i,j})\oplus f(x_j\oplus s_{i,j})\oplus f(x_i\oplus s_{i,j})\oplus f(s_{i,j})$$
$$\oplus\sum_{i=1}^{n}f(x_i)\oplus\left((n+1)\bmod 2\right)\cdot f(0) \tag{7-11}$$

其中，$(x_i)_i\in\left(\mathbb{F}_{2^k}\right)^n$，$(s_{i,j})_{1\leqslant i<j\leqslant n}\in\left(\mathbb{F}_{2^k}\right)^{n(n-1)/2}$，且对于 $\mathbb{F}_{2^k}$ 上的任意二次函数 f 均成立. CPRR 方案从一个 n 阶共享因子($x_1, x_2, \cdots, x_n$)计算得到一个输出 n 阶共享因子($z_1, z_2, \cdots, z_n$)，其详细流程如下:

(1) 对于所有 $1\leqslant i<j\leqslant n$，在有限域 $\mathbb{F}_{2^k}$ 上取两个随机值 $r_{i,j}$ 和 $s_{i,j}$；

(2) 对于所有 $1\leqslant i<j\leqslant n$，计算:

$$r_{j,i}=r_{i,j}\oplus f\left(x_i\oplus s_{i,j}\right)\oplus f\left(x_j\oplus s_{i,j}\right)\oplus f\left(\left(x_i\oplus s_{i,j}\right)\oplus x_j\right)\oplus f(s_{i,j}) \tag{7-12}$$

(3) 对于所有 $1\leqslant i\leqslant n$，计算 $z_i=f(x_i)\oplus\sum_{j\neq i}r_{i,j}$；

(4) 若 n 为奇数，令 $z_0=z_0\oplus f(0)$.

根据流程，可以得到 $\sum_{i=1}^{n}z_i=f\left(\sum_{i=1}^{n}x_i\right)$，这也就表明其输出共享因子序列($z_1, z_2, \cdots, z_n$)可以通过解码得到 $z=f(x)$.

文献[13]和[14]中指出，由于有限域乘法无法通过查表实现(2^{2n} 个元素过多)，而函数 $f:\mathbb{F}_{2^k}\to\mathbb{F}_{2^k}$ 是可以通过查表实现的(2^n 个元素)，因此在实际实现中 CPRR 方案要比 ISW 方案高效.

7.4 针对掩码防护的分析方法

针对掩码防护的分析就是侧信道高阶攻击, 在 2016 年 CHES 会议上, Battistello 等提出了水平侧信道攻击[15](horizontal-SCA attack, HSCA). 该攻击专门针对满足 ISW 安全框架下的防护算法, 并且对于现有的能够抵抗高阶传统侧信道攻击的防护方案, 实现的安全阶数越高, 反而越容易受 HSCA. 文献[15]中提出的 HSCA 是首个专门针对高阶可证明安全掩码方案的攻击方式. 这种攻击利用了现有高阶可证明安全掩码方案的一个缺陷. 在现有可证明安全的高阶掩码防护方案中, 每个秘密共享因子会被重复操作多次, 重复操作的次数与秘密共享因子的总数 n 有关. 这使得 HSCA 攻击者能够利用 n 条与某个共享因子相关的功耗. 一旦 n 的取值增大到了能够满足泄漏模型和采集噪声条件下成功攻击的曲线量时, 攻击者就可以成功.

以下是文献[15]中针对 ISW 安全框架下可证明安全的高阶掩码防护方案, 以及针对此方案的 HSCA 攻击原理. 最初, ISW 安全框架被用来保护电路, 使其免受任意给定阶数的探测攻击. 首个方案[7]主要针对有限域 $\mathbb{F}_2$ 上的运算. 文献[8]将最初的 ISW 安全框架适用的运算拓展到了有限域 $\mathbb{F}_{2^k}$ 上, 并且移植到了软件平台上. 这极大地扩展了 ISW 安全框架的应用范围, 同时自然而然地使其能够对抗任意给定阶数的高阶侧信道攻击, 称为 RP10 方案. 借助额外的共享因子刷新算法, 一个 n 阶 RP10 方案可以使完整的 AES 算法满足 ISW 安全框架下的 d 阶可证明安全性, 同时只需 $n > d$. 详细的 RP10 方案描述如算法 7-1.

算法 7-1: RP10

输入: a 对应的 n 阶共享因子 $(a_i)_{i\in[1;n]}$, b 对应的 n 阶共享因子 $(b_i)_{i\in[1;n]}$.

输出: $c = a \cdot b$ 对应的 n 阶共享因子 $(c_i)_{i\in[1;n]}$.

1. for $i = 1$ to n do
2.   for $j = i+1$ to n do
3. $r_{i,j} = \{0,1\}^k$;
4. $r_{j,i} = (r_{i,j} \oplus a_i \cdot b_j) \oplus a_j \cdot b_i$;
5.   end for
6. end for
7. for $i = 1$ to n do
8. $c_i = a_i \cdot b_i$;

```
        for j = 1 to n, j≠i do
            c_i = c_i ⊕ r_{i,j};
        end for
end for
return (c_1,…,c_n);
```

HSCA 算法的主要攻击目标就是这个 RP10 方案. 在 RP10 方案中, 每一个输入共享因子 a_i 或 b_j 都会参与 n 次计算 a_ib_j(或 a_jb_i)的过程. 对于某一个输入共享因子(以 a_i 为例)来说, 这意味着一条功耗曲线上包含了 n 个 a_i 与随机变量运算的功耗区间. 正是这一现象为 HSCA 攻击提供了可能性. 具体来说, 假设一个 HSCA 攻击者得到了一次 RP10 方案执行过程对应的一条完整功耗曲线. 这条功耗曲线中包含了如下随机变量:

$$L_i = \psi(a_i) + N_i$$

$$L_j' = \psi(b_j) + N_j'$$

$$L_{ij}'' = \psi(a_ib_j) + N_{ij}''$$

其中, $1 \leqslant i, j \leqslant n$, $\psi(\cdot)$ 表示泄漏模型函数, N_i, N_j', N_{ij}'' 表示标准差为 σ 的高斯噪声(假定不同时刻的高斯噪声具有相同的分布). 任意指定一个 a_i, 攻击者都可以找到 n 对功耗观测值 (N_j', N_{ij}''), 对应着变量 (b_j, a_ib_j), 其中 $1 \leqslant j \leqslant n$. 可以将这 n 对功耗观测值视为 n 条短的功耗曲线, 每条功耗曲线上包含了一个操作, 该操作将 a_i 乘以一个随机变量 b_j, 并输出 a_ib_j. 那么攻击者可以对这 n 条功耗曲线段实施一次二阶功耗分析, 进而恢复出 a_i 的取值. 由于这 n 条功耗在一条完整功耗曲线上呈水平方向排列, 而传统功耗分析中多条功耗曲线呈竖直方向排列, 因此这一次攻击可以看作是传统(竖直)二阶功耗分析的一个水平版本, 故称其为水平功耗分析.

在 HSCA 中, 攻击者能够获得的功耗曲线段数量取决于相同共享因子被重复操作的次数. 在 RP10 方案中, 这一数值为 n. 功耗曲线段数量直接决定了 HSCA 攻击者能否攻击成功. 而攻击者所需的功耗曲线段数量又取决于攻击者所选取的功耗泄漏模型函数和攻击者采集功耗的噪声方差 σ. 文献[15]中给出了 RP10 方案会受到 HSCA 攻击威胁的条件, 对于一个 k 比特共享因子, 在使用汉明重量泄漏模型时, 攻击成功条件如下所示:

$$3 \cdot n^2 \cdot \frac{k}{8\sigma^2} > 2n \cdot k$$

文献[15]中给出的实验结果显示, 在 ATMega 328 芯片上, HSCA 攻击(迭代版本)在信噪比为 0.7 的条件下，攻击成功所需的 n 为 21.

因此，对抗 HSCA 的一种有效方式是避免操作同一个共享因子多次. 基于这一思想，文献[15]中提出了一个保护 RP10 方案免受 HSCA 攻击的防护方案，被称为 BCPZ16 方案. 在[15]方案中，每次计算 a_ib_j 之前，a_i 和 b_j 都通过掩码刷新算法进行了刷新. 这使得相同的秘密共享因子至多只会参与一次运算，保证了其对抗 HSCA 攻击的能力. 然而，该算法只适用于基于逻辑运算实现的非线性部件，对于未知逻辑运算或者可变非线性部件的密码算法来说，这种方案难以应用. 目前对于这类密码算法来说，只有基于查找表重计算的高阶掩码方案可以适用，但就目前公开的资料来看，尚未有针对这类掩码方案的抗 HSCA 防护方案被提出.

7.5 本章小结

本章主要介绍了现有多种掩码防护方法的基本原理，其相关描述参考了文献[16—18]中的工作. 掩码防护方法中介绍了布尔掩码、算术掩码及秘密共享. 之后，对 AES 算法进行布尔掩码实现. 在可证明安全任意阶掩码防护方面，介绍了探测攻击安全、一阶门限防护方法及其具体实现，掩码防护方案从一阶掩码逐渐发展到高阶掩码，详细介绍了高阶掩码防护方法，特别是基于秘密共享的高阶掩码方案中秘密共享、常用安全组件和安全非线性运算等关键技术的相关原理，最后. 介绍了针对性掩码防护分析方法——水平侧信道攻击.

参考文献

[1] Mangard S, Oswald E, Popp T. Power Analysis Attacks: Revealing the Secrets of Smart Cards[M]. New York: Springer Science & Business Media, 2008.

[2] Nikova S, Rechberger C, Rijmen V. Threshold implementations against side-channel attacks and glitches[C]. International Conference on Information and Communications Security. Berlin, Heidelberg: Springer, 2006: 529-545.

[3] Nikova S, Rijmen V, Schläffer M. Secure hardware implementation of nonlinear functions in the presence of glitches[J]. Journal of Cryptology, 2011, 24(2): 292-321.

[4] Jiang H R, Wei Y Z, Shi J L, et al. Second-order threshold implementation of GIFT cryptographic algorithm and security evaluation [J]. Application Research of Computers, 2020, 37(8): 2455-2459.

[5] Tang M, Guo Z P, Heuser A, et al. Pfd—a flexible higher-order masking scheme[J]. IEEE Transactions on Computer-Aided Design of Integrated Circuits and Systems, 2016, 36(8):1327-1339.

[6] Guo Z P, Tang M, Prouff E, et al. Table recomputation-based higher-order masking against horizontal attacks[J]. IEEE Transactions on Computer-Aided Design of Integrated Circuits and

Systems, 2018, 39(1): 34-44.

[7] Ishai Y, Sahai A, Wagner D. Private circuits: Securing hardware against probing attacks[C]. Advances in Cryptology—CRYPTO 2003: 23rd Annual International Cryptology Conference, Santa Barbara, California, USA, August 17-21, 2003. Proceedings 23. Berlin, Heidelberg: Springer, 2003: 463-481.

[8] Rivain M, Prouff E. Provably secure higher-order masking of AES[C]. International Workshop on Cryptographic Hardware and Embedded Systems. Berlin, Heidelberg: Springer, 2010: 413-427.

[9] Coron J S. Higher order masking of look-up tables[C]. Annual International Conference on the Theory and Applications of Cryptographic Techniques. Berlin, Heidelberg: Springer, 2014: 441-458.

[10] Carlet C, Goubin L, Prouff E, et al. Higher-order masking schemes for s-boxes[C]. International Workshop on Fast Software Encryption. Berlin, Heidelberg: Springer, 2012: 366-384.

[11] Barthe G, Belaïd S, Dupressoir F, et al. Verified proofs of higher-order masking[C]. Annual International Conference on the Theory and Applications of Cryptographic Techniques. Berlin, Heidelberg: Springer, 2015: 457-485.

[12] Barthe G, Belaïd S, Dupressoir F, et al. Strong non-interference and type-directed higher-order masking[C]. Proceedings of the 2016 ACM SIGSAC Conference on Computer and Communications Security, 2016: 116-129.

[13] Carlet C, Prouff E, Rivain M, et al. Algebraic decomposition for probing security[C]. Advances in Cryptology—CRYPTO 2015: 35th Annual Cryptology Conference, Santa Barbara, CA, USA, August 16-20, 2015, Proceedings, Part I 35. Berlin, Heidelberg: Springer, 2015: 742-763.

[14] Coron J S, Prouff E, Rivain M, et al. Higher-order side channel security and mask refreshing[C]. International Workshop on Fast Software Encryption. Berlin, Heidelberg: Springer, 2013: 410-424.

[15] Battistello A, Coron J S, Prouff E, et al. Horizontal side-channel attacks and countermeasures on the isw masking scheme[C]. International Conference on Cryptographic Hardware and Embedded Systems, Berlin, Heidelberg: Springer, 2016: 23-39.

[16] 冯登国, 周永彬, 刘继业, 等. 能量分析攻击[M]. 北京: 科学出版社, 2010.

[17] 蒋宏然. GIFT 和 RECTANGLE 密码算法的门限实现方法研究[D]. 桂林: 桂林电子科技大学, 2019.

[18] 郭志鹏. 高阶掩码防护方案设计及安全检测技术研究[D]. 武汉: 武汉大学, 2019.

第 8 章　互补逻辑防护方法

8.1　互补逻辑防护原理

互补逻辑防护是随着 DPA 分析出现而提出的. 为了完全抵抗差分功耗分析, 已有许多加密算法层面的防护方法被提出以用于保护密码设备, 最具代表性的是掩码防护, 其原理在第 7 章已有介绍. 另一方面, 更多通用性防护方法仍有待商讨. 这些方法都是从电路设计层面实施的, 因为其并不囿于某一特定加密算法故而更具通用性. 一旦能够找到此类防护实际可行的方案, 设计者就不需要再担心某一具体算法实现上的安全性问题, 同时自动化设计也将成为可能. 这些措施可分为两类: 互补电路和门级掩码电路.

Tiri 等[1]提出一种名为“感知放大器”(sense amplifier based logic, SABL)的互补逻辑方法, 应用了“双轨”(dual-rail)和“预充电”(pre-charge)技术. 考虑到 SABL 需要新的核心单元库, 在 Tiri 的努力下, “简单动态差分逻辑”(simple dynamic differential logic, SDDL)及其改进方案“电波动态差分逻辑”(wave dynamic differential logic, WDDL)随之出现[2]. 相比 SABL, WDDL 仅使用常规单元. 除了互补电路, 门级掩码方案也由相关研究人员进行分析[3], 且 Trichina 和 Korkishko 等提出了掩码门电路的实现方案[4, 5].

尽管上述方法旨在从算法和电路设计两个层面完全抵抗 DPA 攻击, 但实际上它们仍然泄漏了侧信道信息. 当掩码方案中存在缺陷时, 会使得逻辑门的输出变化依赖输入信号[6]. 此外, Mangard 等成功地攻击了含缺陷的 AES 掩码硬件实现[6]. 而对于互补电路, 随着晶体管尺寸和布线宽度不断缩减, 深亚微米处理技术中的负载电容难以控制[7].

为了弥补掩码和互补电路的不足, Popp 和 Mangard 结合掩码和互补电路特点提出“带掩双轨预充电逻辑”(masked dual-rail pre-charge logic, MDPL)[7]. 通过汲取“预充电协议”和“双轨编码”优势, MDPL 电路中没有出现故障. 通过使用随机比特掩盖中间值, 设计者不再需要考虑路由约束.

然而无论故障是否存在, 只要逻辑门的输入在不同时刻到达就会使功耗变得可预测. 这意味着以前提出的(包括 WDDL 和 MDPL 在内)防护方法仍是易受攻击的[8].

8.2　典型防护方案

8.2.1　电波动态差分逻辑(WDDL)

8.2.1.1　防护原理介绍

静态互补金属氧化物半导体(complementary metal oxide semiconductor, CMOS)逻辑门由上拉网络(PUN)和下拉网络(PDN)组成，其原理如图 8-1 所示. 图 8-1 中显示了一个通用的、具有 N 个输入($\mathrm{In}_1, \mathrm{In}_2, \cdots, \mathrm{In}_N$)的逻辑门，它的所有输入同时分配到上拉网络和下拉网络. 当 PUN 中有一条由输出节点到电源 VDD 的通路时，输出就被充电为高，表示逻辑 1. 同样，当 PDN 将输出节点与地 GND 连通时，输出节点被放电为低，表示逻辑 0. PUN 和 PDN 网络是互补的，即在稳态时两个网络有且只有一个导通. 这样，一旦瞬态过程完成，电源 VDD 和输出端 F 或地 GND 和输出端 F 之间总有一条路径是导通的.

在数字集成电路中，静态 CMOS 逻辑反相器是最基本的逻辑单元，它与任何其他静态 CMOS 逻辑门具有几乎相同的功耗特性，所以下面以反相器为例分析静态 CMOS 逻辑的功耗特性[9]，其结构如图 8-2 所示.

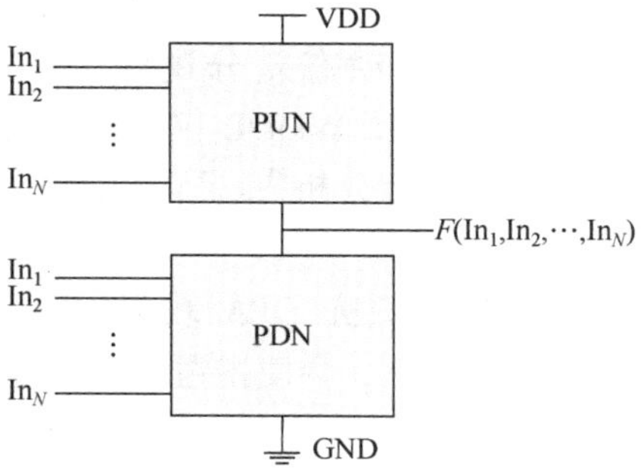

图 8-1　静态 CMOS 逻辑结构

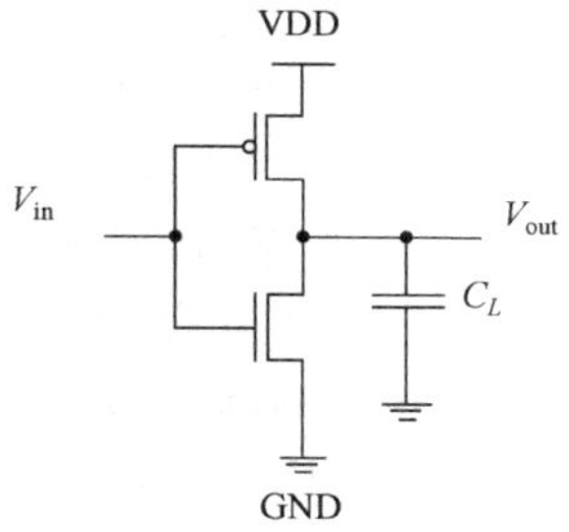

图 8-2　静态 CMOS 逻辑反相器结构

随着电路工作过程中各个数据信号逻辑值的不断变化，PUN 和 PDN 两个网络中逻辑单元的充、放电过程导致了功率消耗的产生. CMOS 逻辑单元的功耗 P_{tot} 由动态功耗 P_{dyn} 、静态功耗 P_{stat} 和通路电流功耗 P_{dp} 三部分组成[10]：

$$P_{\mathrm{tot}} = P_{\mathrm{dyn}} + P_{\mathrm{stat}} + P_{\mathrm{dp}}$$

P_{dyn} 只发生在逻辑门开关的瞬间，P_{dyn} 是由电容 C_L 的充放电引起的动态功耗，与 P_{stat} 并存，P_{stat} 是由 VDD 和 GND 之间的静态导电通路的漏电流引起. P_{dp} 只发生在逻辑门开关瞬间，是由 VDD 和 GND 之间短期内出现的直流通路引起的短路功耗. 一般, P_{stat} 很小, 可以假设为 0, 而 P_{dyn} 要比 P_{dp} 大得多, 它就占据了 P_{tot} 的大部分. 输出信号发生 "0→1" 跳变时, 逻辑门才对 C_L 进行充电, 使得功耗为 $P_{\mathrm{dyn}}+P_{\mathrm{stat}}+P_{\mathrm{dp}}$. 而在 "0→0", "1→1" 情况下, P_{stat} 约为 0. 在 "1→0" 跳变时, $P_{\mathrm{stat}}+P_{\mathrm{dp}}$ 约为 0. 由此可见, CMOS 反相器输出信号的跳变情况决定了功耗大小, 同样的特性在所有采用 CMOS 结构的静态逻辑单元中都存在.

从整个集成电路的角度看, 电路在某一时刻的瞬态功耗等于此刻电路中所有正在发生输出信号跳变的逻辑单元的功耗总和. 而随着信号在电路中的传播, 各个逻辑单元的跳变情况也在发生变化, 功耗曲线就是由这些不同跳变情况构成的电路瞬态功耗轨迹. 同时, 在组合逻辑电路中, 不同的逻辑单元又使得输出信号的跳变概率和跳变时刻受输入信号取值的影响, 所以实际测得的功耗曲线就是不同输入数据或是其跳变情况对应的不同电路功耗特征. 这种功耗与密码模块中运算的数据的相关性, 正是展开功耗分析攻击的基础, 攻击者对此加以统计分析, 就可以推测出芯片中某些内部信号的取值.

动态差分逻辑(dynamic differential logic)又称为双轨预充电逻辑(dual-rail precharge logic). 在动态差分逻辑中, 只要保证两个差分输出端正、负逻辑负载相同, 无论逻辑怎么跳变, 所消耗的功耗都是相同的, 这样就可以实现逻辑门的功耗恒定化, 从而能达到去除逻辑门功耗与输入信号相关性的目的. 动态差分逻辑具有的特点是[9]:

(1) 将传统的静态 CMOS 逻辑单元替换为具有双端差分互补输出的逻辑单元.

(2) 采用了动态逻辑的预充电和求值思想. 在预充电阶段两个输出端输出信号(0, 0), 在求值阶段两个输出端输出互补信号(0, 1)或(1, 0).

(3) 无论输入信号是什么, 逻辑门在每个时钟周期有且仅有一个输出端产生信号跳变, 从而保证逻辑单元在每个时钟周期都具有固定的信号翻转率, 并且该翻转率与处理数据无关.

由于动态差分逻辑在每个周期都是消耗同样的功耗, 这样就消除了功耗与处理信号之间的相关性. 下面将对其中的主流动态差分逻辑 SABL、SDDL、WDDL 进行具体介绍.

(1) 基于敏感放大器的逻辑(sense amplifier based logic, SABL).

基于敏感放大器的逻辑 SABL 采用了标准的动态门结构及双端差分逻辑单元, 具有较好的抗 DPA 攻击能力. 图 8-3 是 n 输入 SABL 逻辑门的一般结构图[9].

SABL 逻辑门由两个交叉耦合反相器、P 型金属-氧化物-半导体场效应晶体管(P-type metal-oxide-semiconductor, PMOS) p_1 和 p_2、N 型金属-氧化物-半导体场效应晶体管(*N*-type metal-oxide-semiconductor, NMOS) n_1 和 n_2、一个差分下拉网络 DPDN(differential pull-down network)组成. SABL 的动态防护思想主要体现在 p_1 管、 p_2 管与 n_1 管上, 它们共同负责逻辑门的预充电、求值阶段转换. DPDN 是个

拓扑网络, 采用特殊晶体管连接形式, 决定着逻辑门的基本功能,

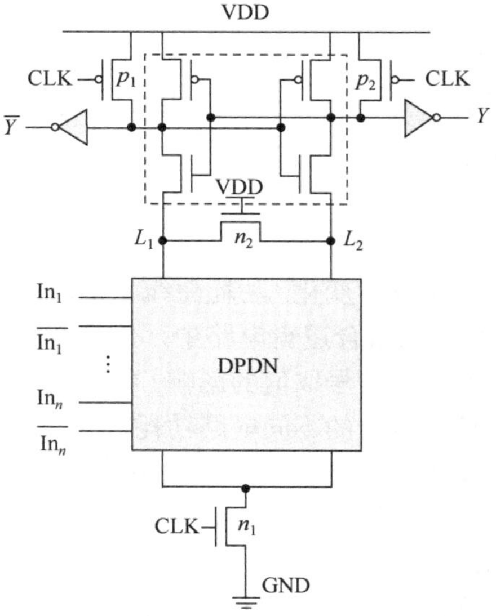

图 8-3　*n* 输入 SABL 逻辑门结构图

它在求值阶段为两个交叉耦合反相器中的一个提供一条接地通路. DPDN 完全放电的同时, 两个交叉耦合反相器的作用是保证逻辑门的逻辑正确性. n_2 管一直处于导通状态, 主要的作用是平衡电容负载, 保证输出跳变消耗相同功耗: 在预充阶段, 为 L_1, L_2 平衡电容, 防止 L_1, L_2 点处于高阻抗状态; 在求值阶段, 保证 DPDN 所有节点放电, 使得逻辑门的充放电不依赖于输入信号. 输出端的反相器保证在预充阶段输出的值为 0, 这样当多个 SABL 逻辑门串联时, 就可以实现预充的传递, 使所有逻辑都进行预充电, 同时, 它也可以调节电路输出的驱动能力.

SABL 的工作方式是: 在预充电阶段, p_1 管、p_2 管打开, 逻辑门的内部节点全部预充到高电平, 输出为高电平; 在求值阶段, p_1 管、p_2 管关闭, 根据输入的不同, 两个输出端一个放电到低电平, 另一个保持高电平, 这使得每个时钟周期都有且仅有一个输出信号发生跳变.

SABL 逻辑的输出信号在每个时钟周期都有 50% 的翻转率, 使输出端的跳变不依赖于输入信号序列, 这样就尽量减小了旁路信息. 同时, DPDN 中所有寄生电容都能够同时充放电, 就避免了可能由电荷共享造成的充放电功耗差异, 只要能保证逻辑门正、负输出端具有相同的电容负载, 就可以使逻辑门在每个周期都消耗基本相同的能量. 但由于采用了标准动态门结构, SABL 的电路设计只能采用全定制的设计方法而无法与自动化的半定制设计流程兼容.

(2) 简单动态差分逻辑(simple dynamic differential logic, SDDL).

一个具有动态和差分行为的复合标准单元需要满足两点：第一，基于 De Morgan 定律，该定律允许使用原始逻辑函数的错误输入来表示任何逻辑函数的错误输出；第二，将差分输出与预充电信号进行与(AND)运算，只要预充电信号为 1，输出就会被预放电为 0，与输入值无关；当预充电信号为 0 时，可以产生一个由输入决定的输出值. 图 8-4 显示了 SDDL 2 输入与门的实现[2].

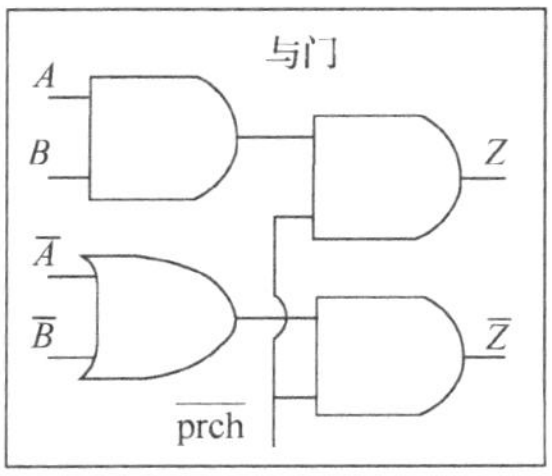

$(A\cdot B)\cdot\overline{\text{prch}}\leftrightarrow(\overline{A}+\overline{B})\cdot\overline{\text{prch}}$

A	B	$\overline{A}$	$\overline{B}$	prch	Z	$\overline{Z}$
0	0	1	1	0	0	1
0	1	1	0	0	0	1
1	0	0	1	0	0	1
1	1	0	0	0	1	0
X	X	X	X	1	0	0

图 8-4 SDDL：与门(左)；真值表(右)

prch：预充电阶段；$\overline{\text{prch}}$：评估阶段

然而，SDDL 并不能保证任意复合门在每个时钟周期只有一个翻转事件. 图 8-5 显示了一个 SDDL 2 输入 XOR 门的翻转[2]. 时序图显示，尽管每个差分输入只有一次翻转，但差分输出的两个信号都有一次翻转. 由于输入的时间和数值均会影响翻转数量，SDDL 将无法保证与输入信号独立的功耗.

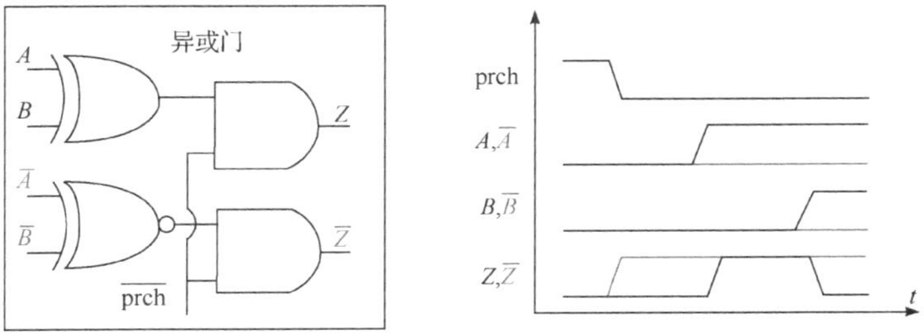

图 8-5 SDDL: XOR 门(左)；时序图(右)

浅色代表 $\overline{A}$，$\overline{B}$，$\overline{Z}$ 的时序变化

(3) 电波动态差分逻辑(wave dynamic differential logic, WDDL).

尽管基于 SDDL 的动态功耗与输入数据无关，但在动态功耗中可以观察到输入数据和预充电信号之间的时间延迟. 为了从动态功耗曲线中消除时间延迟差异的特征，提出了基于 WDDL 的逻辑. WDDL 不需要设计专门的单元逻辑，利用已有的标准单元逻辑门搭建具有动态差分功能的逻辑单元.

WDDL 的双轨与门逻辑与 SDDL 的逻辑相同，即图 8-4 的左图. 通过 WDDL 双轨与门逻辑电路可知，在预充电信号 prch 为高电平下，既预充电阶段，差分逻辑与门电路输出(00 或是 0)信号；而在 prch 为低电平状态下，即取值阶段，总有一个输出信号为实现 0 到 1 的跳变而另一个输出信号保持 0 电平不变. 在每个取值周期中只有一个跳变事件发生，因此每次跳变的功耗相似. 在整个电路中，通过 prch 使预充电信号和数据信号通过预充电逻辑保存至触发器组中. 电路将沿着时域交替进行预充电和取值处理.

主要有两种方法实现预充电. 第一种方法是在加密模块的输入和触发器的输出处插入预充电运算器，可以用 SDDL 触发器(SDDL FF)来完成，如图 8-6 所示[2].

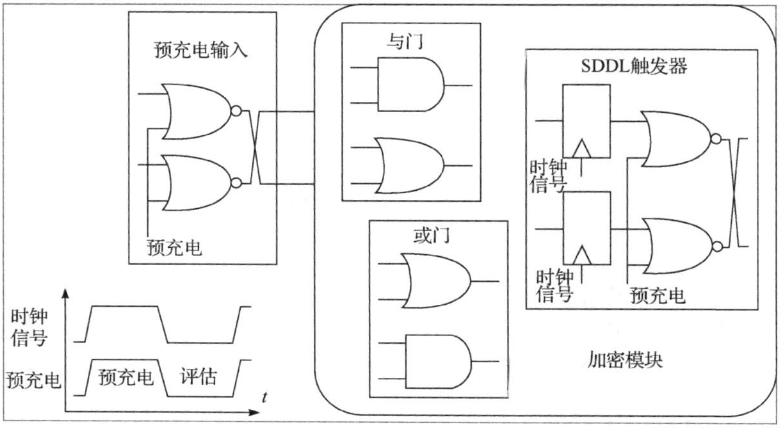

图 8-6　用 SDDL FF 的预充电波生成

第二种使用主从 DDL 触发器(M-S DDL FF)，只对加密模块的输入信号进行预充电就足够了，如图 8-7 所示. 一旦预充电信号传播完毕，加密模块就处于稳定的运行模式[2].

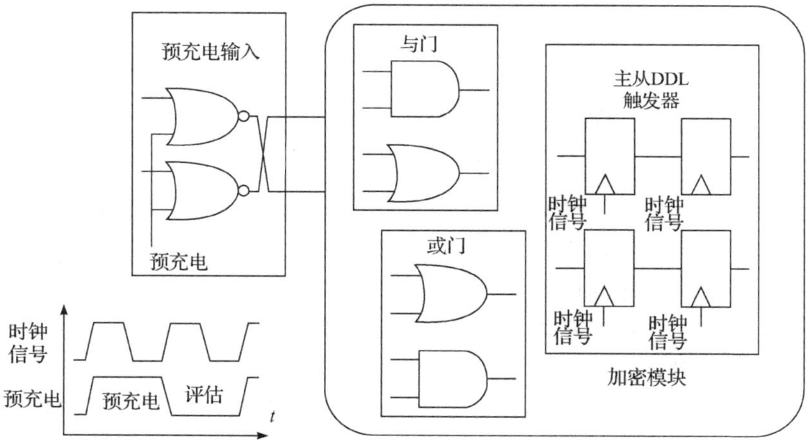

图 8-7　使用 M-S DDL FF 的预充电波生成

WDDL 不需要精确设计预充电时钟信号, 因为 WDDL 单元都是由 AND 和 OR 逻辑单元构成, 当这两种逻辑单元的输入端信号都为 “0” 时, 其输出信号均为 “0” . 这样, 当前级 WDDL 单元进入预充电状态后, 其双轨输出端的两个 “0” 信号也会使后级逻辑单元进入预充电状态. 因此, 只要在电路的初级输入和每个触发器的输出端插入能产生双轨 “0” 信号的预充电逻辑, 就可以将预充电状态传递到所有 WDDL 电路中. 在求值阶段, 初级输入和触发器输出端的互补双轨信号也采用同样的方式在电路逻辑中传递.

在双轨电路中, 若直接利用异或门和同或门构成 WDDL 的异或逻辑门难以实现每个周期内只有一个跳变事件发生, 这是由于动态功耗与输入数据仍然存在一定的相关性. 因此 WDDL 实现异或逻辑门需要通过两个 WDDL 与门和一个 WDDL 或门组合, 使异或功能释放的功耗均衡变化, WDDL 异或门实现电路如图 8-8 所示[11].

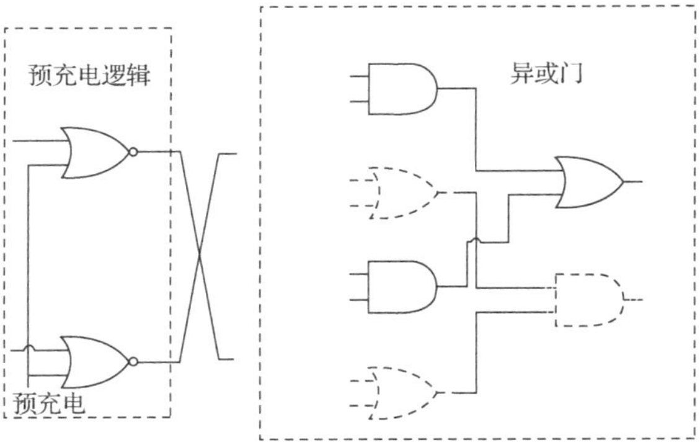

图 8-8 WDDL 双轨逻辑异或门电路原理图

8.2.1.2 WDDL 方案分析

WDDL 是一种典型的差分和预充电技术的逻辑, 用于加密设备, 使设备中的逻辑单元在每个时钟周期的功耗保持不变, 从而抵抗侧信道攻击. 基于 WDDL 的硬件电路具有恒定的功率耗散和电磁辐射. 但是提高安全性从来不是免费的, 需要权衡面积、时间和功率的增加.

对于专用集成电路(application sepcific integrated circuit, ASIC), WDDL 门数增加的下限是 2 倍. 一个 WDDL 触发器使用 4 个单端触发器(flip-flop, FF), 而单端设计是由多种门电路组合而成的. 表 8-1 比较了 3 种不同的加密算法, 显示出 3.2 至 3.6 倍的增长. 以 3.3V, 0.35μm 的 CMOS 库为例, 给出不同加密算法加入 WDDL 前后的面积与延迟.

表 8-1　在 ASIC 中，电路的面积和延迟比较

	面积(kgates)		延迟(ns)	
	S-E	WDDL	S-E	WDDL
Kasumi	7304	26549	33.3	47.3
DES	1493	4810	7.9	8.4
AES	13241	44827	13.6	14.6

注: S-E: 增强感知逻辑(sense-enhanced logic); Kasumi: 一种分组加密算法, 也叫 A5/3, 曾被广泛用于 3G 网络, 但目前已逐渐被更安全的算法(如 AES)取代.

可以用面积增加的系数来近似反应可能是功耗增加的系数. 在 Virtex-II FPGA(现场可编程门阵列)上, 面积增加了 6 倍. 单端设计可以在每个 4 输入 1 输出的查找表(look-up table, LUT)中放置 3 个 2 输入门, 而 WDDL 设计使用 2 个 LUT 来生成一个具有 2 个差分输出的复合门. 实际上, 对于一个任意的逻辑功能来说, 面积的增加可能更大而且关键路径的延迟也会增加. 这是因为单端设计的逻辑深度较小, 单端设计可以在一个 LUT 中放置 3 个 2 输入的门.

8.2.2　双轨逻辑

为了保护密码系统免受 DPA 一类的攻击, 首先要做的就是使功耗与被操作数据无关从而打破攻击的前提假设. 各个抽象层面上都已经提出了一些对抗措施[12], 其中大部分都旨在减少实际数据与泄漏之间的相关性. 双轨逻辑(dual-rail logic, DRL)正是此类对策之一.

双轨逻辑的主要优势在于用联合编码表示逻辑值. 实际上, 对于这种编码, 某一轨道发生的上升跳变表示一个比特位被设置为逻辑 “1” 或逻辑 “0”, 同时轨道上产生的下降沿, 表示该比特位已退出评估阶段, 回到无效状态(如预充电状态). 需要注意的是, 只有当双轨单元的功耗及传播延迟和数据无关时, 处理逻辑 “1” 和逻辑 “0” 对应的电流波形从严格意义上是相同的.

由于传统的双轨单元并不能完全平衡功耗, Tiri 介绍了一种基于感知放大器的逻辑且该逻辑具有恒定功耗. 动态电流模式逻辑在另一研究[13]中也被确定为 SABL 的替代. 此外, 相关研究[6]也给出了安全的双轨 CMOS 原理图.

即使这些过往提出的方案看起来在单元层面上能有效对抗 DPA, 但它们都基于三个粗略的假设. 实际上, 这些工作都假设事先已经完成关于布局、布线的下列几步[14]:

假设 1: 每个差分输出都负载一个相同的电容值($C_2 = C_1$).

假设 2: 所有纳入考虑的门结构的输入都由相同驱动器控制. 即所有输入信号的转换时间(后文使用 τ 来标记)都相同($\tau_T = \tau_F$).

假设 3: 所有纳入考虑的门结构的转换过程总是同时开始($\mathrm{AT}_T = \mathrm{AT}_F$).

考虑到双轨 CMOS 门的功耗和时间控制很大程度上依赖于触发门状态切换的信号的转换时间以及输出电容的切换, 人们自然会想知道前述假设的有效范围.

8.3 安全性分析

8.3.1 WDDL 安全性分析

对于 WDDL 的 XOR 门来说，尽管在任何输入数据下，输出逻辑和互补输出逻辑都有一个 0→1 的转换，通过减少输出和互补输出之间的电容差可以减少从基于 WDDL 的 XOR 门泄漏的信息.

由基于 WDDL 的 XOR 门的电容差引起的相应能量变化 ΔP_w 可以表示为

$$\Delta P_w = P_{w,1} - P_{w,0} = C_{L,1} f_c V_{\mathrm{dd}}^2 - C_{L,2} f_c V_{\mathrm{dd}}^2 = \left(C_{L,1} - C_{L,2}\right) f_c V_{\mathrm{dd}}^2 = \Delta C_L f_c V_{\mathrm{dd}}^2$$

其中 $P_{w,1}$ 和 $P_{w,0}$ 分别是基于 WDDL XOR 门的输出逻辑和互补输出逻辑从 0 → 1 转换时的动态能量输出. $C_{L,1}$ 和 $C_{L,2}$ 分别是输出和互补输出的负载电容. ΔC_L 是电容差值，f_c 是时钟频率，V_{dd} 是电源电压[15].

在一个 n 比特基于 WDDL 的 AES 加密中，如果攻击者对基于 WDDL 的 XOR 门进行 CPA 攻击以获得正确密钥 Key，攻击者每次可以从 n 比特 Key 中选择 k 比特来进行 CPA 攻击($1 \leqslant k \leqslant n$). 假设在 k 个基于 WDDL 的 XOR 门中，$x(x = 0, 1, 2, \cdots, k)$个 XOR 门在输出中进行了 0→1 的转换. 由于 x 符合二项分布，经过 100000 次测试的结果如图 8-9 所示，可以得到均值 $E(x)$和方差 $D(x)$

$$E\left(x\right) = k \times p = \frac{1}{2}k, \quad D\left(x\right) = k \times p \times \left(1 - p\right) = \frac{1}{4}k$$

其中 p 是输出逻辑从 0 到 1 的转换概率，p 等于 1/2.

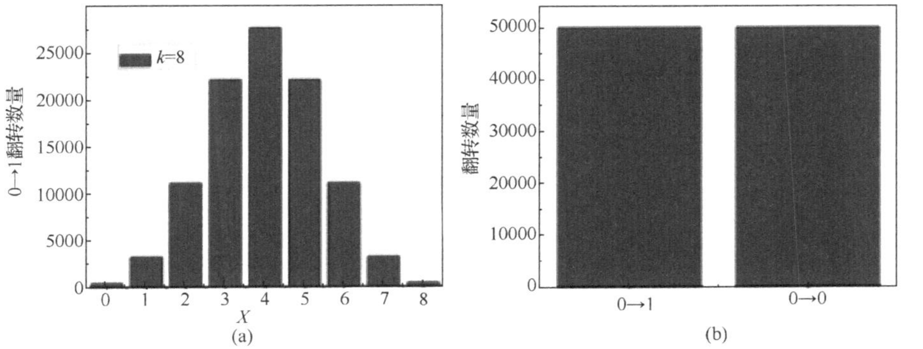

图 8-9 (a) 八个 WDDL 防护下逻辑门 0→1 翻转数量分布；
(b) WDDL 防护下逻辑门 0→1 和 0→0 翻转的数量

面对 CPA 攻击，k 个基于 WDDL 的 XOR 门的能量消耗的方差 $D\left(kP_{w,0} + x\Delta P_w\right)$ 可以确定为

$$D\left(kP_{w,0}+x\Delta P_w\right)=0+D\left(x\right)\times\left(\Delta P_w\right)^2=\frac{1}{4}k\left(\Delta P_w\right)^2$$

由于加密电路的动态功耗符合正态分布，可以假设加密中固定噪声功耗的平均值和方差分别为 μ_{ar} 和 σ_{ar}^2. 在 CPA 攻击下，k 个基于 WDDL 的 XOR 门的功率曲线 SNR_k 可写为

$$\mathrm{SNR}_k=\frac{\sigma_S^2}{\sigma_N^2}=\frac{\sigma_k^2}{\sigma_{ar}^2+\sigma_{n-k}^2}=\frac{\frac{1}{4}k(\Delta P_w)^2}{\sigma_{ar}^2+\frac{(n-k)}{4}\times(\Delta P_w)^2}$$

其中 σ_S^2 和 σ_N^2 分别是信号和噪声的方差. σ_k^2 是受到 CPA 攻击的 k 个基于 WDDL 的 XOR 门的能量消耗方差，而 σ_{n-k}^2 是未被 CPA 攻击的 $(n-k)$ 个 WDDL 防护后 XOR 门的能量消耗方差.

然而由于器件内部电容和器件传播延时存在一定的差异，由与门实现的 0→1 跳变事件和或门实现的 0→1 跳变事件在一定程度上存在微弱偏差，因此该电路仍有可能被功耗攻击所破解. WDDL 防护只是将原有攻击的难度提高.

8.3.2　DRL 安全性分析

为了评估 8.2.2 节提及的三大假设的“有效范围”，对 CMOS 双轨门状态切换电流波形的建模至关重要. 考虑到任一单轨逻辑门都可以简化为一个等效的反相器[16]或缓冲器，如图 8-10，可以对双轨逻辑门状态切换电流的差分曲线的最大振幅 Δi_{MAX} 进行建模，该门结构负载不匹配的电容(即 $C_1\neq C_2$)、由不平衡的转换时间控制(即 $\tau_1\neq\tau_2$)且触发信号到达时间不平衡($\mathrm{AT}_1\neq\mathrm{AT}_2$)[14].

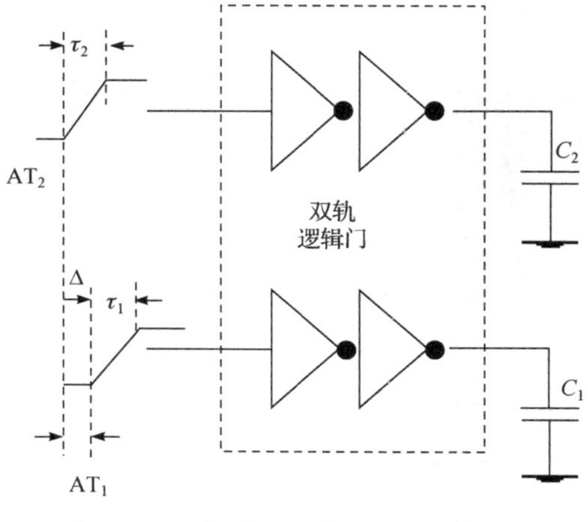

图 8-10　双轨单元及其上下文工作环境

考虑在 N 条电流测量曲线下，I_{TH} 是一个可被监测的、较小的电流差异量，由 SNR 定义可得

$$\mathrm{SNR}=\frac{I_{\mathrm{TH}}}{\sigma}\cdot\sqrt{N}$$

从对 Δi_{MAX} 的建模[17]中可以推导出三条标准用于快速评估双轨单元在其上下文电路环境中抗 DPA 的鲁棒性，评估标准的内容如下[14]:

$$\left.\frac{C_2}{C_1}\right|_{\mathrm{Crit}}=\max\left\{\frac{1}{R_i}\cdot\frac{\dfrac{V_{\mathrm{DD}}}{V_{\mathrm{DSAT}}}-1}{(1-\beta)}+1;\left(\frac{V_{\mathrm{DSAT}}}{\beta\cdot V_{\mathrm{DD}}}\left(1-\frac{1}{R_i}\right)\right)^{-1}\right\}$$

$$\left.\frac{\tau_1}{\tau_2}\right|_{\mathrm{Crit}}=1-\frac{\left(V_{\mathrm{DD}}-V_T\right)}{V_{\mathrm{DD}}}\cdot\frac{1}{R_i}\text{如果}I_{\mathrm{MAX}}>I_{\mathrm{TH}}$$

$$\left|\frac{\Delta}{\tau}\right|_{\mathrm{Crit}}=\frac{\left(V_{\mathrm{DD}}-V_T\right)}{V_{\mathrm{DD}}}\cdot\frac{1}{R_i}\text{如果}I_{\mathrm{MAX}}>I_{\mathrm{TH}}$$

其中下标 Crit 表示(Critical)，即临界值，这里是在临界条件下计算.

$$R_i=\frac{I_{\mathrm{MAX}}}{I_{\mathrm{TH}}}$$

上面的表达式中，V_{DD}，V_T 和 V_{DSAT} 分别代表晶体管的电源电压、阈值电压和饱和电压，而 β 是当晶体管的漏源电压分别等于 V_{DSAT} 和 V_{DD} 时其所提供电流之比.

第一条标准评估了双轨单元在负载电容不平衡时的鲁棒性. 在给定的电流阈值 I_{TH} 下，第一条标准的表达式给出了对负载电容不平衡程度的容忍度. 同样地，第二、三条标准分别可以评估双轨单元在输入信号转换时间不平衡和信号到达时间不平衡条件下的鲁棒性.

这些标准的特性之一是它们只依赖于工艺参数. 这意味着，对于一个给定的单元拓扑结构，可以通过电气仿真来分别获得其在电容负载、输入信号转换和输入信号到达时间不平衡条件下对于抗 DPA 鲁棒性的特征曲线. 这提供了一种对比不同的单元拓扑结构鲁棒性的方法，且不需要考虑单元尺寸的影响.

实验结果表明，当负载电容不平衡程度及达到时间不平衡程度均在一定范围内时，DRL 方案对于抗 DPA 仍然是鲁棒的，但无法承受显著的输入信号到达时间不平衡. 由于输入信号到达时间不平衡会随着数据路径的逻辑深度增加而加剧.

由前面的表达式可知，必须使 R_i (即 I_{MAX})尽可能小来拓展这一安全设计范围. 出于这个目的，自然可以想到减小 V_{DD} 值这一方案，但这意味着必须在功率和

单元运行耗时之间做合理的权衡. 另一种可能的方案在于通过专用 CAD 工具和(或)设计方案的逐步发展来平衡在布局、布线过程中引入的寄生电容以及输入信号转换、到达时间. 在此方案中, 三条双轨逻辑单元鲁棒性评估标准构成了巧妙的设计标准, 以评估安全双轨电路中的基本单元的安全程度. 但专用 CAD 工具短期内难以实现, 因此研究人员主要致力于研究设计方案, 更准确地说是研究用于实现安全设计的双轨单元结构.

参 考 文 献

[1] Tiri K, Akmal M, Verbauwhede I. A dynamic and differential cmos logic with signal independent power consumption to withstand differential power analysis on smart cards[C]. Proceedings of the 28th European Solid-state Circuits Conference. IEEE, 2002: 403-406.

[2] Tiri K, Verbauwhede I. A logic level design methodology for a secure dpa resistant asic or fpga implementation[C]. Proceedings Design, Automation and Test in Europe Conference and Exhibition, volume 1, IEEE, 2004: 246-251.

[3] Ishai Y, Sahai A, Wagner D. Private circuits: Securing hardware against probing attacks[C]. Advances in Cryptology—CRYPTO 2003: 23rd Annual International Cryptology Conference, Santa Barbara, California, USA, August 17-21, 2003, Proceedings 23. Berlin, Heidelberg: Springer, 2003: 463-481.

[4] Trichina E. Combinational logic design for aes subbyte transformation on masked data[R]. cryptology eprint archive. Report 2003/236, 2003.

[5] Trichina E, Korkishko T, Lee K H. Small size, low power, side channel-immune AES coprocessor: Design and synthesis results[C]. Advanced Encryption Standard-AES: 4th International Conference, AES 2004, Bonn, Germany, May10-20, 2004, Revised Selected and Invited Papers 4. Berlin, Heidelberg: Springer, 2005: 113-127.

[6] Mangard S, Popp T, Gammel B M. Side-channel leakage of masked cmos gates[C]. Cryptographers' Track at the RSA Conference. Berlin, Heidelberg: Springer, 2005: 351-365.

[7] Popp T, Mangard S. Masked dual-rail precharge logic: DPA-resistance without routing constraints[C]. International Workshop on Cryptographic Hardware and Embedded Systems. Berlin, Heidelberg: Springer, 2005: 172-186.

[8] Chen Z M, Zhou Y J. Dual-rail random switching logic: A countermeasure to reduce side channel leakage[C]. International Workshop on Cryptographic Hardware and Embedded Systems. Berlin, Heidelberg: Springer, 2006: 242-254.

[9] 夏璐. 基于 LBDL 逻辑的抗 DPA 攻击安全芯片的设计与实现[D]. 长沙: 国防科学技术大学, 2012.

[10] Rabaey J M, Chandrakasan A, Nikolic B. 数字集成电路:电路、系统与设计 [M]. 2 版. 北京: 电子工业出版社, 2008.

[11] 吴镜聪. 基于 AES 算法的功耗分析攻击防御方法研究[D]. 广州: 华南理工大学, 2018.

[12] Chari S, Jutla C S, Rao J R, et al. Towards sound approaches to counteract power-analysis attacks[C]. Advances in Cryptology—CRYPTO'99:19th Annual International Cryptology

Conference Santa Barbara, California, USA, August 15-19, 1999, Proceedings 19. Berlin, Heidelberg: Springer, 1999: 398-412.

[13] Tiri K, Verbauwhede I. Securing encryption algorithms against DPA at the logic level: Next generation smart card technology[C]. Cryptographic Hardware and Embedded Systems-CHES 2003: 5th International Workshop, Cologne, Germany, September 8-10, 2003, Proceedings 5. Berlin, Heidelberg: Springer, 2003: 125-136.

[14] Razafindraibe A, Robert M, Maurine P. Analysis and improvement of dual rail logic as a countermeasure against DPA[C]. International Workshop on Power and Timing Modeling, Optimization and Simulation. Berlin, Heidelberg: Springer, 2007: 340-351.

[15] Yu W, Köse S. A lightweight masked aes implementation for securing IOT against CPA attacks[J]. IEEE Transactions on Circuits and Systems I: Regular Papers, 2017, 64(11): 2934-2944.

[16] Maurine P, Rezzoug M, Azemard N, et al. Transition time modeling in deep submicron CMOS[J]. IEEE Transactions on Computer-Aided Design of Integrated Circuits and Systems, 2002, 21(11): 1352-1363.

[17] Razafindraibe A, Maurine P, Robert M. Evaluation of the robustness of dual rail logic against dpa[C]. 2006 IEEE International Conference on IC Design and Technology. IEEE, 2006: 1-4.

第 9 章　侧信道泄漏检测

自 Kocher 等指出通过侧信道能量分析可以揭示智能卡中的秘密信息以来，侧信道攻击成为加密实现和设备安全的重要威胁之一. 两大安全认证标准：联邦信息处理标准(Federal Information Processing Standards, FIPS)以及通用准则(Common Criteria, CC)均强调密码实现和设备的抗 SCA 能力. 多年来，研究者们专注于各种侧信道攻击方法和对应防护策略的研究，以保护密码实现和设备免受此类攻击. 随着防护策略集成到密码实现中，快速评估密码实现对 SCA 的抵抗能力成为一个必须思考的问题. 侧信道泄漏检测是目前针对此问题的一种最简单、有效的解决方法.

本章主要介绍现有侧信道泄漏检测主要原理、方法及检测流程.

9.1　侧信道泄漏检测概述

侧信道泄漏检测是通过检测黑盒模型下侧信道功耗样本是否包含泄漏信息，初步评估密码实现的安全性. 现有的泄漏检测方案可以分为攻击依赖型检测(evaluation-style testing)以及一致性检测(conformance-style testing)[1]. 攻击依赖型检测[2-5]基于实际 SCA 的侧信道观测结果对密码设备的抗 SCA 能力进行评估. CC(Common Criteria)提出的检测标准[6]ISO-15408 是典型的攻击依赖型检测. 从检测信息泄漏的角度看，ISO-15408 要求利用多种 SCA 方法对密码设备进行分析(包括但不限于常见的侧信道能量分析方法，即简单功耗分析、差分功耗分析、电磁分析以及高阶差分功耗分析等)，依据分析结果评估密码设备的物理安全性. 利用攻击依赖型检测得出的结果直观，但是攻击依赖检测需要利用多种攻击方案进行攻击，检测时间长且利用的攻击方案有限，检测给出的结果有条件限制，结果不全面.

一致性检测与攻击依赖检测不同，FIPS140-3 草案中提出了一种典型的检测密码模块是否达到了必要的安全水平的一致性检测方案[7]. 该类检测方法不依赖于具体的 SCA 攻击方案以及具体的泄漏模型，而是通过评估密码设备的实际信息泄漏量，完成对密码设备物理安全性的评估. 一致性检测利用统计学中统计检验的方法对功耗样本的分布进行统计分析，检验不同明文对应的功耗样本分布是否可区分. 如果可以区分，则认为功耗样本包含秘密信息，即存在侧信道泄漏；否则，认为侧信道泄漏不存在. 一致性检测仅仅基于样本分布统计，具有简单高效的特点. 为了简化密码产品安全评估过程, 常常采用一致性泄漏检测, 对密码产品的安全性进行初步评估. 一致性检测是侧信道安全评估的初步评估中常用的泄漏检测方法. 下面主要介绍攻击依赖型检测和一致性检测方法以及两者的检测流程.

9.2 攻击依赖型侧信道泄漏检测

侧信道攻击依赖型检测是利用目前已有的侧信道攻击流程对密码产品进行攻击, 如攻击成功, 则说明密码产品没有达到安全要求, 这也是目前侧信道安全评估中主要采用的评估手段. 攻击依赖检测根据攻击类型又可分为功耗攻击检测和故障攻击检测.

9.2.1 功耗攻击检测

功耗攻击属于非侵入式侧信道攻击方法, 它是利用密码产品运行过程中泄漏出的功耗信息进行攻击的一种方法, 密码产品运行中的某一时刻功耗可以表示为[8]

$$P_{\text{total}} = P_{\text{op}} + P_{\text{data}} + P_{\text{el.noise}} + P_{\text{const}} \tag{9-1}$$

总的功耗 P_{total} 主要由操作相关的功耗 P_{op}、数据相关的功耗 P_{data}、功耗测量时的电子噪声 $P_{\text{el.noise}}$ 以及与操作、数据无关的常量能量消耗 P_{const} 组成, 功耗攻击正是利用功耗与敏感信息的依赖关系来分析获得密钥或其他秘密信息. 最主要的能量攻击方法[9]包括简单功耗分析(simple power analysis, SPA)方法和差分功耗分析(differential power analysis, DPA)方法. FIPS140-3, GM/T 0028—2014 以及 GM/T 0008—2012 等标准规范都明确要求密码产品需要具有抵抗这两种攻击的防护措施. 简单功耗分析方法的基本思想是, 如果能量迹与密码操作、密钥信息等之间存在直接简单的依赖关系, 分析者通过观察能量迹就可以直接判断出加密轮数、密钥比特等信息. 差分功耗分析方法主要利用了密码运算中间值不同取值下的功耗差值在正确密钥假设下最为显著的特征, 通过该特征可以筛选出正确密钥. 相关功耗分析(correlation power analysis, CPA)[10]可以认为是差分功耗分析的一种更为通用的攻击方法, 它通过采集密码运算中间值的功耗曲线, 然后计算假设密钥值下的预期曲线值, 通过计算预期曲线值和实际曲线之间的相关性来筛选真实的密钥值. 互信息分析(mutual information analysis, MIA)[11]以猜测密钥对应的假设中间值和采集的功耗曲线的互信息作为区分器来猜测正确密钥, 其不需要将假设中间值映射为假设功耗值, 具有更强的通用性, 可以对功耗模型未知的设备进行能量分析.

以上介绍的攻击方法都属于 non-profiled 攻击类别, 即攻击者不需要额外拥有一台与攻击设备一样的设备进行数据建模, 而是直接对攻击设备进行功耗采集并分析获得秘密信息. 而 profiling 攻击则需要攻击者拥有与攻击目标设备一样的训练设备, 并且可以控制密码设备的运行情况, 如可以任意选择明文和密钥, 因此攻击者可以精确地获取密码运行信息泄漏特征. 在随后的攻击阶段, 攻击者可以通过匹配两个设备的特征来恢复出目标设备的密钥信息. 最典型的 profiling 攻击是模板攻击 (template attack, TA)[12]. 模板攻击包含模板构建和模板匹配两个步骤, 首先对训练设备进行多元高斯分布特征建模, 然后对攻击设备的实际采集功耗曲线进行高斯特征匹配, 其中概率最大的即为正确密钥. 与 non-profiled 攻击相比, 由于 profiling 攻击假设最强, 因此, 它的攻击力度也最大.

除了传统的攻击检测外, 随着机器学习技术的发展, 该技术也被用于功耗分析攻击中, 并取得了不错的攻击效果. 机器学习方法可以将能量攻击中的密钥恢复问题转化为分类问题, 并且它本身的黑盒测试特性不需要密码实现满足任何数学分布假设, 因此与传统能量攻击相比, 它在许多场景下具有攻击力度更强、成功率更高和攻击复杂度更低等优点. 初期的机器学习算法主要用了支持向量机、随机森林等算法[13, 14], 研究表明这些算法在处理高维数据、小样本曲线量方面具有更大的攻击优势, 另外在攻击一些防护实现上的效果还要优于传统的模板攻击、CPA 或其组合形式. 近年来, 基于深度学习的能量分析技术更是得到了学术界与测评界的关注[15]. 根据评估者是否拥有训练设备, 基于机器学习的侧信道评估也分为 profiling 攻击[15]和 non-profiled 攻击[16]两类. 虽然机器学习算法在很多攻击实例中展现出来了它的优势, 但它仍然无法完全取代传统攻击方法. 在实际检测中, 需要根据具体的攻击条件去选择合适的攻击方式.

9.2.2　故障攻击检测

故障攻击是指利用一些物理手段对密码产品运行过程进行干扰, 通过分析错误的运算结果来获取密钥信息. 物理手段主要包括电压扰动、时钟注入、异常温度和激光注入等形式. 故障攻击检测是攻击依赖型侧信道泄漏检测的一种, 也是目前的 FIPS140-3 等密码测评标准均要求产品应提供对电压、温度异常的防护措施. 其中《安全芯片密码检测准则》中的安全 3 级要求密码产品提供对光攻击的防护能力. 依据故障注入对象的不同, 故障攻击主要分为存储类和指令类两类攻击类型. 存储类攻击是对存储算法中间运行结果或输入参数的存储器进行故障注入. 存储器主要分为易失性存储区(如随机存取存储器(random access memory, RAM))和非易失性存储区(如只读存储器(read-only memory, ROM)和电可擦可编程只读存储器(electrically erasable programmable read-only memory, EEPROM)). 存储类故障攻击会改变密码执行过程中的中间值、算法输入参数或系统参数. 指令类故障注入针对的是指令执行控制部分, 该类故障会导致指令被直接跳过或错误执行等. 除此以外, 还有一类故障类型是对算法数据处理过程进行故障注入. 故障攻击在成功进行物理故障注入后, 需要根据故障注入效果进行后期的密钥恢复. 和能量攻击相比, 故障攻击的密钥恢复方法更为复杂与多样化, 更加依赖于被攻击算法的结构特点和实现细节. 除此之外, 故障攻击的攻击力度更强, 所需的数据复杂度也很低(如针对分组密码算法的差分故障分析方法常常只需要 1—2 次故障注入就会恢复出密钥). 但由于故障攻击的攻击条件相对比较强, 故障注入精度很大程度影响了分析效果, 因此尽管前学术界已公开了很多种类的故障攻击方法, 但在实际的密码评估过程所采用的方法仍十分有限.

9.3 一致性泄漏检测方法

9.3.1 单变量侧信道泄漏检测方法

9.3.1.1 测试向量泄漏评估技术-TVLA

在 2011 年美国国家标准与技术研究院(National Institute of Standards and Technology, NIST)举办的研讨会上, 有学者提出了针对能量防护方案的通用评估方法[7], 2013 年该方法被重新整理命名为测试向量泄漏评估方案(test vector leakage assessment methodology, TVLA)[17-19], 作为一个通用的侧信道能量评估技术. TVLA 是一种典型的一致性检测, 该方法不需要测试人员对具体 SCA 攻击的知识. TVLA 一经提出就得到学术界和工业界的广泛重视. TVLA 利用了这样一个事实: SCA 能量攻击都是通过利用算法中间值泄漏的敏感信息来进行攻击的, 任何可造成统计特性上能量泄漏的中间值计算都可能是潜在的攻击脆弱点. TVLA 利用 Welch T-检验技术评估待测设备特定采样集中的两组泄漏曲线均值的差异性, 是一种 PASS/FAIL 测试, 其中 PASS 表示没有发现泄漏, FAIL 表示存在潜在泄漏. TVLA 通过比较密码设备在不同输入下侧信道泄漏的均值是否相同来检测是否存在信息泄漏. 目前存在两种 TVLA: 特异型 TVLA(specific TVLA)和非特异型 TVLA(non-specific TVLA)[17]. 二者的区别在于特异型 TVLA 的两组数据具有不同的假设泄漏, 而非特异型 TVLA 的两组数据具有不同的明文. 特异型 TVLA 需要有待测密码设备(device under test, DUT)的先验知识, 若检测有泄漏, 则该泄漏必定与选定的敏感中间值相关. 非特异型 TVLA 又可以细分为两种形式: 一组数据具有随机明文固定密钥, 另一组数据具有固定明文固定密钥(fixed-vs-random); 两组数据均具有固定密钥, 但所选明文不同(fixed-vs-fixed).

TVLA 具体通过计算同一密码设备上, 利用同样采样参数分别采集的两组侧信道功耗(一组是固定密钥和固定明文, 另一组是固定密钥和随机明文)在同一采样时刻的 t 值来进行泄漏检测. 如果 t 值超过阈值(建议为 ± 4.5[17]), 则认为测量结果包含数据依赖信息, 存在信息泄漏, 可能会被攻击者利用. 反之, 则认为侧信道泄漏中不存在信息泄漏. TVLA 具体检测步骤和检测过程如下. 利用 TVLA

进行检测的步骤是:

(1) 采集两组样本, 其中一组基于随机(均匀分布)明文及固定密钥的侧信道; 另一组基于固定明文及固定密钥的侧信道.

(2) 建立假设 H_0 及备择假设 H_1. H_0: 密码设备没有泄漏, 则两组侧信道泄漏与明文密钥无关, 二者均值相等; H_1: 密码设备有泄漏, 二者的均值不等.

(3) 计算 t 值及自由度 v .

TVLA 具体检测流程如图 9-1.

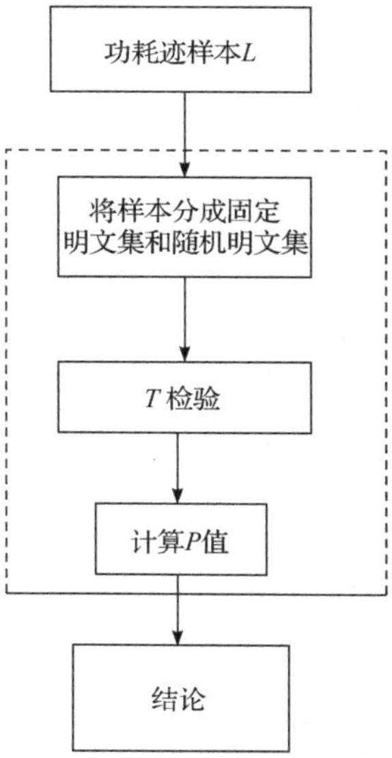

图 9-1　TVLA 检测流程

由上述检测流程可以看出, TVLA 判断侧信道泄漏与明文和密钥是否相关需要依赖统计学中 Welch T-检验. 在统计学中 T-检验常用于对两组样本是否存在差异进行评估, TVLA 基于 T-检验的原理对进行随机明文集和固定明文集的统计特性均值的差异进行评估, 以判定加密实现或工具是否存在信息泄漏. T-检验具体如下:

Q_0 和 Q_1 分别表示是固定明文集和随机明文集对应的功耗曲线集, Q_0 和 Q_1 数据量、均值和方差分别为(n_0, μ_0, s_0^2)和(n_1, μ_1, s_1^2). 则 TVLA 的 H_0 等价于两样本均值有差异, 即 $\mu_0-\mu_1=\Delta\neq 0$. 给定一个阈值 α, 以判断在 α 下接受或拒绝假设 H_0. 检验统计量 t 和自由度 v 计算如下:

$$t=\frac{\mu_0-\mu_1}{\sqrt{\dfrac{s_0^2}{n_0}+\dfrac{s_1^2}{n_1}}} \tag{9-2}$$

$$v=\frac{\left(\frac{s_0^2}{n_0}+\frac{s_1^2}{n_1}\right)^2}{\frac{\left(\frac{s_0^2}{n_0}\right)^2}{n_0-1}+\frac{\left(\frac{s_1^2}{n_1}\right)^2}{n_1-1}} \tag{9-3}$$

则接受假设 H_0 概率密度函数及接受假设 H_0 的概率如下:

$$f(t,v)=\frac{\Gamma\left(\frac{v+1}{2}\right)}{\sqrt{\pi v}\,\Gamma\left(\frac{v}{2}\right)}\left(1+\frac{t^2}{v}\right)^{-\frac{v+1}{2}} \tag{9-4}$$

$$P=2\int_{|t|}^{\infty}f(t,v)\,dt \tag{9-5}$$

其中 $\Gamma(\cdot)$ 是 Gamma 函数, 其中 $\Gamma(x)=\int_0^{\infty}t^{x-1}e^{-t}dt$. 通常 T-检验将阈值 4.5 视为检测条件, 统计量 $|t|$ 与 4.5 的阈值进行比较, $|t|>4.5$, 则拒绝 H_0. 统计量 t 越大, 则概率 P 小, 即接受假设 H_0 的概率很小, 以很大概率拒绝假设 H_0; 反之, 则接受假设 H_0. 当自由度 $v>1000$ 时, 有 $p=2\times \mathrm{tcdf}(4.5,v)<10^{-5}$, 其中 tcdf 指 t 分布的累积分布函数(cumulative distribution function, CDF), 有时将 $P<10^{-5}$ 作为阈值进行比较.

T-检验是目前侧信道泄漏检测中最常用的检测方法, 它将明文分成两类: 固定明文集和随机明文集. 通过比较固定明文(和密钥)集与随机明文(和密钥)集在相同加密实现下, 产生的功耗样本分布是否可区分, 来判别是否存在侧信道泄漏. 一般认为如果功耗样本不可区分, 即固定明文集和随机明文集对应的功耗样本分布相同, 则无侧信道泄漏. 该方法利用 T-检验评估待测设备特定采集的两组功耗曲线均值的差异性, 从而判断是否有信息泄漏并给出密码实现安全性的初步评估. T-检验的主要优势在于: 通过比较两类(固定与随机)功耗样本均值, 可以将泄漏检测问题简化为简单的统计估计.

9.3.1.2 其他泄漏检测评估方案

虽然 T-检验具有简单、高效的优点且只利用较少的算法实现知识[20-22]等优点, 且是目前检测实验室在进行侧信道泄漏时最常用的统计检验方法, 但 T-检验在实际评估中仍存在一些问题[23]: T-检验仅把评估曲线分为两组, 而不是按照目标中间值的实际大小来分组, 分类有限, 可能会导致实际评估时出现假阴性; 其次

TVLA 技术仅利用了简单的统计距离构造形式来判断每个时刻是否存在泄漏，这和一些信息泄漏的场景并不吻合，检测样本的评估结果比较依赖统计距离[23]. 以上问题会导致实际评估过程可能出现假阳性或假阴性的评估结果. 为解决此问题，通常需要大幅增大泄漏曲线量，但这会使得 TVLA 的实用性大大降低. 为了解决基于 T-检验的 TVLA 在侧信道泄漏检测时存在的技术上的缺陷，近几年，研究者们又提出了 χ^2 检验等统计检验方法. 此外，随着 SCA 攻击方法的提出，密码产品抗 SCA 能力要求提高，各种侧信道防护策略被设计保证密码产品抗 SCA，目前较通用的防护策略是基于掩码方案的侧信道防护. 掩码使得秘密信息被拆分，泄漏常常由多个变量产生，由此产生多变量侧信道泄漏检测方法——Hotelling T^2-检验. 本节简单介绍 χ^2 检验方法，作为泄漏检测方法的补充.

χ^2 检验

为了解决 TVLA 技术上存在的问题，Moradi 等[24]提出了基于 χ^2 检验的评估方案. 与 Welch T-检验通过均值计算统计值 t 不同，χ^2 检验通过将待测曲线集每一时刻的样本值存储为直方图的形式进行检测. 假设有 r 类样本，每类样本有 c 组数据，第 i 类样本的第 j 组数据的发生的次数是 $F_{i,j}$，这样总的样本个数 N 是 $\sum_{i=0}^{r-1}\sum_{j=0}^{c-1}F_{i,j}$. χ^2 检验的统计值 x 和自由度 v 计算方法如下:

$$x=\sum_{i=0}^{r-1}\sum_{j=0}^{c-1}\frac{(F_{i,j}-E_{i,j})^2}{E_{i,j}} v=(r-1)\cdot(c-1) \tag{9-6}$$

在 χ^2 检验中，接受假设的概率由下式给出:

$$p=\int_x^{\infty} f(x,v)dx \tag{9-7}$$

其中

$$f(x,v)=\begin{cases}\dfrac{x^{\frac{v}{2}-1}e^{-\frac{x}{2}}}{2^{\frac{v}{2}}\Gamma\left(\frac{v}{2}\right)}, & x>0\\ 0, & \text{其他}\end{cases} \tag{9-8}$$

按照 χ^2 概率分布判定待测曲线集之间是否存在差异. 相对于 T-检验而言，χ^2 检验可以自然地扩展到多个分组进行泄漏评估，这在评估多个特定明文相关性等场景下是很适用的. 其在实际检测中，可以将采集的信号分成多个类，每个类的数据也可以分成多个组. 由于信号是由示波器采集到的，根据示波器的精度，每个类的数据可以分成的组个数是固定的(例如 8 比特精度的示波器有 256 种可能). 然后, 利用 χ^2 检验检测这些不同类的数据, 以评估它们是否来自同一个分布(确定是否有泄漏). χ^2 检验评估泄漏的思想与目前侧信道分析中相关性系数分析的思想一致. 此外, χ^2 检验基于完整的分布而不是某个统计距评估独立性, 因此在噪声较低或泄漏信息在单个统计距上差异不明显时, χ^2 检验可探测到 T-检验漏报的安全脆弱点. 然而随着信噪比变低 χ^2 检验的优势逐渐变弱, 甚至有时 T-检验可以基于更少的能量迹探测到泄漏信息, 因此 χ^2 检验常常作为 TVLA 的补充泄漏检测方法, 和 TVLA 技术相结合使用进行侧信道泄漏检测, 从而减少漏报率, 提高评估准确度.

9.3.2 TVLA 泄漏检测案例

为了实现 TVLA 泄漏检测方法的实例化, 根据文献[17]测试了 3 台基于 AES 实现的设备. 其中两个 DUT 是没有添加防护措施的情况下实施 AES, 另一个 DUT 添加抗 DPA 掩码防护措施. 对于每个 DUT, 在不到 6 小时的时间内获得最终结果(通过/失败), 其中包括数据收集、处理、测试和分析的时间. 数据收集时间固定(约 3 小时). 在收集功耗迹时开始处理和测试. 基本上有两类测试: ①固定与随机数据测试; ②不同数据的泄漏测试.

每一个 DUT 的实验条件和结果如下:

DUT1 DUT1(图 9-2)是在智能卡上的软件中实现的 AES-128, 运行频率为 4MHz, 没有添加任何防护措施. 评估者以每秒 12 次的速度从设备中收集功耗迹. 根据 3 小时数据收集的测试方法规范, 3 小时内可收集 130000 条功耗迹($n = 43000$). 然而, 在数据收集的同时, 使用部分数据运行测试, 仅在数据收集的 4 分钟内就达到了提前退出条件(即一旦检测到泄漏, 立即退出检测).

图 9-2 DUT1

DUT1 测试结果　DUT1 未通过测试. 测试人员选择第 6 轮进行分析. 该设备未通过大多数测试(任何一次测试的失败足以使 DUT 失败). 事实上, 设备没有失败的唯一测试是 2 个 a 类测试(这些测试的最大 t 统计量在所有 128 比特中为 4.17). 泄漏率很高, 正如没有防护对策的设备所预期的那样. 表 9-1 给出了每类测试的最高统计值(其中 value 表示采样点).

表 9-1　DUT1 的测试结果

测试种类	最大 t 统计量
固定明文和随机明文	74.9
第六轮，轮输入和轮输出的异或结果	4.17(118 比特)
第六轮，S 盒输出结果	26.9(63 比特)
第六轮，输出结果	57.1(31 比特)
第六轮输出，第一个字节	62.7(value186)
第六轮输出，第二个字节	62.3(value172)

DUT2　DUT2 是在 Sasebo-GⅡ FPGA 上的 AES-128 实现, 运行频率为 24 MHz, 没有添加任何防护措施. 以每秒 20 次的速度从设备中收集功耗迹. 根据 3 小时数据收集的测试方法规范, 3 小时内可收集 216000 条功耗迹. 然而, 在数据收集的同时, 使用部分数据运行测试, 仅在数据收集的 50 分钟内就完成了测试, 达到了提前退出条件(检测到泄漏).

DUT2 测试结果　不出所料, DUT2 未通过测试. 测试人员选择第四轮进行分析. 该设备未通过大多数测试(任何一次测试的失败足以使 DUT 失败). 事实上, 设备没有失败的唯一测试属于 2 个 b 类和 2 个 c 类以外的类别(这些测试的最大 t 统计量在所有 128 比特中分别为 4.23 和 3.68). 泄漏率很高, 正如没有对策的设备所预期的那样. 表 9-2 给出了每类测试的最高统计值.

表 9-2　DUT2 的测试结果

测试种类	最大 t 统计量
固定明文和随机明文	190
第四轮，轮输入和轮输出的异或结果	24(19 比特)
第四轮，S 盒输出结果	4.23(89 比特)
第四轮，输出结果	3.68(41 比特)
第四轮输出，第一个字节	5.15(value254)
第四轮输出，第二个字节	5.54(value173)

DUT3 DUT3 是在 Sasebo-GⅡFPGA 上的基于掩码防护抗 DPA 的 AES 实现, 运行频率为 24 MHz. 可以以每秒 20 次的速度从设备中收集功耗迹. 基于 3 小时的测试方法规范进行数据收集, 3 小时内可收集 216000 条功耗迹. 设备使用模式不允许它使用相同的密钥和数据执行重复操作. 因此, 只收集了数据集 1, 只进行了类别 2 的测试, 因为该设备通过了所有测试, 在这种情况下, 需要收集整整 3 小时的数据.

DUT3 测试结果 DUT3 通过测试. 测试人员选择了第 7 轮进行分析. 该设备通过了第 2 类的所有测试. 表 9-3 给出了每类测试的最高 t 统计量值.

表 9-3 DUT3 的测试结果

测试种类	最大 t 统计量
固定明文和随机明文	N/A
第七轮, 轮输入和轮输出的异或结果	3.72(83 比特)
第七轮, S 盒输出结果	3.47(43 比特)
第七轮, 输出结果	3.38(47 比特)
第七轮输出, 第一个字节	3.94(value216)
第七轮输出, 第二个字节	3.46(value85)

9.3.3 多变量侧信道泄漏检测方法

虽然 χ^2 检验和 TVLA 评估相结合可以有效提高评估准确度, 但是目前的基于统计的假设检验的泄漏检测方法有一些严重的局限性, 尤其是当需要捕获更复杂类型的侧通道泄漏时. T-检验自然不适合涵盖多变量和水平泄漏, 以及未对齐的功耗迹. 除此之外, 当分析具有低噪声水平的屏蔽实现时, 或当泄漏分布在多个统计时刻时, 会导致假阴性. χ^2 检验作为 T-检验的自然补充, 以汇总分布在高阶上的泄漏并分析联合信息. 通过结合这两种方法, 可以显著降低假阴性的风险, 尤其是在前面描述的情况下. 然而, 与 T-检验相同, χ^2 检验独立分析泄漏轨迹中的各个点, 因此在涉及多变量或水平模式和偏差时, 也存在同样的缺点. 为了解决此问题, Bronchain 等[25]提出了另一种统计检验的方法 Hotelling T^2-检验, 用于针对多变量的泄漏检测. 此外 Wegener 和 Moradi 等还提出了 DL-LA(deep learning leakage assessment)技术[26]用于多变量侧信道泄漏检测.

9.3.3.1 Hotelling T^2-检验

Hotelling T^2-检验是统计学中检验多变量样本的统计分析方法的一种, 它不

仅克服了用单变量 T-检验处理多变量问题带来的一些缺点，而且与判断分析等其他多元统计方法有着密切的联系，是两组及两组以上多变量综合评价较好的一种统计分析方法. Bronchain 等[25]将 Hotelling T^2-检验用于多变量泄漏检测中，它是多变量 T-检验的拓展，Hotelling T^2-检验遵循与 TVLA 相同的处理过程，仅用 Hotelling T^2-检验代替 T-检验. Hotelling T^2-检验通过增加协方差矩阵及其逆矩阵计算复杂度来提高检测率[25]，降低非特定测试的数据复杂性. Hotelling T^2-检验的具体检测过程如下:

设固定明文和随机明文集分别为 I_1 和 I_2，对应的功耗曲线集为 $\boldsymbol{L}_X=(X_1,X_2,\cdots,X_{nl})$和 $\boldsymbol{L}_Y=(Y_1,Y_2,\cdots,Y_{nl})$，其中 X_i 和 Y_i 分别代表在时间点 i 处固定明文和随机明文对应的功耗曲线. N_X, N_Y 表示功耗曲线的数量，n_l 表示功耗曲线的长度. Hotelling T^2-检验的零假设为

$$H_0\text{: } \mu_X=\mu_Y\text{;} \qquad H_1: \mu_X\neq\mu_Y$$

H_0 假设向量 $\overline{\boldsymbol{L}_X}$ 与 $\overline{\boldsymbol{L}_Y}$ 无差异，其中 $\overline{\boldsymbol{L}_X}$ 与 $\overline{\boldsymbol{L}_Y}$ 表示向量 $\boldsymbol{L}_X$ 与 $\boldsymbol{L}_Y$ 的均值. 而 H_1 对应于泄漏的存在，并且表示至少有一组成对变量表现出均值的差异. 检验统计量 T^2 为

$$T^2=\frac{N_XN_Y}{N_X+N_Y}\left(\overline{\boldsymbol{L}_X}-\overline{\boldsymbol{L}_Y}\right)^{\mathrm{T}}\boldsymbol{S}^{-1}\left(\overline{\boldsymbol{L}_X}-\overline{\boldsymbol{L}_Y}\right) \tag{9-9}$$

并且需要两个随机向量的估计平均值 $\overline{\boldsymbol{L}_X}$ 与 $\overline{\boldsymbol{L}_Y}$，它们的估计协方差矩阵定义为

$$\boldsymbol{S}=\frac{\sum_{j=1}^{N_X}(\boldsymbol{x}_j-\overline{\boldsymbol{L}_X})(\boldsymbol{x}_j-\overline{\boldsymbol{L}_X})^{\mathrm{T}}+\sum_{i=1}^{N_Y}(\boldsymbol{y}_j-\overline{\boldsymbol{L}_Y})(\boldsymbol{y}_j-\overline{\boldsymbol{L}_Y})^{\mathrm{T}}}{\left(N_X+N_Y-2\right)} \tag{9-10}$$

该检验统计量遵循用参数为$(nl,\ N_X+N_Y-2)$的 Fisher 分布:

$$\frac{\left(N_X+N_Y-1-nl\right)}{(N_X+N_Y-2)nl}T_{H_0}^2=\lambda T_{H_0}^2\sim F(nl,\ N_X+N_Y-2) \tag{9-11}$$

$$\lambda=\frac{\left(N_X+N_Y-1-nl\right)}{(N_X+N_Y-2)nl} \tag{9-12}$$

N_X 和 N_Y 分别表示测量次数，基于此，H_0 为真的概率可计算为

$$p=1-F_{\mathcal{F}}\left(\lambda T^2\right) \tag{9-13}$$

其中 $F_{\mathcal{F}}$ 表示 Fisher 分布的 CDF:

$$F_{\mathcal{F}}\left(\boldsymbol{x},v_1,v_2\right)=I_{\frac{v_1\boldsymbol{x}}{v_1\boldsymbol{x}+v_2}}\left(\frac{v_1}{2},\frac{v_2}{2}\right) \tag{9-14}$$

I 表示正则化的不完全贝塔函数，v_1，v_2 是自由度.

9.3.3.2 DL-LA 技术

近年来，由于深度学习有提高成功概率或增强某些频繁执行任务的性能的潜力，现已成为侧信道分析的一个有吸引力的组成部分. 在 CHES 2019 上，深度学习也被应用于 non-profiled 场景. 由于继承自(卷积)神经网络的优点，与传统的 SCA 相比具有一些诱人的优势. 特别是当 SCA 迹线未对齐或泄漏具有多变量性质时，它大大减少了对预处理步骤的需求. 此外 Wegener 等还提出了将机器学习技术用于侧信道泄漏检测中的 DL-LA(deep learning leakage assessment)技术[26]. 考虑到常见泄漏评估技术基于简单分类的性质，特别是区分两组固定与随机或固定与固定，开发了一种基于深度学习的完整泄漏评估方法，使评估人员可以自由地不必担心泄漏的位置、对齐和统计顺序，也可以轻松涵盖多变量和水平模式多变量泄漏检测.

DL-LA 技术首先训练了一个神经网络，该网络随机交错地标记侧信道测量序列，这些测量是在向目标设备提供两个不同的固定输入时获得的. 其次在验证阶段，向训练过的网络提供来自两组的未标记测量值，并假设它们能够正确分类. 训练集和验证集是不相交的，如果网络的正确分类率高于随机猜测二元分类器的正确分类率，则可以得出结论，训练集中确实包含了足够的信息来区分这两组. 换句话说，考虑到正确分类的能量迹的百分比和验证集的大小，可以很容易地计算出置信度，即正确分类不仅仅是随机统计事件的概率. 通过这种方式，可以直接比较 DL-LA 获得的置信度与经典泄漏评估方法提供的置信度. 显然，为了泄漏评估的合理性，应该考虑到，经过训练成为分类器的网络提供了相当稳健和通用的性能，DL-LA 发现一个非常简单的网络结构，只由几个完全连接的层和固定数量的神经元组成，可以很好地处理这个任务.

该方法最突出的优点显然是，可以根据需要自由组合任意多个点来对两组进行分类. 因此，即使在纯多元或水平泄漏的复杂场景中，也可以简单地将能量迹作为训练数据输入网络，而无需任何预处理或手动选择点. 因此，既不需要评估人员提供高水平的专业知识，也不需要获得有关潜在实现或预期泄漏类型的任何事先信息. 此外，DL-LA 的假阳性风险比目前的方法低得多，因为它提供了一个单一的置信度来评估群体的区分能力. 传统的逐点方法实际上需要将其置信度标准化为迹中的点数，以提供正确的置信阈值. 但是与简单的单变量测试相比，执行 DL-LA 的平均计算时间要长得多. 然而，一旦需要分析更复杂类型的侧通道泄漏，额外的运行时间就会很快得到回报，因为传统方法泄漏检测方法识别这些复杂模式而必须花费的精力会变得更大，并且包含几个难以自动化的步骤.

DL-LA 技术通过监督学习的方法用训练集构造出一个神经网络，将神经网络作为待测数据的区分器，当以不可忽略的概率区分成功时，那么将判定相应的侧信道存在泄漏. 在某些场景中, DL-LA 技术可以进行高效的单变量泄漏评估, 并且可以方便拓展到多变量的泄漏评估中. 相对于 TVLA、χ^2 检验和 Hotelling T^2-检验, 它只需要较少的功耗曲线就能检测到相应的泄漏存在, 但是其本身所使用的深度学习技术给泄漏评估引入了新的变量, 深度学习的效果也影响着泄漏检测结果的准确性, 并且存在概率适应性以及过拟合等问题. 因此, DL-LA 也不能完全取代 TVLA 评估和 χ^2 检验评估, 目前可作为泄漏评估的补充技术使用. 表 9-4 给出了以上 4 种通用泄漏检测方法的优缺点对比.

表 9-4　一致性泄漏检测方法对比

检测方法	优点	缺点
TVLA	简单高效	在低噪声情况下泄漏信息分布在多个统计距离情况下不适用
χ^2 检验	有效弥补 TVLA 的不足, 适用于在低噪声以及泄漏信息分布在多个统计距离的情况	在信噪比较低情况下, 效率较低
Hotelling T^2-检验	可以解决多变量泄漏问题, 提高检测效率	计算协方差矩阵及逆的运算代价大
DL-LA	无需预处理, 更低的误报率	存在概率适应性以及过拟合问题

9.4　本 章 小 结

侧信道泄漏评估是对密码产品进行初步分析与安全评估的重要环节. 本章介绍了 2 类侧信道泄漏评估方式, 它们分别从不同的角度评估密码产品抗 SCA 的能力, 具体包括攻击依赖型检测以及一致性检测. 这 2 种泄漏方法各具特点, 在实际的密码产品测评中可以互为补充加以使用. 总的来说, 目前侧信道安全评估呈现如下趋势: 首先, 由于侧信道攻击的手段和方法日益丰富化、多样化, 因此攻击依赖型检测呈现出组合化的趋势; 其次, 由于一致性检测技术具有效率高、通用性强等特点, 得到了日益广泛的关注; 最后, 由于机器学习技术在侧信道的广泛应用, 在泄漏检测中基于机器学习技术在评估中发挥了越来越重要的作用.

与此同时也存在着一些问题: 首先, 尽管目前已出现了种类繁多的侧信道攻击方法, 但实际攻击依赖型检测标准采用的方法仍然有限, 具有一定的滞后性, 从而很难全面涵盖密码产品的泄漏点; 其次, 基于一致性检测的通用检测方法虽然提高了检测效率, 降低了检测复杂度, 但是与攻击依赖型检测相比, 其检测评估结果无法定位泄漏位置, 也就无法指导后续防护实现, 以提高设备的抗 SCA 能力.

参考文献

[1] Roy D B, Bhasin S, Guilley S, et al. CC meets FIPS: A hybrid test methodology for first order side channel analysis[C]. IEEE Transactions on Computers, 2018.

[2] Lomné V, Maurine P, Torres L, et al. Evaluation on FPGA of triple rail logic robustness against DPA and DEMA[C]. 2009 Design, Automation & Test in Europe Conference & Exhibition. IEEE, 2009: 634-639.

[3] Standaert F X, Malkin T G, Yung M. A unified framework for the analysis of side-channel key recovery attacks[M]//Advances in Cryptology — EUROCRYPT 2009. Berlin, Heidelberg: Springer, 2009: 443-461.

[4] Moradi A, Barenghi A, Kasper T, et al. On the vulnerability of FPGA bitstream encryption against power analysis attacks: Extracting keys from Xilinx Virtex-II FPGAs[C]. The 18th ACM Conference on Computer and Communications Security, 2011: 111-124.

[5] Whitnall C, Oswald E. A comprehensive evaluation of mutual information analysis using a fair evaluation framework[M]//Advances in Cryptology—CRYPTO 2011. Berlin, Heidelberg: Springer, 2011: 316-334.

[6] ISO/IEC 15408. Information Technology—Security Techniques—Evaluation Criteria for IT Security[M]. Parts 1-3. Geneva: International Organization for Standardization, 2009.

[7] Brown K H. Security requirements for cryptographic modules[J]. Fed. Inf. Process. Stand. Publ, 1994: 1-53.

[8] Mangard S, Oswald E, Popp T. Power Analysis Attacks[M]. Feng D G, Zhou Y B, Liu J Y, et al. Translation. Beijing: Science Press, 2010: 3-4, 49-50.

[9] Kocher P, Jaffe J, Jun B. Differential power analysis[C]. The 19th Annual International Cryptology Conference Santa Barbara on Advances in Cryptology, Santa Barbara, USA, 1999: 388-397. doi: 10.1007/3-540-48405-1_25.

[10] Brier E, Clavier C, Olivier F. Correlation power anlysis with a Leakage made[C]. In Proceedings of the 6th International Workshop Cryptographic Hardware ard Embedded Systems, Cambridge, MA, USA, 11-13 August 2004; Berlin, Heidelberg : Springer, 2004: 16-29.

[11] Gierlichs B, Batina L, Tuyls P, et al. Mutual information analysis[C]. The 10th International Workshop on Cryptographic Hardware and Embedded Systems, Washington, USA, 2008: 426-442. doi: 10.1007/978-3-540- 85053-3_27.

[12] Chari S, Rao J R, Rohatgi P. Template attacks[C]. The 4th International Workshop Redwood Shores on Cryptographic Hardware and Embedded Systems, Redwood City, USA, 2002: 13-28. doi: 10.1007/3-540-36400- 5_3.

[13] Hospodar G, Gierlichs B, Mulder D E, et al. Machine learning in side-channel analysis: A first study[J]. Journal of Cryptographic Engineering, 2011, 1(4): 293. doi: 10.1007/s13389-011-0023-x.

[14] Lerman L, Bontempi G, Markowitch O. A machine learning approach against a masked AES[J]. Journal of Cryptographic Engineering, 2015, 5(2): 123-139. doi: 10.1007/s13389-014-0089-3.

[15] Maghrebi H, Portigliatti T, Prouff E. Breaking cryptographic implementations using deep learning

techniques[C]. The 6th International Conference on Security, Privacy, and Applied Cryptography Engineering, Hyderabad, India, 2016: 3-26. doi: 10.1007/978-3-319-49445- 6_1.

[16] Timon B. Non-profiled deep learning-based side-channel attacks with sensitivity analysis[J]. IACR Transactions on Cryptographic Hardware and Embedded Systems, 2019, (2): 107-131.

[17] Goodwill G, Jun B, Jaffe J, et al. A testing methodology for side-channel resistance validation[C]. NISTNon-Invasive Attack Testing Workshop, Nara, Japan, 2011: 115-136.

[18] Schneider T, Moradi A. Leakage Assessment Methodology[M]. Lecture Notes in Computer Science. Berlin, Heidelberg: Springer, 2015: 495-513.

[19] Cooper J, DeMulder E, Goodwill G, et al. Test vector leakage assessment (TVLA) methodology in practice[C]. International Cryptographic Module Conference, 2013.

[20] Mather L, Oswald E, Bandenburg J, et al. Does my device leak information? an a priori statistical power analysis of leakage detection tests[M]//Advances in Cryptology—ASIACRYPT 2013. Berlin: Springer, 2013: 486-505.

[21] Schneider T, Moradi A. Leakage assessment methodology[J]. Journal of Cryptographic Engineering, 2016, 6(2): 85-99.

[22] Durvaux F, Standaert F X. From improved leakage detection to the detection of points of interests in leakage traces[M]//Advances in Cryptology—EUROCRYPT 2016. Berlin: Springer, 2016: 240-262.

[23] Chen H, Xi W, Fan L M, et al. Side channel analysis and evaluation on cryptographic products[J]. Journal of Electronics and Information Technology, 2020, 42(8): 1836-1845.

[24] Moradi A, Richter B, Schneider T, et al. Leakage detection with the X2-test[J]. IACR Transactions on Cryptographic Hardware and Embedded Systems, 2018(1): 209-237. doi: 10.13154/tches.v2018.i1.209-237.

[25] Bronchain O, Schneider T, Standaert F X. Multi-tuple leakage detection and the dependent signal issue[J]. IACR Trans. Cryptogr.Hardw. Embed. Syst., 2019(2): 318-345.

[26] Wegener F, Moos T, Moradi A. DL-LA: Deep learning leakage assessment[J]. IACR Cryptology ePrint Archive, 2019. https://eprint.iacr.org/2019/505.pdf.

第 10 章　研 究 趋 势

区别于传统密码分析, SCA 基于分治的思想, 对侧信道泄漏与依赖密钥的敏感操作或数据间的数学联系进行分析, 能够削弱甚至破坏经典密码实现的安全性. 与故障注入[1]、微探针攻击[2]、逆向工程[3]等其他非传统分析方法相比, SCA 无需入侵甚至破解密码实现就能完成秘密信息的恢复, 对密码的实际应用表现出极强的威胁性. 特别是, 近年来, 熔断攻击[4]、幽灵攻击[5]等新型攻击技术的出现, 进一步扩大了侧信道分析的危害范围.

隐藏和掩码是学术界和工业界普遍采用的两类安全防护技术[6]. 隐藏技术, 是指通过向时间、功耗等泄漏信道添加平衡或随机化操作, 在泄漏发生过程中削弱侧信道信息与敏感状态间的关联[7-9]. 与隐藏技术不同, 掩码技术并不修改泄漏发生的信道, 而是通过随机化算法实现的内部状态, 在泄漏源头破坏物理泄漏对敏感状态的依赖, 是目前唯一可证明安全的防护技术[10-13]. 然而, 受到毛刺、耦合[14]等物理因素影响, 单一的防护措施通常很难起到安全防护的作用. 为解决该问题, 一些研究人员建议同时采用隐藏和掩码技术设计更加安全的混合防护方案[15-18]. 此外, 在部分文献中, 密钥刷新技术也被描述为一类能够有效对抗 SCA 的安全防护措施[19-21].

侧信道安全评估技术定性或定量地评估了无防护或有防护的密码的侧信道安全能力. 关于该技术的研究最早可以追溯到 1996 年, Kocher 在提出时间分析攻击时, 将完成攻击所需的采集次数/样本量作为衡量攻击有效性的指标[22]. 2009 年, Standaert 等在欧洲密码年会上提出了统一的侧信道安全评估框架, 将侧信道安全评估分为泄漏检测和攻击性评估两个部分[23]. 此后, 泄漏检测和攻击性评估技术交错发展, 成为侧信道安全研究的两个主要方向.

在本章节我们将依次对侧信道分析攻击、防护设计以及安全评估技术的研究现状及趋势进行介绍, 最后整理了侧信道安全工具的产业化现状.

10.1　侧信道分析攻击

10.1.1　攻击技术研究趋势

就泄漏形式而言, 现有侧信道分析攻击主要分为时间分析攻击[22]、功耗分析攻击[24]、电磁分析攻击[25,26]、声音分析攻击[27]、温度分析攻击[28]等. 总体而言, 前三种分析攻击是最常见的侧信道分析攻击. 本节主要从针对无防护实现的经典分析攻击以及针对有防护实现的分析攻击两方面介绍当前侧信道攻击技术的研究趋势.

自侧信道分析攻击概念被提出以来, 经典侧信道分析理论与方法获得了全面的发展. 一方面, 侧信道分析方法与其他分析攻击方法不断融合. 例如, 多信道攻击[29]、选择消息分析[30,31]、代数分析[32]、侧信道立方攻击[33]、木马侧信道分析[34, 35]、碰撞分析[36]和故障侧信道攻击[37]等. 另一方面, 各种新型能量分析方法层出不穷. 代表性工作包括差分功耗分析[24, 25]、相关功耗分析[38]、互信息分析[39]、模板攻击[40, 41]、随机化或者线性回归分析[42, 43]、差分行为分析[44]和单曲线分析[45]等. 其中, 模板攻击、随机化分析等基于模型剖析技术进行分析攻击是当前公认的侧信道分析方式[46].

为了抵抗侧信道分析攻击, 密码厂商在设计或实现密码算法时通常会添加一层或多层的安全防护措施. 隐藏技术是目前这些厂家使用频率最高的防护技术之一, 例如随机过程中断[47]、随机推迟插入[8]、混淆[48]和双轨预充电逻辑[8]等. 针对隐藏技术, 国内外研究者发展出一系列有效能量分析方法. 比如对于双轨预充电的逻辑保护, 攻击者可使用组合电路中的前期扩散效应或者布线不平衡问题来实施攻击[49]; 对于体系结构级保护, 如随机过程中断、随机推迟插入、混淆等, 可以使用对齐技术[50]、散布分析[51]等预处理展开攻击. 掩码技术是另一类常见的侧信道防护技术[52]. 针对掩码防护, 研究者们提出了许多不同种类的分析攻击方案, 例如零偏移分析攻击[53]. 当然, 最具代表性的还是基于中心积等组合函数的高阶多变量分析[54-57].

除了以上工作之外, 还有些研究显示了一些最新发现的侧信道漏洞对于侧信道分析攻击效率的提升有积极影响, 如毛刺[58, 59]、记忆效应[56]、漏电流[60, 61]、静态功耗[62-64]、耦合[14]、尖叫信道[65, 66]和设备老化[67, 68]等. 另外, 使用机器学习技术进行攻击正在逐渐成为侧信道分析攻击的主流[69-71]. 有必要指出, 不论是经典分析还是针对防护的分析, 这些侧信道分析攻击的目的多是通过密码设备侧信道泄漏来恢复密钥和其他秘密信息. 因此, 有的文献还将这些攻击称为密钥恢复攻击[23, 72].

10.1.2　泄漏模型及模型剖析技术研究趋势

泄漏模型构建了从算法内部状态(或者状态改变)与设备泄漏之间关系的映射, 是侧信道分析攻击的重要组成. 汉明重量与汉明距离这两种能量泄漏模型在早期的能量分析中常被使用. 1999 年, Kocher 等作差分功耗分析时用变量“1”的位数来表示设备能量泄漏情况, 即汉明重量模型[24]. 在汉明重量模型的基础上, [73]

和[74]设计出了泄漏的单比特和多比特模型、零值模型等其他模型. 2004 年, Brier 等指出设备能量泄漏与其算法内部状态翻转呈线性关系, 并建议采用变量之间 "0" 对 "1" 以及 "1" 对 "0" 翻转总数即汉明距离模型代替汉明重量模型[38]. 以汉明距离模型为基础, [75]对状态翻转所占权重作进一步细化, 设计出了切换距离模型. 这类模型主要依靠变量翻转来实现, 又称为翻转基础上的泄漏模型[76]. 至此, 早期泄漏模型已经基本结束了. 在算法实现变得越来越复杂的情况下, 早期模型在准确度上面临着越来越大的挑战. 因此, 研究人员开始寻找能够更准确反映设备泄漏特征的泄漏模型或者模型构建方案.

使用仿真工具模拟算法在运行过程中能量消耗情况, 能够有效提升泄漏模型准确度[77]. 研究表明, 在 90 纳米工艺下的 CMOS 电路中, 寄存器与逻辑门之间的开关活动是能量泄漏最重要的组成部分[78, 79]. 2005 年, Mangard 等根据这一认知, 将集成电路重点仿真程序(simulation program with integrated circuit emphasis, SPICE)工具模拟所得电路开关活动平均数量作为密码芯片能量泄漏模型, 这被称为切换计数模型[59]. 然而, Moradi 等注意到这些以仿真为基础建立起来的模型都面临着准确度与速度之间的取舍——行为级仿真虽然快速却不够精确, 而模拟级仿真则更加精确却更加费时[80]. 为了解决该问题, 文献[80]和[81]等试图借助特殊的等效电路提高仿真结果准确度; 文献[82]和[83]等则尝试利用等效电路及优化算法以加快模拟仿真的速度. 从整体上看, 这几种仿真模型是否有效依赖于仿真是否有效.

使用测量到的侧信道泄漏对泄漏模型进行剖析是目前已知最为精确的模型构建方案[46]. 2002 年, Chari 等发现设备的侧信道泄漏可通过高斯分布来近似描述[40]. 在此研究结果基础上, 作者以泄漏样本均值与(协)方差为模板, 通过高斯分布概率密度函数辅助, 由密码设备功耗泄漏还原出密钥, 这就是模板攻击. 但模板攻击剖析均值、方差等信息需要消耗大量的测量次数. 因此, Schindler 等为泄漏样本设计随机化剖析, 利用基函数线性组合来逼近泄漏样本均值, 从而实现在剖析阶段减少测量次数[42]. 基于该模型, 文献[84, 85]等对模板攻击及随机化分析实现进行了优化以减少剖析的计算复杂度; 文献[86—89]等阐明随机化分析中基函数选取的详细信息, 引导随机化模型结构设计; 文献[46,61,90—94]等研究了模型剖析过程中存在的过拟合和欠拟合现象, 并对剖析模型在不同设计之间的可移植性进行了系统的分析.

另外, 在机器学习技术方兴未艾的今天, 以机器学习为基础的模型剖析也逐渐成为近几年泄漏模型的一个研究重点. 以聚类分析[95, 96]、支持向量机[97, 98]、随机森林[99, 100]、卷积神经网络[101-103]以及多层感知器[104, 105]为例, 机器学习技术对于提升剖析模型的准确度和减少训练数据复杂度都有很好的作用. 已有一些研究表明, 贝叶斯区分器为侧信道分析最简单及常用的技术. 在样本量有限的情况下,贝叶斯区分器拥有良好的性能; 随机森林为目前侧信道分析除深度学习性能最优的剖析方案; 卷积神经网络由于具有空间不变的性质, 在针对随机延迟防护进行泄漏剖析时具有更好的表现; 而多层感知器由于融合各种特性, 在针对高阶掩码防护进行泄漏剖析时能够更准确地提取出设备的高阶泄漏特征.

总体来看, 近二十多年来泄漏模型与相应剖析技术研究不断向提升准确度(例如拟合优度与可移植性)、减少复杂度(包含计算复杂度与数据复杂度)方向发展.

10.1.3 预处理与区分器技术研究趋势

在侧信道分析攻击过程中, 为了降低攻击的数据或计算复杂度, 研究人员已经提出了许多技术和工具对测量到的侧信道泄漏进行预处理. 根据预处理目标的不同, 可以将这些技术分为四类, 包括曲线同步、噪声过滤、特征点选择以及降维.

●曲线同步. 利用对齐技术对由测量条件或防护措施引起的曲线错位进行修正. 例如, 使用滑动窗口执行交叉相关检测来搜索相同模式的静态对齐技术[6], 或采用动态时间规整(DTW)算法的弹性对齐技术[50]等.

●噪声过滤. 主要用于降低侧信道信息中的噪声以提高用于密钥恢复的敏感信号强度, 降低侧信道分析攻击的数据复杂度. 常见的噪声过滤技术既有简单平均法或者高阶平均法[106], 也有线性滤波算法[107], 或者更复杂的奇异谱分析[108]或独立成分分析[109].

●特征点选择. 通过从泄漏时刻总体中选择小部分普遍存在泄漏的时刻子集来降低侧信道分析攻击的计算复杂度. 为了实现这一目标, 一些研究者提出了一些预处理技术, 比如成对差值总和(SOSD)[110]和基于 t 统计量的成对 t 差值总和(SOST)[111, 112]. 此外, 信噪比[6]、方差检验[113]、相关检验[114]、互信息[39]等泄漏检测技术也被用于特征点的选择.

●降维技术. 在侧信道背景下最常用的降维方法是主成分分析(PCA)和线性判别分析(或核判别分析, LDA 或 KDA)[84,115-118]. 前者将测量的泄漏投影到一组向量空间(又称主成分空间), 然后只保留少数能够使平均泄漏痕迹的方差最大化的投影; 而后者则是将泄漏投影到使类间和类内方差的比例最大化的方向. 通常来说, 降低数据复杂性的目的是减少密钥恢复阶段的计算时间.

根据原理不同, 现有的侧信道区分器可被分为基于分区的区分器以及基于比较的区分器.

●在基于分区的区分器中, 对于密钥的每个候选值, 攻击者根据输入明文和密钥候选值的函数定义了一个泄漏的分区. 随后, 一个统计测试被用来检查哪一个分区最贴近采集到的真实物理泄漏. 例如, Kocher 在差分功耗分析时根据实现中的某个比特来划分泄漏[24].

●在基于比较的区分器中, 攻击者根据密钥的候选值对目标设备发出的实际泄漏或其部分泄漏进行建模. 根据不同的攻击, 建立的模型可以是一个缩小的泄漏样本集的近似概率密度函数(如模板攻击和随机化攻击)[40, 42], 也可以是算法执行中某些中间变量的确定性函数(如相关功耗分析中使用的汉明重量和汉明距离模型)[38]. 随后, 用一个统计测试来比较每个模型与实际泄漏的相似性[38, 39, 119, 120].

10.2 侧信道防护设计

对抗侧信道分析攻击的防护手段, 其目标在于消除电路功耗和算法秘密信息之间的相关性. 要达成这一目标, 通常的做法分为两种. 一种是将功耗数据和算法中的中间变量之间的相关性降低或消除, 称之为隐藏技术. 另一种是通过引入随机数, 切断算法中间变量取值和秘密信息取值之间的相关性, 称之为掩码技术. 在这两种防护方法之外, 还有一些防护手段可以一定程度上提高侧信道攻击的难度, 通常作为这两类防护技术的辅助手段使用.

10.2.1 隐藏技术

隐藏技术的目的在于使密码设备产生的能量消耗和密码设备正在处理的数据无关. 在本节中, 我们所指的隐藏技术主要是通过物理手段阻止攻击者采集准确的功耗数据或者在硬件电路工艺上消除功耗数据和电路状态的相关性, 总的来说, 就是通过降低侧信道数据信噪比来隐藏信息. 由于信噪比的降低, 攻击者需要采集更多的侧信道数据或者使用成本更高的采集和预处理设备, 从而提高了攻击者成功攻击的难度.

针对功耗数据采集的防护手段在 DPA 攻击刚提出不久就已经出现. 文献[121]中提出了一种方案, 通过在密码设备供电电路中插入滤波器来降低供电线路上的电流信号信噪比, 不过作者最后得出的结论是这种方法的防护效果有限. 文献[122]中提出了一种将密码芯片和电源分开的方法, 通过隐藏供电线路来阻止功耗采集. 但这些防护措施能够提供的防护能力非常有限, 在攻击者可以长期控制攻击目标设备时, 攻击者可以分析不同的侧信道数据类型(例如电磁辐射、温度等), 从而绕过这类防护手段.

有很多文献通过定制硬件元器件的方式来实现隐藏防护技术. 这类防护方法通常都是基于功耗平衡思想, 使电路元器件消耗的功耗恒定. 文献[78]中提出了一种基于灵敏放大器的逻辑(sense amplifier based logic, SABL)的互补逻辑元件, 并分析了这种元件的安全性, 指出如果所有互补导线足够平衡的话, 那么 SABL 的抗 DPA 能力很强. 不过实现这种逻辑电路存在几点劣势. 首先, SABL 元件需要定制，这意味着整个硬件电路元件库需要重新修改，设计成本很高，难以推广使用. 其次，这种 SABL 电路元件的电路面积消耗至少是相同功能的常规 CMOS 电路元件的两倍，能够达到的最高时钟频率只有常规元件的一半. 最后，SABL 电路元件的功耗相比常规元件急剧增加，这就需要对供电电路的稳定性提出新的要求. 后来，文献[123]中基于 SABL 类似的思想提出了一种新的互补逻辑元件，称为波动形态差分逻辑(wave dynamic differential logic, WDDL)电路. 和 SABL 不同，这种元件由现有的安全寄存器(secure register, SR)元件构建，结构较 SABL 元件要简单得多，并且最高时钟频率可以接近对应的 CMOS 电路，极大地提高了实现效率. 然而，WDDL 的抗 DPA 能力要弱于 SABL，并且由于电路工艺误差导致这类元件无法做到完美的功耗互补，存在潜在的安全漏洞.

10.2.2 掩码技术

掩码技术关注的是如何消除算法中间变量取值和算法敏感变量取值之间的相关性，主要通过在原有变量上添加随机掩码变量的方式完成. 目前的掩码技术同样会导致运行效率大幅度降低或者电路面积消耗显著增加等各种问题.

在现有的掩码防护方案中，在加密开始之前，算法首先生成一个随机掩码变量，然后计算敏感变量与掩码变量经过某种运算得到的掩码后变量，随后的加密操作都直接针对掩码后变量进行操作，在完成所有步骤的运算后，才将掩码变量移除，恢复出正确的输出. 这样就保证了算法敏感变量在运算中不会被直接操作，而是始终操作一个与之相互独立的变量，从而消除电路功耗与敏感变量之间的相关性. 至于如何操作掩码后的变量，需要根据具体的运算进行具体的设计. 而对于使用查找表实现的运算，还需要另外设计新的掩码查找表以及新的查找表查询方式.

根据引入掩码的方式不同，我们可以将现有的掩码防护方案分为两种：布尔掩码和乘法掩码. 在布尔掩码方案中，算法的敏感变量 x 被掩码保护的方式是计算 $x' = x \oplus r_x$，其中 r_x 是随机掩码，x' 是掩码后的变量. 这种掩码方式特别适合于进行按比特异或(XOR)这类线性操作，因为可以直接使用掩码后的变量计算原操作. 例如对于一个 $z = x \oplus y$ 的操作，引入随机掩码后，只需计算 $z' = x' \oplus y'$ 即可，其中 $y' = y \oplus r_y$. 我们令 $r_z = r_x \oplus r_y$，那么最后恢复正常操作结果也很简单，只需计算 $z = z' \oplus r_z$ 即可. 但是对于非线性操作来说，布尔掩码就需要更复杂的计算了. 例如对于一个 $z = x \otimes y$ 的操作，我们依然可以直接计算 $z' = x' \otimes y'$ 来完成对掩码后变量的计算，但恢复正常结果却变得困难起来，需要计算 $r_z = (r_x \otimes y') \oplus (r_y \otimes x') \oplus (r_x \otimes r_y)$. 因此可以看出，布尔掩码会使非线性操作的开销显著增加.

乘法掩码引入随机掩码的方式则是计算 $x' = x \otimes r_x$，其中 r_x 是随机掩码，x'

是掩码后的变量. 显然这种掩码方式是很适合于非线性运算的, 计算过程与布尔掩码实现线性运算的过程很类似. 但同样地, 这种掩码方式不适合于实现按比特异或的操作, 并且由于对于任意的 $r \in \mathbb{F}_{2^k}$, 都有 $0 = 0 \otimes r$, 因此在秘密信息取值为 0 时, 乘法掩码将会失效. 这被称为零值问题. 为了解决零值问题, 还需要进行额外的设计和计算开销.

为了用掩码技术保护整个密码算法, 有时需要在布尔掩码和乘法掩码之间进行相互转换. 如何安全并高效地完成这一转换过程仍是研究的热点之一, 相关的一些方法可以在文献[124]中找到. 另外虽然掩码技术在算法层面上是可以保证变量独立性的, 但在具体的掩码防护方案实际实现过程中, 由于编译结果中出现了一些算法中原本不存在的变量, 因此出现了新的与敏感变量 x 相关的临时变量, 从而出现了新的安全漏洞. 为了避免这一问题, 现在通常的做法是仔细分析编译器产生的汇编代码, 但工程量过大, 难以实用. 如何避免在实际实现过程中出现新的安全漏洞, 或如何寻找新的漏洞也是现有研究热点之一.

上面介绍的掩码技术只能用于保护密码算法不受一阶功耗分析的威胁, 而高阶攻击通过合并一条功耗曲线上的多个样本(同时包含掩码变量和掩码后变量对应的功耗数据), 依然有可能成功恢复出被保护的变量信息. 并且从目前的高阶攻击效果来看, 这种攻击手段具有相当高的成功率. 为了对抗高阶攻击, 掩码方案中需要增加额外的一个或多个随机掩码变量, 并在掩码变量参与运算后, 对方案进行严格的安全性论证以保证防护的有效性. 通常来说, 一个 d 阶掩码方案可以保护密码算法不受 d 阶(或更低阶)功耗分析的攻击, 但会受到 d+1 阶(或更高阶)功耗分析的攻击.

另外, 在之前的章节有提到过, 掩码方案会带来显著的资源开销或时间开销. 因此在实际应用过程中, 在效率和安全性之间寻找折中方案是非常常见的. 目前已经出现过很多种轻量化的掩码方案. 这些方案通过降低掩码位数来降低掩码计算的复杂度, 同时还能保证算法具有一定程度的抗侧信道攻击能力. 这类算法通常被称作是低熵掩码方案(low-entropy masking scheme, LEMS). 已有方案表明, 对于 AES 算法来说, 仅使用 12 个取值的掩码值而不是 256 个可能取值, 就已经足够用来对抗 1 阶或 2 阶 DPA 攻击了.

10.2.3 其他防护技术

掩码技术现在已经是一种常用且研究相对成熟的侧信道防护方法. 其安全性已经可以在多种假设攻击者模型下完成形式化证明, 其实际安全性也有详细的研究. 除掩码技术本身之外, 目前还存在一些防护手段可以与掩码技术配合来进一步增强其安全性, 主要包括洗牌技术和泄漏弹性机制.

洗牌技术的基本思想是将实现中的指令执行顺序随机化, 这就使得多条功耗曲线中某一时刻的功耗数据与多种指令相关. 从某个意义上说, 洗牌策略目标在于模拟硬件, 因为在纯硬件设计中, 某一个子密钥的泄漏混合在全部子密钥的泄漏中, 难以区分.

已有不少文献给出了通过洗牌策略保护 AES 算法的方案[125]. 影响这些方案安全性的主要参数是随机排列的操作数量. 以 AES 的 S 盒操作为例, 设计者可以从某一个字节开始按照升序循环依次执行 16 个字节的查 S 盒操作(共 16 种可能情况), 也可以选择一个完全随机的排列组合(共 16!种可能情况). 文献[16]中分析了第一种相对轻量的方案的安全性, 证实这种方案存在非常高效的攻击, 其安全性几乎和低噪声级别下无防护方案的安全性相当. 利用排列组合来实现洗牌的方案通常都需要生成一个排列向量, 但在具体实现时存在几种不同的实现方案. 最直接的方法需要生成操作数的一个间接索引. 这需要一个计数器变脸来保存排列向量索引, 并用排列组合的结果来记录操作数向量的索引. 因此, 每次使用操作数需要访问两次随机存取存储器(random access memory, RAM), 而不是直接在寄存器中操作. 这样会显著地提高运行时间. 文献[16]中给出了一种更为高效的解决方案, 其基本思想是随机化操作路径. 为了实现随机化, 需要将每一次变换的汇编代码拆分成 16 个相互独立的指令块, 每一个块都有一个标记. 这就可以在只读存储器(read-only memory, ROM)中确定指令块的地址. 每一次变换有一个 17 个 16 比特与之相关联, 其中前 16 个代表这 16 个块的地址, 而第 17 个代表返回指令的地址. 在密码算法执行时, 首先根据一个预先生成的排列将这些地址重新排序. 随后每当要进行这一变换, 都将一个指针指向标记序列的起始位置并按顺序向后移动来依次执行这 16 个随机打乱顺序的指令块.

掩码方案强迫攻击者联立多个泄漏点的功耗来寻找秘密信息相关的数据. 而洗牌技术则直接帮助攻击者在一阶攻击时组合了不同泄漏点的信息. 然而这种组合仍然会在均值功耗中包含了一定的敏感信息, 因此洗牌技术只能看作是一种增大噪声的辅助手段.

泄漏弹性可以看作是掩码技术的一种补充手段. 尽管掩码防护方法减少了信息泄漏量, 但利用足够的观测数据量(和有限的运算能力), 攻击者总能成功实施攻击. 而泄漏弹性策略的目标正是在于限制一个设计实现泄漏的总信息量, 因此攻击者想要成功实施攻击, 必须要有足够的运算能力才行. 这也就提高了攻击者的攻击难度和成本.

在分组密码算法中, 最常用的泄漏弹性结构使用的是密钥更新策略, 即算法使用的密钥在有限次使用后将会被替换. 这种策略最早出现在文献[126]中. 目前已有的密钥更新策略主要包括两类: 伪随机数发生器(pseudo-random generator, PRG)和伪随机函数(pseudo-random function, PRF). 在本节中我们主要考虑由分组密码算法构成的 PRG 和 PRF. 在常用的 PRG 方案中, PRG 通过分组密码算法 E

对 n 个明文分组使用主密钥 $k^{(i)}$加密，得到 $n-1$ 个密文分组和一个新的主密钥 $k^{(i+1)}$. 也就是说，对于 AES 算法来说，每 $n/(n-1)$次加密可以得到 128 比特密文. 而在常用的 PRF 方案中，在每次密钥更新时将最后一次明文中的 $\log_2(n)$比特通过分组密码算法 $\boldsymbol{E}$ 使用 $k^{(i)}$加密，并在得到的密文中随机选取 $\log_2(n)$比特替换 $k^{(i)}$中的对应比特构成 $k^{(i+1)}$. 因此对于 AES 算法来说，每 $128/\log_2(n)$次加密可以得到 128 比特密文.

可以很明显地看出，这类密钥更新策略存在效率和安全性的矛盾. 除此之外，PRG 和 PRF 的主要区别在于 PRG 是有状态的而 PRF 是无状态的. 这一区别导致，PRG 方案限制了攻击者能够采集到同一个主密钥对应功耗曲线的数量，而 PRF 方案限制了攻击者的数据复杂度(即攻击者可以控制的明文比特数).

10.3 侧信道安全评估

自从 Kocher 利用测量次数对 SCA 进行有效的分析以来，近二十五年来侧信道安全评估技术已经有了很大进步. 现有安全评估技术按照评估发生阶段可以划分为：①设计时评估，主要有基于模拟的评估和形式化验证；②设计后评估，主要有攻击性评估、泄漏检测和安全指标估算.

10.3.1 设计时评估技术研究趋势

在设计中评价不依赖于侧信道信息测量而直接对软件源代码或者硬件电路设计进行分析，从而具有评价周期短等优点. 以仿真为基础进行安全评估，是设计时评估技术中最为常用的类型. Fournier 等于 2003 年提及使用 PrimePower 工具来仿真均衡异步电路运行过程中的功耗并对电路设计中侧信道安全性进行了评估[127]. 在此基础上，一方面，[77, 128—134]等用不同的策略模拟电路工作时的功耗/电磁特性，并相继开发 RTL-PSC①和 FORTIFY②来评价硬件设计是否安全；另一方面，文献[135—139]则通过模拟指令或者微架构来模拟电路侧信道特性，设计了 ELMO③和 EMSim④等工具评估软件代码的安全特性.

形式化安全验证是设计时评估的另一种常用技术类型. 2003 年 Ishai 等提出了探测模型中使用组件来形式化设计和验证安全电路[140]. 文献[141—145]在 Ishai 及其他学者工作的基础上，对不同防护场景中探测模型的适用性进行了研究，依次设计了平均探针、稳健探针、比特/字词级探针、寄存器探针和局部随机

---

① RTL-PSC: RTL 级别进行电源完整性分析和评估的工具或方法.

② FORTIFY:源代码安全测试工具.

③ ELMO:一种安全性评估或模拟工具，通常应用于评估电子系统或电路设计的安全性.

④ EMSim:用于模拟和分析电磁场行为的工具.

探针的形式化验证模型，而文献[146—148]则对部件可组合性进行了研究，提出了不干涉、强不干涉和探针隔离的形式化特征．但上述工作在应用过程中均面临着相同的难题——探测模型并不是 SCA 真正意义上的泄漏．因此，Prouff 等在欧洲密码学年会上提出噪声泄漏模型的思想，该模型采用不同变量之间泄漏的欧氏距离来分析防护设计安全性[198]．基于这一工作，[149—151]进一步给出了用统计距离、有界矩、相对误差和平均相对误差作为衡量噪声泄漏的模型．除以上研究外，部分研究者还致力于侧信道安全(半)自动形式化验证，使用布尔可满足性问题解决器或符号化的推理工具开发了以 MaskVerif[152], Tornado[144]等为典型的多个形式化验证工具．

10.3.2　设计后评估技术研究趋势

设计后评价依赖侧信道信息获取，能准确反映现实场景中密码模块的安全情况．目前已有的设计后评估技术主要有攻击性评估与泄漏检测两种．攻击性评估技术是建立在密钥恢复攻击对正确密钥和错误密钥判别的基础之上．Kocher 于 1996 年提出了时间攻击，他以攻击完成后需要测量的次数来度量攻击是否有效[22]．2005 年 Tiri 等用正确密钥在判别时需要的最小测量次数/样本量记作 MTD 来度量密码算法抵御 DPA 的安全性[77]．2009 年，Standaert 等在统一安全评估框架下引入两个新指标——定义 SCA 顺利恢复正确密钥的可能性为成功率，定义由 SCA 的结果恢复正确密钥所需的猜测次数预期为猜测熵[23]．以 Standaert 等为基础，Thillard 等对安全评估过程中未知正确密钥的问题提出置信度评估这一概念[153]；Wu 等则对猜测熵估计进行重新界定，并提出简单猜测熵与一般猜测熵这两个概念[154]．近年来，鉴于深度学习技术被广泛地应用于侧信道分析攻击，一些研究利用泄漏剖析技术(如卷积神经网络和深度感知器)对密码算法的侧信道安全性进行了评估[71,102, 155, 156]．

但囿于测评人员测量或者分析能力的限制，攻击性评估往往难以在大多数场合发挥作用．为了减少安全评估对于测评人员胜任力的依赖性，泄漏检测试图通过收集侧信道信息来发现与数据有关的证据．Coron 与 Kocher 等于 2000 年在假设检验与泄漏量之间提出泄漏检测这一概念[157]．在此基础上，已有泄漏检测研究重点关注两方面问题．一方面在泄漏量化方面，Messerges 和 Standaert 等相继提出了信噪比[158]、条件熵[23]、互信息[159, 160]和 SAVAT 指标[161]来量化密码设备操作时的泄漏情况．基于这些指标，Bhasin 等考虑到信噪比对泄漏描述的限制，建议使用归一化类间方差作为泄漏水平候选度量[113]；Renauld 和 Bronchain 等则为了解决互信息估计过程中真实泄漏难以描述这一难题，引入了更容易计算的感知信息和假设信息指标[162, 163]；为进一步降低泄漏检测的复杂度，Moradi 和 Standaert 等采用泄漏分布统计特征并采用多阶统计距离度量设备泄漏程度[164-166]；此外，

Ding 和 Fei 等在区分正确密钥与错误密钥之间泄漏的基础上，提出一种通用的泄漏量化统计学模型[167, 168]. 而在假设检验方面, Goodwill 和 Becker 等建议可采用 Welch T-检验法来判定泄漏与中间值的关系，并且将 4.5 作为阈值来设计测试向量的泄漏评估来进行泄漏检测[169, 170]. 但由于 TVLA 实质上属于一类合格/不合格测试而非泄漏量化的问题，所以很容易在复杂的检测场景下出现错误，其结果有出现假阳或者假阴的可能[171]. 为提高该类检测通用性及准确度，文献[111, 112, 172—175]向泄漏检测中引入了高阶多变量 T 探测、配对 T 探测、带置信度的检测和基于机器学习的检测等策略；文献[114, 120, 176, 177]则将相关统计量，χ^2 统计量和 T_2 统计量等用于泄漏检测；此外, Balasch, Ding 和 Whitnall 等建议在泄漏检测中使用控制错误发现率的方法[76, 178-180].

构造安全指标的闭式表达，是另一种能有效减少攻击性评估复杂性的方法. 2002 年, Messerges 等为智能卡进行安全评估时分析测量次数和信噪比及相关性之间存在数学联系[158]. 基于这种关联，基于信噪比与相关性, Mangard 给出密钥恢复攻击要求样本量下界[181]. 伴随着成功率、猜测熵等安全指标的提出, Rivain 研究了在噪声环境下，相关攻击和模板攻击中猜测密钥的分数分布[182]; Lomné 等将这项工作扩展到掩码实现，但研究的对象仍是相关攻击和模板攻击中的加性区分器[183]; Guilley 等将估计从加性区分器扩展到一些非加性的区分器(如互信息)[184]; Zhang 等将估计扩展到更全面的猜测熵指标[185]; 而 Ding 和 Fei 等则在提出闭式表达时，进一步对安全指标与其所执行侧信道特性之间的内在联系进行了分析[167,186, 187].

除安全指标闭式表达外，当前还存在若干策略可以促进安全评估高效或者准确进行. 例如，针对密钥恢复复杂度高于测评人员密钥恢复能力的问题, Veyrat-Charvillon 和 Martin 等设计出一系列排名估计算法来估计 SCA 结果的正确密钥排名，显著降低了安全评估的计算复杂度[188-196]. 而 Prouff 和 David 等则致力于为测量次数、成功率和猜测熵指标找到一组易于计算、收敛速度快的安全指标[141,163,197-206]. 另外，为了提高准确度, Journault 和 Roy 等致力于制定混合评估方案[207, 208], 而 Azouaoui 和 Bronchain 等则根据最坏情况攻击提出了最坏情况评估的概念，针对不同评估因素对于评估结果所产生的影响进行研究[209, 210].

10.4 侧信道安全工具的产业化

为了保证密码在实际应用中的安全性，国内外行业组织已经发布了一系列标准，对密码技术、产品及服务在商业活动中的使用进行规范. 针对密码模块的安全性，主流的标准有 NIST 发布的 FIPS140-3[211]、国家密码管理局发布的 GM/T 0028—2014[212]以及美国、加拿大等多国政府联合发布的通用标准 Common

Criteria(CC)[213]等. 如表 10-1 所示, 这些标准已相继被 ISO/IEC、GB/T 等国际国内标准组织采用——表中安全等级越高, 对密码模块的安全约束越强, 相应的安全认证流程也就越严苛. 在这些标准中, 非入侵式安全(non-invasive security)作为一项基本安全约束, 在不同安全级别对密码模块抗 SCA 的安全能力, 即侧信道安全性提出了不同程度的要求. 而以侧信道安全评估被纳入 FIPS140-3 和 CC 认证为契机, 国内外涌现出大量侧信道评估工具(表 10-2 和表 10-3).

表 10-1　侧信道安全相关主流标准及对应 ISO/IEC、GB/T 标准族

主流标准	对应 ISO/IEC、GB/T 标准族	安全等级	要求抗 SCA 的等级
FIPS140-3	ISO/IEC 19790、ISO/IEC 24759、ISO/IEC 17825、ISO/IEC 20085	1—4 级	1—4 级
Common Criteria	ISO/IEC 15408	1—7 级	2—7 级
GM/T 0028—2014	GB/T37092-2018	1—4 级	1—4 级
GM/T 0039—2015	GB/T38625-2020		
GM/T 0008—2012		1—3 级	2—3 级

表 10-2　主流侧信道安全评估产品(设计后评估)

评估工具	类别	研发机构	国家/地区
SASEBO/SAKURA 系列	硬件	电气通信大学&Morita tech.	日本
CHIPWHISPER 系列	硬件	NewAE Technology Inc.	加拿大
FOBOS 系列	硬件	Cryptographic Engineering Research Group	美国
ATLAS	软件	纽创信安	中国
Inspector	软件	Riscure Inc.	荷兰
DPA Workstation	软件	Rambus Inc.	美国
SideChannel Studio	软件	FortifyIQ Inc.	美国
Laboryzr	软件	Secure-IC Inc.	法国
Virtualyzr			
Scared	软件	eShard Inc.	法国
LASCAR	软件	Ledger Labs	法国
DPA Contest	数据集	TELECOM ParisTech	法国
ASCAD	数据集	法国国家网络安全局	法国

表 10-3 主流侧信道安全评估产品(设计前评估)

评估工具	安全模型/属性	评估原理
MaskVerif	不干涉性 强不干涉性	矩阵模型
CheckMasks	有界矩模型 不干涉性 强不干涉性	元素电路转换
VerMI	故障模型 毛刺扩展的探测模型 不干涉性 强不干涉性	正确性、均匀性以及毛刺检查
TightPROVE	探测模型	线性代数(矩阵变换)
Tornado	寄存器探测模型	矩阵变换
Full verification tool	鲁棒探测模型 探针隔离的不干涉性	独立随机性、冗余计算性、混淆性的检验
SILVER	统计独立性 泄漏验证	—
$QMSI_{INFER}$	可量化的掩码强度	SAT 求解器
Rebecca Tool	毛刺扩展的探测模型	输入标签传播

10.5 本 章 小 结

侧信道攻击能够削弱甚至破坏经典密码实现的安全性. 自侧信道分析攻击概念被提出以来, 经典侧信道分析理论与方法获得了全面的发展. 一方面, 侧信道分析方法与其他分析攻击方法不断融合. 另一方面, 各种新型能量分析方法层出不穷. 为了抵抗侧信道分析攻击, 密码厂商在设计或实现密码算法时通常会添加一层或多层的安全防护措施. 隐藏技术和掩码技术是目前这些厂家使用两种防护技术. 为了对防护技术的安全性进行分析, 研究人员提出了侧信道安全评估技术已经有了很大进步. 现有安全评估技术按照评估发生阶段可以划分为: ①设计时评估, 主要有基于模拟的评估和形式化验证; ②设计后评估, 主要有攻击性评估, 泄漏检测和安全指标估算. 近年来, 为了保证密码在实际应用中的安全性, 国内外行业组织已经发布了一系列标准对密码技术、产品及服务在商业活动中的使用进行规范. 以侧信道安全评估被纳入 FIPS140-3 和 CC 认证为契机, 国内外涌现出大量侧信道评估工具.

参 考 文 献

[1] Hsueh M C, Tsai T K, Iyer R K. Fault injection techniques and tools[J]. Computer, 1997, 30(4): 75-82.

[2] Anderson R, Kuhn M. Tamper resistance-a cautionary note[C]. Proceedings of the Second Usenix Workshop on Electronic Commerce, 1996, 2: 1-11.

[3] Nohl K, Evans D, Starbug S, et al. Reverse-engineering a cryptographic RFID tag[C]. USENIX Security Symposium. 2008.

[4] Lipp M, Schwarz M, Gruss D, et al. Meltdown: Reading kernel memory from user space[C]. 27th USENIX Security Symposium(USENIX Security 18), 2018: 973-990.

[5] Kocher P, Horn J, Fogh A, et al. Spectre attacks: Exploiting speculative execution[C]. 2019 IEEE Symposium on Security and Privacy(SP). IEEE, 2019: 1-19.

[6] Mangard S, Oswald E, Popp T. Power Analysis Attacks: Revealing the Secrets of Smart Cards[M]. New York: Springer Science & Business Media, 2008.

[7] Naccache D, Stern J. A new public-key cryptosystem[C]. International Conference on the Theory and Applications of Cryptographic Techniques. Berlin, Heidelberg: Springer, 1997: 27-36.

[8] Moore S, Anderson R, Cunningham P, et al. Improving smart card security using self-timed circuits[C]. Proceedings Eighth International Symposium on Asynchronous Circuits and Systems. IEEE, 2002: 211-218.

[9] Guilley S, Hoogvorst P, Mathieu Y, et al. The “backend duplication” method[C]. International Workshop on Cryptographic Hardware and Embedded Systems. Berlin, Heidelberg: Springer, 2005: 383-397.

[10] Coron J S, Tchulkine A. A new algorithm for switching from arithmetic to Boolean masking[C]. International Workshop on Cryptographic Hardware and Embedded Systems. Berlin, Heidelberg: Springer, 2003: 89-97.

[11] Bringer J, Carlet C, Chabanne H, et al. Orthogonal direct sum masking[C]. IFIP International Workshop on Information Security Theory and Practice. Berlin, Heidelberg: Springer, 2014: 40-56.

[12] Balasch J, Faust S, Gierlichs B. Inner product masking revisited[C].Annual International Conference on the Theory and Applications of Cryptographic Techniques. Berlin, Heidelberg: Springer, 2015: 486-510.

[13] Wang W, Méaux P, Cassiers G, et al. Efficient and private computations with code-based masking[J]. IACR Transactions on Cryptographic Hardware and Embedded Systems, 2020: 128-171.

[14] de Cnudde T, Bilgin B, Gierlichs B, et al. Does coupling affect the security of masked implementations?[C]. International Workshop on Constructive Side-Channel Analysis and Secure Design. Cham: Springer, 2017: 1-18.

[15] Rivain M, Prouff E, Doget J. Higher-order masking and shuffling for software implementations of block ciphers[C]. International Workshop on Cryptographic Hardware and Embedded

Systems. Berlin, Heidelberg: Springer, 2009: 171-188.

[16] Veyrat-Charvillon N, Medwed M, Kerckhof S, et al. Shuffling against side-channel attacks: A comprehensive study with cautionary note[C]. International Conference on the Theory and Application of Cryptology and Information Security. Berlin, Heidelberg: Springer, 2012: 740-757.

[17] Sasdrich P, Moradi A, Güneysu T. Hiding higher-order side-channel leakage[C]. Cryptographers' Track at the RSA Conference. Cham: Springer, 2017: 131-146.

[18] Azouaoui M, Bronchain O, Grosso V, et al. Bitslice masking and improved shuffling: How and when to mix them in software?[J]. IACR Transactions on Cryptographic Hardware and Embedded Systems, 2022: 140-165.

[19] Medwed M, Standaert F X, Großschädl J, et al. Fresh re-keying: Security against side-channel and fault attacks for low-cost devices[C]. International Conference on Cryptology in Africa. Berlin, Heidelberg: Springer, 2010: 279-296.

[20] Medwed M, Petit C, Regazzoni F, et al. Fresh re-keying II: Securing multiple parties against side-channel and fault attacks[C]. International Conference on Smart Card Research and Advanced Applications. Berlin, Heidelberg: Springer, 2011: 115-132.

[21] Dobraunig C, Eichlseder M, Mangard S, et al. On the security of fresh re-keying to counteract side-channel and fault attacks[C]. International Conference on Smart Card Research and Advanced Applications. Cham: Springer, 2014: 233-244.

[22] Kocher P C. Timing attacks on implementations of Diffie-Hellman, RSA, DSS, and other systems[C]. Annual International Cryptology Conference. Berlin, Heidelberg: Springer, 1996: 104-113.

[23] Standaert F X, Malkin T G, Yung M. A unified framework for the analysis of side-channel key recovery attacks [C]. Annual International Conference on the Theory and Applications of Cryptographic Techniques. Berlin, Heidelberg: Springer, 2009: 443-461.

[24] Kocher P, Jaffe J, Jun B. Differential power analysis[C]. Annual International Cryptology Conference. Berlin, Heidelberg: Springer, 1999: 388-397.

[25] Gandolfi K, Mourtel C, Olivier F. Electromagnetic analysis: Concrete results[C]. International Workshop on Cryptographic Hardware and Embedded Systems. Berlin, Heidelberg: Springer, 2001: 251-261.

[26] Quisquater J J, Samyde D. Electromagnetic analysis(ema): Measures and counter-measures for smart cards[C]. International Conference on Research in Smart Cards. Berlin, Heidelberg: Springer, 2001: 200-210.

[27] Gerling S. Acoustic side-channel attacks on printers[C]. 19th USENIX Security Symposium (USENIX Security 10), 2010.

[28] Hutter M, Schmidt J M. The temperature side channel and heating fault attacks[C]. International Conference on Smart Card Research and Advanced Applications. Cham: Springer, 2013: 219-235.

[29] Agrawal D, Rao J R, Rohatgi P. Multi-channel attacks[C]. International Workshop on Cryptographic Hardware and Embedded Systems. Berlin, Heidelberg: Springer, 2003: 2-16.

[30] Yen S M, Lien W C, Moon S J, et al. Power analysis by exploiting chosen message and internal collisions–vulnerability of checking mechanism for RSA-decryption[C]. International Conference on Cryptology in Malaysia. Berlin, Heidelberg: Springer, 2005: 183-195.

[31] Veyrat-Charvillon N, Standaert F X. Adaptive chosen-message side-channel attacks[C]. International Conference on Applied Cryptography and Network Security. Berlin, Heidelberg: Springer, 2010: 186-199.

[32] Renauld M, Standaert F X. Algebraic side-channel attacks[C]. International Conference on Information Security and Cryptology. Berlin, Heidelberg: Springer, 2009: 393-410.

[33] Yang L, Wang M, Qiao S. Side channel cube attack on PRESENT[C]. International Conference on Cryptology and Network Security. Berlin, Heidelberg: Springer, 2009: 379-391.

[34] Lin L, Kasper M, Güneysu T, et al. Trojan side-channels: Lightweight hardware trojans through side-channel engineering[C]. International Workshop on Cryptographic Hardware and Embedded Systems. Berlin, Heidelberg: Springer, 2009: 382-395.

[35] Ghandali S, Moos T, Moradi A, et al. Side-channel hardware trojan for provably-secure SCA-protected implementations[J]. IEEE Transactions on Very Large Scale Integration(VLSI) Systems, 2020, 28(6): 1435-1448.

[36] Moradi A, Mischke O, Eisenbarth T. Correlation-enhanced power analysis collision attack[C]. International Workshop on Cryptographic Hardware and Embedded Systems. Berlin, Heidelberg: Springer, 2010: 125-139.

[37] Roche T, Lomné V, Khalfallah K. Combined fault and side-channel attack on protected implementations of AES[C]. International Conference on Smart Card Research and Advanced Applications. Berlin, Heidelberg: Springer, 2011: 65-83.

[38] Brier E, Clavier C, Olivier F. Correlation power analysis with a leakage model[C]. International Workshop on Cryptographic Hardware and Embedded Systems. Berlin, Heidelberg: Springer, 2004: 16-29.

[39] Gierlichs B, Batina L, Tuyls P, et al. Mutual information analysis[C]. International Workshop on Cryptographic Hardware and Embedded Systems. Berlin, Heidelberg: Springer, 2008: 426-442.

[40] Chari S, Rao J R, Rohatgi P. Template attacks[C]. International Workshop on Cryptographic Hardware and Embedded Systems. Berlin, Heidelberg: Springer, 2002: 13-28.

[41] Batina L, Chmielewski Ł, Papachristodoulou L, et al. Online template attacks[J]. Journal of Cryptographic Engineering, 2019, 9(1): 21-36.

[42] Schindler W, Lemke K, Paar C. A stochastic model for differential side channel cryptanalysis[C]. International Workshop on Cryptographic Hardware and Embedded Systems. Berlin, Heidelberg: Springer, 2005: 30-46.

[43] Doget J, Prouff E, Rivain M, et al. Univariate side channel attacks and leakage modeling[J]. Journal of Cryptographic Engineering, 2011, 1(2): 123-144.

[44] Robisson B, Manet P. Differential behavioral analysis[C]. International Workshop on Cryptographic Hardware and Embedded Systems. Berlin, Heidelberg: Springer, 2007: 413-426.

[45] Primas R, Pessl P, Mangard S. Single-trace side-channel attacks on masked lattice-based encryption[C]. International Conference on Cryptographic Hardware and Embedded Systems.

Cham: Springer, 2017: 513-533.

[46] Bhasin S, Chattopadhyay A, Heuser A, et al. Mind the portability: A warriors guide through realistic profiled side-channel analysis[C]. NDSS 2020-Network and Distributed System Security Symposium, 2020: 1-14.

[47] Clavier C, Coron J S, Dabbous N. Differential power analysis in the presence of hardware countermeasures[C]. International Workshop on Cryptographic Hardware and Embedded Systems. Berlin, Heidelberg: Springer, 2000: 252-263.

[48] Trichina E, Seta D D, Germani L. Simplified adaptive multiplicative masking for AES[C]. International Workshop on Cryptographic Hardware and Embedded Systems. Berlin, Heidelberg: Springer, 2002: 187-197.

[49] Moradi A, Immler V. Early propagation and imbalanced routing, how to diminish in FPGAs[C]. International Workshop on Cryptographic Hardware and Embedded Systems. Berlin, Heidelberg: Springer, 2014: 598-615.

[50] van Woudenberg J G J, Witteman M F, Bakker B. Improving differential power analysis by elastic alignment[C]. Cryptographers' Track at the RSA Conference. Berlin, Heidelberg: Springer, 2011: 104-119.

[51] Thiebeauld H, Gagnerot G, Wurcker A, et al. Scatter: A new dimension in side-channel[C]. International Workshop on Constructive Side-Channel Analysis and Secure Design. Cham: Springer, 2018: 135-152.

[52] Akkar M L, Giraud C. An implementation of DES and AES, secure against some attacks[C]. International Workshop on Cryptographic Hardware and Embedded Systems. Berlin, Heidelberg: Springer, 2001: 309-318.

[53] Waddle J, Wagner D. Towards efficient second-order power analysis[C]. International Workshop on Cryptographic Hardware and Embedded Systems. Berlin, Heidelberg: Springer, 2004: 1-15.

[54] Joye M, Paillier P, Schoenmakers B. On second-order differential power analysis[C]. CHES, 2005, 3659: 293-308

[55] Prouff E, Rivain M, Bevan R. Statistical analysis of second order differential power analysis [J]. IEEE Transactions on Computers, 2009, 58(6): 799-811.

[56] Moradi A, Mischke O. On the simplicity of converting leakages from multivariate to univariate[C]. International Conference on Cryptographic Hardware and Embedded Systems. Berlin, Heidelberg: Springer, 2013: 1-20.

[57] Ouladj M, Guilley S. Side-Channel Analysis of Embedded Systems[M]. Switzerland: Springer International Publishing, 2021.

[58] Mangard S, Popp T, Gammel B M. Side-channel leakage of masked CMOS gates[C]. CT-RSA, 2005, 3376: 351-365.

[59] Mangard S, Pramstaller N, Oswald E. Successfully attacking masked AES hardware implementations[C]. International Workshop on Cryptographic Hardware and Embedded Systems. Berlin, Heidelberg: Springer, 2005: 157-171.

[60] Alioto M, Giancane L, Scotti G, et al. Leakage power analysis attacks: A novel class of attacks to nanometer cryptographic circuits[J]. IEEE Transactions on Circuits and Systems I: Regular

Papers, 2009, 57(2): 355-367.
[61] Alioto M, Bongiovanni S, Djukanovic M, et al. Effectiveness of leakage power analysis attacks on DPA-resistant logic styles under process variations[J]. IEEE Transactions on Circuits and Systems I: Regular Papers, 2013, 61(2): 429-442.
[62] Moradi A. Side-Channel Leakage through Static Power[M]. Cryptographic Hardware and Embedded Systems–CHES 2014. Berlin, Heidelberg: Springer, 2014: 562-579.
[63] Del Pozo S M, Standaert F X, Kamel D, et al. Side-channel attacks from static power: When should we care?[C]. 2015 Design, Automation & Test in Europe Conference & Exhibition(DATE). IEEE, 2015: 145-150.
[64] Moos T, Moradi A, Richter B. Static power side-channel analysis—An investigation of measurement factors[J]. IEEE Transactions on Very Large Scale Integration(VLSI) Systems, 2019, 28(2): 376-389.
[65] Camurati G, Poeplau S, Muench M, et al. Screaming channels: When electromagnetic side channels meet radio transceivers[C]. Proceedings of the 2018 ACM SIGSAC Conference on Computer and Communications Security, 2018: 163-177.
[66] Camurati G, Francillon A, Standaert F X. Understanding screaming channels: From a detailed analysis to improved attacks[J]. IACR Transactions on Cryptographic Hardware and Embedded Systems, 2020, (3): 358-401.
[67] Karimi N, Moos T, Moradi A. Exploring the effect of device aging on static power analysis attacks[J]. UMBC Faculty Collection, 2019: 233-256.
[68] Anik M T H, Fadaeinia B, Moradi A, et al. On the impact of aging on power analysis attacks targeting power-equalized cryptographic circuits[C]. 2021 26th Asia and South Pacific Design Automation Conference(ASP-DAC). IEEE, 2021: 414-420.
[69] Hospodar G, Gierlichs B, de Mulder E, et al. Machine learning in side-channel analysis: A first study[J]. Journal of Cryptographic Engineering, 2011, 1(4): 293-302.
[70] Maghrebi H, Portigliatti T, Prouff E. Breaking cryptographic implementations using deep learning techniques[C]. International Conference on Security, Privacy, and Applied Cryptography Engineering. Cham: Springer, 2016: 3-26.
[71] Masure L, Dumas C, Prouff E. A comprehensive study of deep learning for side-channel analysis[J]. IACR Transactions on Cryptographic Hardware and Embedded Systems, 2020: 348-375.
[72] Ye X, Eisenbarth T, Martin W. Bounded, yet sufficient? How to determine whether limited side channel information enables key recovery[C]. International Conference on Smart Card Research and Advanced Applications. Cham: Springer, 2014: 215-232.
[73] Bevan R, Knudsen E. Ways to enhance differential power analysis[C]. International Conference on Information Security and Cryptology. Berlin, Heidelberg: Springer, 2002: 327-342.
[74] Golić J D, Tymen C. Multiplicative masking and power analysis of AES[C]. International Workshop on Cryptographic Hardware and Embedded Systems. Berlin, Heidelberg: Springer, 2002: 198-212.
[75] Peeters E, Standaert F X, Quisquater J J. Power and electromagnetic analysis: Improved model,

consequences and comparisons[J]. Integration, 2007, 40(1): 52-60.

[76] Balasch J, Gierlichs B, Grosso V, et al. On the cost of lazy engineering for masked software implementations [C]. International Conference on Smart Card Research and Advanced Applications. Cham: Springer, 2014: 64-81.

[77] Tiri K, Verbauwhecle I. Simulation models for side-channel information leaks[C]. Proceedings. 42nd Design Automation Conference. IEEE, 2005: 228-233.

[78] Tiri K, Akmal M, Verbauwhede I. A dynamic and differential CMOS logic with signal independent power consumption to withstand differential power analysis on smart cards[C]. Proceedings of the 28th European solid-state circuits conference. IEEE, 2002: 403-406.

[79] Raghunathan A, Dey S, Jha N K. High-level macro-modeling and estimation techniques for switching activity and power consumption[J]. IEEE Transactions on Very Large Scale Integration(VLSI) Systems, 2003, 11(4): 538-557.

[80] Moradi A, Salmasizadeh M, Shalmani M T M, et al. Vulnerability modeling of cryptographic hardware to power analysis attacks[J]. Integration, The VLSI Journal, 2009, 42(4): 468-478.

[81] Iokibe K, Maeshima K, Watanabe T, et al. Security simulation against side-channel attacks on advanced encryption standard circuits based on equivalent circuit model[C]. 2015 IEEE International Symposium on Electromagnetic Compatibility(EMC). IEEE, 2015: 224-229.

[82] Fujimoto D, Nagata M, Katashita T, et al. A fast power current analysis methodology using capacitor charging model for side channel attack evaluation[C]. 2011 IEEE International Symposium on Hardware-Oriented Security and Trust. IEEE, 2011: 87-92.

[83] Tsukioka A, Srinivasan K, Wan S, et al. A fast side-channel leakage simulation technique based on IC chip power modeling[J]. IEEE Letters on Electromagnetic Compatibility Practice and Applications, 2019, 1(4): 83-87.

[84] Choudary O, Kuhn M G. Efficient template attacks[C]. International Conference on Smart Card Research and Advanced Applications. Cham: Springer, 2013: 253-270.

[85] Lomné V, Prouff E, Roche T. Behind the scene of side channel attacks[C]. International Conference on the Theory and Application of Cryptology and Information Security. Berlin, Heidelberg: Springer, 2013: 506-525.

[86] Doget J, Prouff E, Rivain M, et al. Univariate side channel attacks and leakage modeling[J]. Journal of Cryptographic Engineering, 2011, 1(2): 123-144.

[87] Heuser A, Schindler W, Stöttinger M. Revealing side-channel issues of complex circuits by enhanced leakage models[C]. 2012 Design, Automation & Test in Europe Conference & Exhibition(DATE). IEEE, 2012: 1179-1184.

[88] Whitnall C, Oswald E, Standaert F X. The myth of generic DPA··· and the magic of learning[C]. Topics in Cryptology—CT-RSA 2014: The Cryptographer's Track at the RSA. Conference 2014, San Francisco, CA, USA, February 25-28, 2014 Proceedings. Springer International Publishing, 2014: 183-205.

[89] Guilley S, Heuser A, Ming T, et al. Stochastic side-channel leakage analysis via orthonormal decomposition[C]. Conference 2014, San Francisco, CA, USA, February 25-28, 2014. Proceedings. Springer International Publishing, 2014: 183-205.

[90] Elaabid M A, Guilley S. Portability of templates[J]. Journal of Cryptographic Engineering, 2012, 2(1): 63-74.

[91] Choudary O, Kuhn M G. Template attacks on different devices[C]. International Workshop on Constructive Side-Channel Analysis and Secure Design. Cham: Springer, 2014: 179-198.

[92] Choudary M O, Kuhn M G. Efficient, portable template attacks[J]. IEEE Transactions on Information Forensics and Security, 2017, 13(2): 490-501.

[93] Wang W, Yu Y, Standaert F X, et al. Ridge-based DPA: Improvement of differential power analysis for nanoscale chips[J]. IEEE Transactions on Information Forensics and Security, 2017, 13(5): 1301-1316.

[94] Perin G, Buhan I, Picek S. Learning when to stop: A mutual information approach to prevent overfitting in profiled side-channel analysis[C]. International Workshop on Constructive Side-Channel Analysis and Secure Design. Cham: Springer, 2021: 53-81.

[95] Whitnall C, Oswald E. Robust profiling for DPA-style attacks[C]. International Workshop on Cryptographic Hardware and Embedded Systems. Berlin, Heidelberg: Springer, 2015: 3-21.

[96] Picek S, Heuser A, Jovic A, et al. Climbing down the hierarchy: Hierarchical classification for machine learning side-channel attacks[C]. International Conference on Cryptology in Africa. Cham: Springer, 2017: 61-78.

[97] Bartkewitz T, Lemke-Rust K. Efficient template attacks based on probabilistic multi-class support vector machines[C]. International Conference on Smart Card Research and Advanced Applications. Berlin, Heidelberg: Springer, 2012: 263-276.

[98] Heuser A, Zohner M. Intelligent machine homicide[C]. International Workshop on Constructive Side-Channel Analysis and Secure Design. Berlin, Heidelberg: Springer, 2012: 249-264.

[99] Lerman L, Bontempi G, Markowitch O. A machine learning approach against a masked AES[J]. Journal of Cryptographic Engineering, 2015, 5(2): 123-139.

[100] Lerman L, Poussier R, Markowitch O, et al. Template attacks versus machine learning revisited and the curse of dimensionality in side-channel analysis: Extended version[J]. Journal of Cryptographic Engineering, 2018, 8(4): 301-313.

[101] Cagli E, Dumas C, Prouff E. Convolutional neural networks with data augmentation against jitter-based countermeasures[C]. International Conference on Cryptographic Hardware and Embedded Systems. Cham: Springer, 2017: 45-68.

[102] Picek S, Samiotis I P, Kim J, et al. On the performance of convolutional neural networks for side-channel analysis[C]. International Conference on Security, Privacy, and Applied Cryptography Engineering. Cham: Springer, 2018: 157-176.

[103] Hettwer B, Gehrer S, Güneysu T. Profiled power analysis attacks using convolutional neural networks with domain knowledge[C]. International Conference on Selected Areas in Cryptography. Cham: Springer, 2018: 479-498.

[104] Martinasek Z, Malina L, Trasy K. Profiling power analysis attack based on multi-layer perceptron network[M]. Computational Problems in Science and Engineering. Cham: Springer, 2015: 317-339.

[105] Robyns P, Quax P, Lamotte W. Improving cema using correlation optimization[J]. IACR

Transactions on Cryptographic Hardware and Embedded Systems, 2019: 1-24.

[106] Le T H, Clédière J, Serviere C, et al. Noise reduction in side channel attack using fourth-order cumulant[J]. IEEE Transactions on Information Forensics and Security, 2007, 2(4): 710-720.

[107] Souissi Y, Guilley S, Danger J, et al. Improvement of power analysis attacks using Kalman filter[C]. 2010 IEEE International Conference on Acoustics, Speech and Signal Processing. IEEE, 2010: 1778-1781.

[108] Merino Del Pozo S, Standaert F X. Blind source separation from single measurements using singular spectrum analysis[C]. International Workshop on Cryptographic Hardware and Embedded Systems. Berlin, Heidelberg: Springer, 2015: 42-59.

[109] Maghrebi H, Prouff E. On the use of independent component analysis to denoise side-channel measurements[C]. International Workshop on Constructive Side-Channel Analysis and Secure Design. Cham: Springer, 2018: 61-81.

[110] Gierlichs B, Lemke-Rust K, Paar C. Templates vs. stochastic methods[C]. International Workshop on Cryptographic Hardware and Embedded Systems. Berlin, Heidelberg: Springer, 2006: 15-29.

[111] Ding A A, Chen C, Eisenbarth T. Simpler, faster, and more robust t-test based leakage detection[C]. International Workshop on Constructive Side-Channel Analysis and Secure Design. Cham: Springer, 2016: 163-183.

[112] Schneider T, Moradi A. Leakage assessment methodology[C]. International Workshop on Cryptographic Hardware and Embedded Systems. Berlin, Heidelberg: Springer, 2015: 495-513.

[113] Bhasin S, Danger J L, Guilley S, et al. NICV: Normalized inter-class variance for detection of side-channel leakage[C]. 2014 International Symposium on Electromagnetic Compatibility, Tokyo. IEEE, 2014: 310-313.

[114] Durvaux F, Standaert F X. From improved leakage detection to the detection of points of interests in leakage traces [C]. Annual International Conference on the Theory and Applications of Cryptographic Techniques. Berlin, Heidelberg: Springer, 2016: 240-262.

[115] Archambeau C, Peeters E, Standaert F X, et al. Template attacks in principal subspaces[C]. International Workshop on Cryptographic Hardware and Embedded Systems. Berlin, Heidelberg: Springer, 2006: 1-14.

[116] Batina L, Hogenboom J, van Woudenberg J G J. Getting more from PCA: First results of using principal component analysis for extensive power analysis[C]. Cryptographers' Track at the RSA Conference. Berlin, Heidelberg: Springer, 2012: 383-397.

[117] Standaert F X, Archambeau C. Using subspace-based template attacks to compare and combine power and electromagnetic information leakages[C]. International Workshop on Cryptographic Hardware and Embedded Systems. Berlin, Heidelberg: Springer, 2008: 411-425.

[118] Cagli E, Dumas C, Prouff E. Kernel discriminant analysis for information extraction in the presence of masking[C]. International Conference on Smart Card Research and Advanced Applications. Cham: Springer, 2016: 1-22.

[119] Heuser A, Rioul O, Guilley S. A theoretical study of Kolmogorov-Smirnov distinguishers[C]. International Workshop on Constructive Side-Channel Analysis and Secure Design. Cham:

Springer, 2014: 9-28.

[120] Moradi A, Richter B, Schneider T, et al. Leakage detection with the x2-test[J]. IACR Transactions on Cryptographic Hardware and Embedded Systems, 2018: 209-237.

[121] Coron J S, Prouff E, Rivain M. Side channel cryptanalysis of a higher order masking scheme[C]. International Workshop on Cryptographic Hardware and Embedded Systems. Berlin, Heidelberg: Springer, 2007: 28-44.

[122] Backes M, Dürmuth M, Gerling S, et al. Acoustic Side-Channel Attacks on Printers[C]. USENIX Security Symposium, 2010: 307-322.

[123] Tiri K, Verbauwhede I. A logic level design methodology for a secure DPA resistant ASIC or FPGA implementation[C]. Proceedings Design, Automation and Test in Europe Conference and Exhibition. IEEE, 2004, 1: 246-251.

[124] Debraize B. Efficient and provably secure methods for switching from arithmetic to boolean masking[C]. International Workshop on Cryptographic Hardware and Embedded Systems. Berlin, Heidelberg: Springer, 2012: 107-121.

[125] Herbst C, Oswald E, Mangard S. An AES smart card implementation resistant to power analysis attacks[C]. International Conference on Applied Cryptography and Network Security. Berlin, Heidelberg: Springer, 2006: 239-252.

[126] Kocher P C. Leak-resistant cryptographic indexed key update: U.S. Patent 6, 539, 092[P]. 2003-3-25.

[127] Fournier J J A, Moore S, Li H, et al. Security evaluation of asynchronous circuits[C]. International Workshop on Cryptographic Hardware and Embedded Systems. Berlin, Heidelberg: Springer, 2003: 137-151.

[128] Macé F, Standaert F X, Quisquater J J. Information theoretic evaluation of side-channel resistant logic styles[C]. International Workshop on Cryptographic Hardware and Embedded Systems. Berlin, Heidelberg: Springer, 2007: 427-442.

[129] Reparaz O. Detecting flawed masking schemes with leakage detection tests[C]. International Conference on Fast Software Encryption. Berlin, Heidelberg: Springer, 2016: 204-222.

[130] Šijačić D, Balasch J, Yang B, et al. Towards efficient and automated side-channel evaluations at design time[J]. Journal of Cryptographic Engineering, 2020, 10(4): 305-319.

[131] He M, Park J, Nahiyan A, et al. RTL-PSC: Automated power side-channel leakage assessment at register-transfer level[C]. 2019 IEEE 37th VLSI Test Symposium(VTS). IEEE, 2019: 1-6.

[132] He J, Ma H, Guo X, et al. Design for EM side-channel security through quantitative assessment of RTL implementations[C]. 2020 25th Asia and South Pacific Design Automation Conference(ASP-DAC). IEEE, 2020: 62-67.

[133] Poggi D, Ordas T, Sarafianos A, et al. Checking robustness against EM side-channel attacks prior to manufacturing[J]. IEEE Transactions on Computer-Aided Design of Integrated Circuits and Systems, 2021, 41(5): 1264-1275.

[134] Lakshmy A V, Rebeiro C, Bhunia S. FORTIFY: Analytical Pre-Silicon Side-Channel Characterization of Digital Designs[C]. 2022 27th Asia and South Pacific Design Automation Conference(ASP-DAC). IEEE, 2022: 660-665.

[135] Demme J, Martin R, Waksman A, et al. Side-channel vulnerability factor: A metric for measuring information leakage[C]. 2012 39th Annual International Symposium on Computer Architecture(ISCA). IEEE, 2012: 106-117.

[136] Veshchikov N. SILK: High level of abstraction leakage simulator for side channel analysis[C]. Proceedings of the 4th Program Protection and Reverse Engineering Workshop, 2014: 1-11.

[137] McCann D, Whitnall C, Oswald E. ELMO: Emulating leaks for the ARM cortex-M0 without access to a side channel lab[J]. IACR Cryptol. ePrint Arch., 2016, 2016: 517.

[138] McCann D, Oswald E, Whitnall C. Towards practical tools for side channel aware software engineering: 'Grey Box' modelling for instruction leakages[C]. 26th USENIX Security Symposium(USENIX Security 17), 2017: 199-216.

[139] Sehatbakhsh N, Yilmaz B B, Zajic A, et al. EMSim: A microarchitecture-level simulation tool for modeling electromagnetic side-channel signals[C]. 2020 IEEE International Symposium on High Performance Computer Architecture(HPCA). IEEE Computer Society, 2020: 71-85.

[140] Ishai Y, Sahai A, Wagner D. Private circuits: Securing hardware against probing attacks[C]. Annual International Cryptology Conference. Berlin, Heidelberg: Springer, 2003: 463-481.

[141] Duc A, Faust S, Standaert F X. Making Masking Security Proofs Concrete[M]. Advances in Cryptology-EUROCRYPT 2015. Berlin Heidelberg: Springer, 2015: 401-429.

[142] Faust S, Grosso V, Del Pozo S M, et al. Composable masking schemes in the presence of physical defaults & the robust probing model[J]. IACR Transactions on Cryptographic Hardware and Embedded Systems, 2018: 89-120.

[143] Carlet C, Guilley S. Statistical properties of side-channel and fault injection attacks using coding theory[J]. Cryptography and Communications, 2018, 10(5): 909-933.

[144] Belaïd S, Dagand P É, Mercadier D, et al. Tornado: Automatic generation of probing-secure masked bitsliced implementations[C]. Annual International Conference on the Theory and Applications of Cryptographic Techniques. Cham: Springer, 2020: 311-341.

[145] Guo Q, Grosso V, Standaert F X, et al. Modeling soft analytical side-channel attacks from a coding theory viewpoint[J]. IACR Transactions on Cryptographic Hardware and Embedded Systems, 2020: 209-238.

[146] Barthe G, Belaïd S, Dupressoir F, et al. Verified proofs of higher-order masking[C]. Annual International Conference on the Theory and Applications of Cryptographic Techniques. Berlin, Heidelberg: Springer, 2015: 457-485.

[147] Barthe G, Belaïd S, Dupressoir F, et al. Strong non-interference and type-directed higher-order masking[C]. Proceedings of the 2016 ACM SIGSAC Conference on Computer and Communications Security, 2016: 116-129.

[148] Cassiers G, Standaert F X. Trivially and efficiently composing masked gadgets with probe isolating non-interference[J]. IEEE Transactions on Information Forensics and Security, 2020, 15: 2542-2555.

[149] Duc A, Dziembowski S, Faust S. Unifying leakage models: From probing attacks to noisy leakage[C]. Annual International Conference on the Theory and Applications of Cryptographic Techniques. Berlin, Heidelberg: Springer, 2014: 423-440.

[150] Barthe G, Dupressoir F, Faust S, et al. Parallel implementations of masking schemes and the bounded moment leakage model[C]. Annual International Conference on the Theory and Applications of Cryptographic Techniques. Cham: Springer, 2017: 535-566.

[151] Prest T, Goudarzi D, Martinelli A, et al. Unifying leakage models on a Rényi day[C]. Annual International Cryptology Conference. Cham: Springer, 2019: 683-712.

[152] Barthe G, Belaïd S, Cassiers G, et al. maskverif: Automated verification of higher-order masking in presence of physical defaults[C]. European Symposium on Research in Computer Security. Cham: Springer, 2019: 300-318.

[153] Thillard A, Prouff E, Roche T. Success through confidence: Evaluating the effectiveness of a side-channel attack[C]. International Conference on Cryptographic Hardware and Embedded Systems. Berlin, Heidelberg: Springer, 2013: 21-36.

[154] Wu L, Weissbart L, Krček M, et al. On the attack evaluation and the generalization ability in profiling side-channel analysis[J]. Cryptology ePrint Archive, 2020.

[155] Picek S, Heuser A, Jovic A, et al. A systematic evaluation of profiling through focused feature selection[J]. IEEE Transactions on Very Large Scale Integration(VLSI) Systems, 2019, 27(12): 2802-2815.

[156] Picek S, Heuser A, Perin G, et al. Profiling side-channel analysis in the efficient attacker framework[J]. Cryptology ePrint Archive, 2019.

[157] Coron J S, Kocher P, Naccache D. Statistics and secret leakage[C]. International Conference on Financial Cryptography. Berlin, Heidelberg: Springer, 2000: 157-173.

[158] Messerges T S, Dabbish E A, Sloan R H. Examining smart-card security under the threat of power analysis attacks[J]. IEEE transactions on computers, 2002, 51(5): 541-552.

[159] Chatzikokolakis K, Chothia T, Guha A. Statistical measurement of information leakage[C]. International Conference on Tools and Algorithms for the Construction and Analysis of Systems. Berlin, Heidelberg: Springer, 2010: 390-404.

[160] Chothia T, Guha A. A statistical test for information leaks using continuous mutual information[C]. 2011 IEEE 24th Computer Security Foundations Symposium. IEEE, 2011: 177-190.

[161] Callan R, Zajic A, Prvulovic M. A practical methodology for measuring the side-channel signal available to the attacker for instruction-level events[C]. 2014 47th Annual IEEE/ACM International Symposium on Microarchitecture. IEEE, 2014: 242-254.

[162] Renauld M, Standaert F X, Veyrat-Charvillon N, et al. A formal study of power variability issues and side-channel attacks for nanoscale devices[C]. Annual International Conference on the Theory and Applications of Cryptographic Techniques. Berlin, Heidelberg: Springer, 2011: 109-128.

[163] Bronchain O, Hendrickx J M, Massart C, et al. Leakage certification revisited: Bounding model errors in side-channel security evaluations[C]. Annual International Cryptology Conference. Cham: Springer, 2019: 713-737.

[164] Moradi A. Statistical tools flavor side-channel collision attacks[C]. Annual International Conference on the Theory and Applications of Cryptographic Techniques. Berlin, Heidelberg:

Springer, 2012: 428-445.
[165] Moradi A, Standaert F X. Moments-correlating DPA[C]. Proceedings of the 2016 ACM Workshop on Theory of Implementation Security. 2016: 5-15.
[166] Durvaux F, Standaert F X, Pozo S M D. Towards easy leakage certification[C]. International Conference on Cryptographic Hardware and Embedded Systems. Berlin, Heidelberg: Springer, 2016: 40-60.
[167] Fei Y, Ding A A, Lao J, et al. A statistics-based fundamental model for side-channel attack analysis[J]. Cryptology ePrint Archive, 2014.
[168] Zhang L, Ding A A, Fei Y, et al. A unified metric for quantifying information leakage of cryptographic devices under power analysis attacks[C]. International Conference on the Theory and Application of Cryptology and Information Security. Berlin, Heidelberg: Springer, 2015: 338-360.
[169] Goodwill G, Jun B , Jaffe J, Rohatgi P. A testing methodology for side-channel resistance validation [C]. NIST Non-Invasive Attack Testing Workshop, 2011, 7: 115-136.
[170] Becker G, Cooper J, DeMulder E, et al. Test vector leakage assessment(TVLA) methodology in practice[C]. International Cryptographic Module Conference, 2013, 1001: 13.
[171] Standaert F X. How(not) to use Welch's t-test in side-channel security evaluations[C]. International Conference on Smart Card Research and Advanced Applications. Cham: Springer, 2018: 65-79.
[172] Reparaz O, Gierlichs B, Verbauwhede I. Fast leakage assessment[C]. International Conference on Cryptographic Hardware and Embedded Systems. Cham: Springer, 2017: 387-399.
[173] Bache F, Plump C, Güneysu T. Confident leakage assessment—a side-channel evaluation framework based on confidence intervals [C]. 2018 Design, Automation & Test in Europe Conference & Exhibition(DATE). IEEE, 2018: 1117-1122.
[174] Zhang L, Mu D, Hu W, et al. Machine-learning-based side-channel leakage detection in electronic system-level synthesis[J]. IEEE Network, 2020, 34(3): 44-49.
[175] Moos T, Wegener F, Moradi A. DL-LA: Deep learning leakage assessment: A modern roadmap for SCA evaluations[J]. IACR Transactions on Cryptographic Hardware and Embedded Systems, 2021: 552-598.
[176] Bronchain O, Schneider T, Standaert F X. Multi-tuple leakage detection and the dependent signal issue [J]. IACR Transactions on Cryptographic Hardware and Embedded Systems, 2019: 318-345.
[177] Zhou X, Qiao K, Ou C. Leakage Detection with Kolmogorov-Smirnov Test [J]. IACR Cryptol. ePrint Arch., 2019, 2019: 1478.
[178] Ding A A, Zhang L, Durvaux F, et al. Towards sound and optimal leakage detection procedure [C]. International Conference on Smart Card Research and Advanced Applications. Cham: Springer, 2017: 105-122.
[179] Whitnall C, Oswald E. A critical analysis of ISO 17825('testing methods for the mitigation of non-invasive attack classes against cryptographic modules')[C]. International Conference on the Theory and Application of Cryptology and Information Security. Cham: Springer, 2019:

256-284.

[180] Whitnall C, Oswald E. A cautionary note regarding the usage of leakage detection tests in security evaluation[J]. Cryptology ePrint Archive, 2019.

[181] Mangard S. Hardware countermeasures against DPA: A statistical analysis of their effectiveness[C]. Cryptographers' Track at the RSA Conference. Berlin, Heidelberg: Springer, 2004: 222-235.

[182] Rivain M. On the exact success rate of side channel analysis in the gaussian model[C]. International Workshop on Selected Areas in Cryptography. Berlin, Heidelberg: Springer, 2008: 165-183.

[183] Lomné V, Prouff E, Rivain M, et al. How to estimate the success rate of higher-order side-channel attacks[C]. International Workshop on Cryptographic Hardware and Embedded Systems. Berlin, Heidelberg: Springer, 2014: 35-54.

[184] Guilley S, Heuser A, Rioul O. A key to success: Success exponents for side-channel distinguishers(extended version of [15])[R]. Cryptology ePrint Archive, Report 2016/987, 2016.

[185] Zhang Z, Ding A A, Fei Y. A fast and accurate guessing entropy estimation algorithm for full-key recovery[J]. IACR Transactions on Cryptographic Hardware and Embedded Systems, 2020: 26-48.

[186] Fei Y, Luo Q, Ding A A. A statistical model for DPA with novel algorithmic confusion analysis[C]. International Workshop on Cryptographic Hardware and Embedded Systems. Berlin, Heidelberg: Springer, 2012: 233-250.

[187] Ding A A, Zhang L, Fei Y, et al. A statistical model for higher order DPA on masked devices[C]. International Workshop on Cryptographic Hardware and Embedded Systems. Berlin, Heidelberg: Springer, 2014: 147-169.

[188] Veyrat-Charvillon N, Gérard B, Standaert F X. Security evaluations beyond computing power[C]. Annual International Conference on the Theory and Applications of Cryptographic Techniques. Berlin, Heidelberg: Springer, 2013: 126-141.

[189] Bernstein D J, Lange T, van Vredendaal C. Tighter, faster, simpler side-channel security evaluations beyond computing power[J]. Cryptology ePrint Archive, 2015.

[190] Glowacz C, Grosso V, Poussier R, et al. Simpler and more efficient rank estimation for side-channel security assessment[C]. International Workshop on Fast Software Encryption. Berlin, Heidelberg: Springer, 2015: 117-129.

[191] Martin D P, O'connell J F, Oswald E, et al. Counting keys in parallel after a side channel attack[C]. International Conference on the Theory and Application of Cryptology and Information Security. Berlin, Heidelberg: Springer, 2015: 313-337.

[192] Poussier R, Standaert F X, Grosso V. Simple key enumeration(and rank estimation) using histograms: An integrated approach[C]. International Conference on Cryptographic Hardware and Embedded Systems. Berlin, Heidelberg: Springer, 2016: 61-81.

[193] Martin D P, Mather L, Oswald E, et al. Characterisation and estimation of the key rank distribution in the context of side channel evaluations[C]. International Conference on the

Theory and Application of Cryptology and Information Security. Berlin, Heidelberg: Springer, 2016: 548-572.

[194] Grosso V. Scalable key rank estimation(and key enumeration) algorithm for large keys[C]. International Conference on Smart Card Research and Advanced Applications. Cham: Springer, 2018: 80-94.

[195] David L, Wool A. Poly-logarithmic side channel rank estimation via exponential sampling[C]. Cryptographers' Track at the RSA Conference. Cham: Springer, 2019: 330-349.

[196] David L, Wool A. Rank estimation with bounded error via exponential sampling[J]. Journal of Cryptographic Engineering, 2022, 12(2): 151-168.

[197] Mangard S, Oswald E, Standaert F X. One for all–all for one: Unifying standard differential power analysis attacks[J]. IET Information Security, 2011, 5(2): 100-110.

[198] Prouff E, Rivain M. Masking against side-channel attacks: A formal security proof[C]. Annual International Conference on the Theory and Applications of Cryptographic Techniques. Berlin, Heidelberg: Springer, 2013: 142-159.

[199] Ye X, Eisenbarth T, Martin W. Bounded, yet sufficient? How to determine whether limited side channel information enables key recovery[C]. International Conference on Smart Card Research and Advanced Applications. Cham: Springer, 2014: 215-232.

[200] David L, Wool A. A bounded-space near-optimal key enumeration algorithm for multi-subkey side-channel attacks[C]. Cryptographers' Track at the RSA Conference. Cham: Springer, 2017: 311-327.

[201] Choudary M O, Popescu P G. Back to massey: Impressively fast, scalable and tight security evaluation tools[C]. International Conference on Cryptographic Hardware and Embedded Systems. Cham: Springer, 2017: 367-386.

[202] Grosso V, Standaert F X. Masking proofs are tight and how to exploit it in security evaluations[C]. Annual International Conference on the Theory and Applications of Cryptographic Techniques. Cham: Springer, 2018: 385-412.

[203] De Cherisey E, Guilley S, Rioul O, et al. An information-theoretic model for side-channel attacks in embedded hardware[C]. 2019 IEEE International Symposium on Information Theory(ISIT). IEEE, 2019: 310-315.

[204] Duc A, Faust S, Standaert F X. Making masking security proofs concrete(or how to evaluate the security of any leaking device), extended version[J]. Journal of Cryptology, 2019, 32(4): 1263-1297.

[205] Tănăsescu A, Choudary M O, Rioul O, et al. Tight and scalable side-channel attack evaluations through asymptotically optimal Massey-like inequalities on guessing entropy[J]. Entropy, 2021, 23(11): 1538.

[206] Cheng W, Liu Y, Guilley S, et al. Attacking masked cryptographic implementations: Information-theoretic bounds[J]. arXiv preprint arXiv:2105.07436, 2021.

[207] Journault A, Standaert F X. Very high order masking: Efficient implementation and security evaluation[C]. International Conference on Cryptographic Hardware and Embedded Systems. Cham: Springer, 2017: 623-643.

[208] Roy D B, Bhasin S, Guilley S, et al. CC meets FIPS: A hybrid test methodology for first order side channel analysis[J]. IEEE Transactions on Computers, 2018, 68(3): 347-361.
[209] Azouaoui M, Bellizia D, Buhan I, et al. A systematic appraisal of side channel evaluation strategies[C]. International Conference on Research in Security Standardisation. Cham: Springer, 2020: 46-66.
[210] Bronchain O. Worst-case side-channel security: From evaluation of countermeasures to new designs[D]. Catholic University of Louvain, Louvain-la-Neuve, Belgium, 2022.
[211] National Institute of Standards and Technology. Security Requirements for Cryptographic Modules: FIPS 140-3[S]. 2019.
[212] 国家密码管理局. 密码模块安全技术要求: GM/T 0028—2014[S]. 2014.
[213] The Australian Signals Directorate, Communications Security Establishment, Agence Nationale de la Sécurité des Systèmes d'Information, et al. Common Criteria for Information Technology Security Evaluation: CCMB-2017-04 [S]. 2017.

索　　引

“密码理论与技术丛书”已出版书目

(按出版时间排序)

1. 安全认证协议——基础理论与方法　2023.8　冯登国 等　著
2. 椭圆曲线离散对数问题　2023.9　张方国　著
3. 云计算安全（第二版）　2023.9　陈晓峰　马建峰　李　晖　李　进　著
4. 标识密码学　2023.11　程朝辉　著
5. 非线性序列　2024.1　戚文峰　田　甜　徐　洪　郑群雄　著
6. 安全多方计算　2024.3　徐秋亮　蒋　瀚　王　皓　赵　川　魏晓超　著
7. 区块链密码学基础　2024.6　伍前红　朱　焱　秦　波　张宗洋　编著
8. 密码函数　2024.10　张卫国　著
9. 属性基加密　2025.6　陈　洁　巩俊卿　张　凯　著
10. 公钥加密的设计方法　2025.6　陈　宇　秦宝东　著
11. 分组密码迭代结构的设计与分析　2025.6　孙　兵　李　超　刘国强　著
12. 基于杂凑函数的抗量子计算攻击数字签名　2025.6　孙思维　著
13. 侧信道分析与防御　2025.8　唐　明　张　帆　著